新世纪高职高专规划教材·计算机系列

计算机网络技术基础
(第 2 版)

主　编　　宋彦民

副主编　　王　玲　李　瑞　康　杨

清华大学出版社

北　京

内 容 简 介

本书采用"任务驱动"方式,介绍了计算机网络的专业知识和实用技能。全书由15个模块组成,主要介绍计算机网络的基本概念,数据通信的基础知识,网络体系结构与协议,局域网技术,网络互连,无线局域网技术,网络接入技术,网络安全防护,网络管理,网络用户与资源管理,Internet应用基础,使用浏览器上网、信息搜索和文件传递技术、电子邮件收发与管理等Internet应用的实际操作技巧,以及计算机网络实训等内容。

本书体系新颖,将计算机网络的相关知识按照模块由浅入深、从易到难进行组织,每一模块提出了学习任务及任务实现所需基本理论、基本知识及基本技能。

本书内容安排合理,逻辑性强,文字简明,循序渐进,深入浅出,可作为高等职业院校、大专院校及成人教育学院计算机网络基础课程的教材。

图书在版编目(CIP)数据

计算机网络技术基础 / 宋彦民 主编. —2版.—北京:清华大学出版社,2015(2017.8重印)

(新世纪高职高专规划教材·计算机系列)

ISBN 978-7-302-38770-1

Ⅰ.①计⋯ Ⅱ.①宋⋯ Ⅲ.①计算机网络-高等职业教育-教材 Ⅳ.①TP393

中国版本图书馆CIP数据核字(2014)第286426号

责任编辑:王 定 程 琪
装帧设计:张玉敏
责任校对:成凤进
责任印制:刘祎淼

出版发行:清华大学出版社
　　　　　网　　　址:http://www.tup.com.cn,http://www.wqbook.com
　　　　　地　　　址:北京清华大学学研大厦A座　　邮　　编:100084
　　　　　社 总 机:010-62770175　　　　　邮　　购:010-62786544
　　　　　投稿与读者服务:010-62776969,c-service@tup.tsinghua.edu.cn
　　　　　质 量 反 馈:010-62772015,zhiliang@tup.tsinghua.edu.cn
印 装 者:三河市少明印务有限公司
经　　销:全国新华书店
开　　本:185mm×260mm　　印　张:21.75　　字　数:585千字
版　　次:2011年8月第1版　2015年2月第2版　印　次:2017年8月第4次印刷
印　　数:6501～8500
定　　价:38.00元

产品编号:060857-01

前　言

在当今信息社会，随着计算机网络的广泛普及和应用的快速发展，特别是在"网络经济"流行和"电子商务"热潮的影响下，计算机网络已成为计算机科学与技术学科中发展最为迅速的技术之一，也是计算机应用中最活跃的领域。人们都希望掌握一些计算机网络的基本知识，同时社会的信息化建设也需要大量掌握计算机网络基础知识和应用技术的专门人才。

随着教育改革的深入，任务驱动教学法在高等职业教育领域得到广泛的认可与应用。对于"计算机网络基础"这门课程，我们使用任务驱动教学模式把计算机网络的基本知识、基本理论和实践技能知识与实际应用相结合，使教学与学习都有的放矢。为了适应教学改革要求，我们编写了这本任务驱动模式的《计算机网络技术基础》教材，供高职高专院校电子信息类各专业的课堂教学和实践教学使用。

《计算机网络技术基础》第 1 版自出版以来，得到了不少高职院校的认可，受到了广大读者的热切关注，编者收到了许多很好的意见和建议，同时经过多年的使用，也发现了教材中存在的一些问题，比较突出的问题是教材中的部分内容稍显简单。随着网络技术的发展，相关知识及教学理念的更新，以及我们针对第 1 版中存在的问题和有关高校的使用情况，认真听取了读者的意见，在第 2 版中进行了修正、补充、调整和完善，主要有以下方面：

(1) 保留了原书的内容及组织结构，修改了书中存在的问题。尽管一些知识比较陈旧，如共享式以太网，但考虑到概念的完整性，依旧保留了这些内容，读者可以酌情选用。

(2) 补充、更新了一些内容，使读者更容易理解和掌握。

(3) 模块四增加了第二代 IP 地址的内容。

(4) 模块八增加了网络安全防护内容。

(5) 模块十一做了比较大的修改，删除了原来稍显简单的 Internet 的使用部分，增加了电子商务服务等内容。

本书可作为应用型本科院校、高职、高专、成人高校及民办高校的计算机类和信息类各专业及其他非计算机类专业的教材，也可作为有关技术人员的自学参考用书。

全书共 15 个模块，每一模块提出了学习任务及任务实现所需基本理论、基本知识及基本技能。主要介绍计算机网络的基本概念、数据通信的基础知识、网络体系结构与协议、计算机局域网技术、网络互连、无线局域网络技术、网络接入技术、网络安全防护、网络管理、网络用户与资源管理 Internet 应用基础、Internet 应用的实际操作技巧、计算机网络实训等内容。

本书由宋彦民任主编，王玲、李瑞、康杨任副主编。其中，宋彦民编写了第一、二、三、六模块，李瑞编写了第十、十一、十三、十四模块，王玲编写了第四、五、十二、十五模块，康杨编写了第七、八、九模块。全书由宋彦民统阅定稿。崔永红主审了全书并提出了许多宝贵意见。

在本书编写过程中，清华大学出版社的同志给予了大力支持，并提出了许多宝贵意见，还得到了陕西职业技术学院计算机科学系张克等各位同志的大力支持和帮助，网络教研室的各位教师为本书的修订做了大量的工作，在此深表感谢！

尽管对本书做了一些修正和调整工作，书中的不妥之处仍在所难免。殷切希望广大读者继续提出宝贵意见，以使本教材不断完善。

编　者

目录 CONTENTS

新世纪高职高专规划教材

新
世
纪
高
职
高
专
规
划
教
材

新世纪高职高专规划教材

新世纪高职高专规划教材

模块一

计算机网络概述

【学习任务分析】

计算机网络是计算机技术和通信技术相结合的系统，是存储、传播和共享信息的工具。经过几十年的发展，计算机网络已成为目前信息化社会中人们生活的必要工具，是人们之间信息交流的最佳平台。计算机网络的应用影响和改变了人们的工作、学习和生活方式，网络发展水平成为衡量国家经济发展水平的重要标志之一。

现在人们的生活、工作、学习和交往都已离不开计算机网络。设想如果某一天我们的计算机网络突然出现故障不能工作了，那时会出现什么结果呢？第一，我们将无法购买飞机票或火车票，因为售票员无法知道还有多少票可供出售，也就无法出售飞机票和火车票。第二，我们无法到银行存钱或取钱，无法交纳水、电和煤气费等。第三，我们在图书馆无法检索需要的图书和资料。第四，人们既不能上网查询有关的资料，也无法使用电子邮件和朋友及时交流信息。由此可以看出，人们的生活越是依赖于计算机网络，计算机网络对于人们的生活、工作、学习也就越重要。因此，我们有必要学习、掌握计算机网络基本知识和基本理论，为进一步更好地应用计算机网络打下良好基础。那么认识计算机网络，掌握它的发展、定义、组成、功能和特点，是我们的首要学习任务。

【学习任务分解】

本模块中，学习任务有以下几个方面：

➢ 计算机网络的定义。
➢ 计算机网络组成。
➢ 计算机网络的功能和特点。
➢ 计算机网络的分类和拓扑结构。

任务一 计算机网络的一般概念

计算机网络是由各种类型的计算机、通信设备和通信线路、数据终端设备等网络硬件和网络软件组成的大的计算机系统。网络中的计算机系统包括巨型计算机、大型计算机、中型

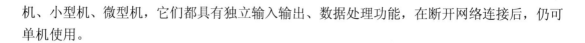

机、小型机、微型机，它们都具有独立输入输出、数据处理功能，在断开网络连接后，仍可单机使用。

(一) 计算机网络的定义

对于计算机网络，由于其发展阶段或者侧重点不同，定义的标准也不同。目前，对于计算机网络还没有一个统一的标准。一般来讲，计算机网络定义分为三类：广义的观点、资源共享的观点和用户透明的观点。无论怎样定义，都要能够准确描述计算机网络的基本特征和计算机网络与分布式计算机系统的区别。不同的定义反映计算机网络技术的不同发展水平，以及人们对计算机网络的认识程度。一种比较通用的定义是：利用通信线路和通信设备将地理上分散的、具有独立功能的计算机系统按照一定的形式连接起来，以功能完善的网络软件实现资源共享和数据通信的复合系统。这是目前比较完美的计算机网络定义。

另外，从不同的角度还可以有不同的定义方法。例如，从应用的角度可把计算机网络定义为：把多个具有独立功能的单机系统，以资源(硬件、软件和数据)能够共同利用的形式连接起来形成的多机系统。从功能的角度可把计算机网络定义为：把分散的计算机、终端、外围设备和通信设备用通信线路连接起来，形成的能够实现资源共享或信息传递的综合系统。

资源共享就是指网络系统中的各计算机用户可以利用网内其他计算机系统中的全部或部分资源的过程。

(二) 网络定义的含义

计算机网络的定义包括如下几个含义：

(1) 计算机网络由三部分组成。

➢ 多个主计算机系统。即各种为网络用户提供服务和进行管理的大型机、中型机、小型机及所要共享网络资源的个人计算机。

➢ 通信系统。即各种通信设备和通信线路组成的通信子网，"通信线路和通信设备"是指通信媒体和相应的通信设备。通信媒体可以是光纤、双绞线、微波等多种形式，一个地域范围较大的网络中可能使用多种媒体。将计算机系统与媒体连接需要使用一些与媒体类型有关的接口设备以及信号转换设备。

➢ 网络软件。即各种为用户共享网络资源和信息传递提供管理与服务的应用程序及软件。

(2) 网络上计算机必须具有独立功能。即连接上网可以完成资源共享和数据通信，断开网络连接时同样可以具有进行数据输入和数据输出、数据处理功能，计算机没有对网络的依赖性。这里"具有独立功能的计算机系统"是指入网的每一个计算机系统都有自己的软、硬件系统，都能完全独立地工作，各个计算机系统之间没有控制与被控制的关系，网络中任一个计算机系统只在需要使用网络服务时才自愿登录上网，真正进入网络工作环境。

(3) 计算机网络中的计算机接入网络必须有一定的连接方式，不能随随便便地接入。连接方式就是网络拓扑结构，即按照网络拓扑结构接入。

(4) 网络中的计算机都要遵守网络中的通信协议,使用支持网络通信协议的网络通信软件;网络软件是必不可少的组件,而且只有功能齐全才能实现网络功能。"网络操作系统和协议软件"是指在每个入网的计算机系统的系统软件之上增加的、用来实现网络通信、资源管理、网络服务的专门软件。

(5) 计算机网络组网的基本目的是实现资源共享和数据通信。"资源"是指网络中可共享的所有软、硬件,包括程序、数据库、存储设备、打印机、通信线路、通信设备等。

任务二　网络组成

从定义来看,网络分为计算机系统、通信线路与通信设备、网络软件三大部分。这里从以下几个方面讨论。

(一) 从系统逻辑功能角度看

计算机网络由资源子网和通信子网组成。资源子网中的设备通常又称数据终端设备(DTE),通信子网中的设备通常又称数据通信设备(DCE),如图 1-1 所示。

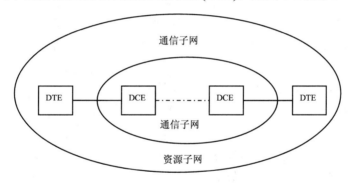

图 1-1　计算机网络的组成模型

1. 资源子网

资源子网由各计算机系统、中端控制器、终端设备、软件和可供共享的数据库等组成,负责全网的面向应用的数据处理工作,向用户提供数据处理能力、数据存储能力、数据管理能力、数据输入和输出能力及其他数据资源。

2. 通信子网

通信子网是由通信硬件(通信设备和通信线路)和通信软件组成的,其功能是为网络中用户共享各种网络资源提供通信服务和通信手段。

(二) 从系统组成的角度看

计算机网络由硬件部分和软件部分组成。

新世纪高职高专规划教材

1. 硬件部分

硬件又分通信硬件和计算机系统。

(1) 通信硬件

通信硬件是指通信线路和通信设备，主要功能是为网络提供通信服务和通信手段，为数据提供通信信道。

通信线路是连接网络节点的、由某种(或几种)传输介质构成的物理通路。

通信设备的采用和线路类型有很大关系。如果采用模拟线路，在线路两端须使用Modem(调制解调器)；如果采用有线介质，在计算机和介质之间还需要使用相应的介质连接部件。通信线路是传输信息的载波媒体。

计算机网络中的通信线路有有线线路和无线线路之分。有线线路有双绞线、同轴电缆、光缆等；无线线路有微波、卫星、红外线、激光等。

通信设备分为网络连接和互连设备。网络连接设备包括中继器、集线器及各种线路连接器等；网络互连设备包括网桥、路由器、交换机和网关等。

(2) 计算机系统

计算机系统包括各类大型计算机、小型计算机及个人计算机，主要为网络提供各种资源和进行各种资源管理、资源使用等服务。

主计算机(Host)与其他主计算机系统联网后构成网络中的主要资源。它是指能够向其他计算机提供文件、软件或服务的计算机，通常是网络上的一个具有唯一标识地址的节点，可以具有多个端口与其他计算机或终端相连接。主计算机的作用是负责网络中的数据处理、执行网络协议、网络控制和管理以及管理共享数据库。

终端是指用户访问网络的设备。终端的主要功能是把用户输入的信息转变为适合传送的信息发送到网络上，把网络上其他节点输出并经过通信线路接收的信息转变为用户所能识别的信息。终端又分为智能终端和虚拟终端。

智能终端还具有一定的运算、数据处理和管理能力。

虚拟终端是网络中的一个重要概念。在进行网络设计时，面对各种实际终端的复杂情况，通常是按一个假设的、统一的标准终端来考虑。这种假设的标准终端就是虚拟终端，如图1-2所示。

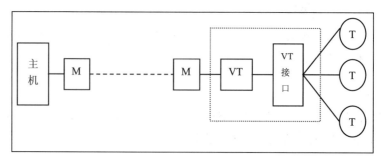

图1-2 虚拟终端示意图

新世纪高职高专规划教材

2. 网络软件

网络软件是完成网络中的各种服务、控制和管理工作的程序。网络软件系统包括网络操作系统、网络协议软件、网络管理软件、网络通信软件和网络应用软件。

(1) 网络操作系统

网络操作系统(Network Operating System，NOS)是网络软件系统的基础，与网络的硬件结构相联系。NOS 除具有常规操作系统的功能外，还具有如下功能：

① 网络通信管理功能。网络操作系统是管理网络资源的系统软件，是网络用户与计算机网络之间的接口。

② 网络范围内的资源管理功能。网络操作系统是计算机网络系统的核心部分，通过它对各种网络资源、网络用户等进行管理。

③ 网络服务功能。网络操作系统的主要部分存放在服务器上，它的主要功能是服务器管理、通信管理，以及一般多用户、多任务操作系统所具有的功能。

一个典型的网络操作系统应有如下特征：

① 与硬件独立。网络操作系统可以在不同的网络硬件上运行。

② 网桥/路由连接。网络操作系统内置有网桥/路由功能，从而能和其他网络连接。

③ 支持多用户。支持多个用户同时使用网络资源，并能给应用程序及其数据文件提供足够的、标准化的保护。

④ 网络管理。支持网络实用程序及其管理功能，如系统备份、安全管理、容错、性能监控等。

⑤ 安全和存取控制。对用户资源进行控制，并提供控制用户对网络的访问方法。

⑥ 具备操作系统的基本功能。如任务管理、缓冲区管理、文件管理、磁盘和打印机等外部设备的管理。

常用的 NOS 有 Windows NT、Windows 2003、NetWare、UNIX、Linux 等。

(2) 网络协议软件(Protocol)

网络协议软件是网络软件系统中最重要、最核心的部分。它是计算机网络中各部分通信所必须遵守的规则的集合。为网络数据传输制定的一些规定、规则、约定的集合称为网络协议。网络协议软件是必不可少的软件，一般来讲网络协议由三部分组成，即语法、语义和语序(时序)。

① 语法。语法即用户数据与控制信息的结构与格式、类型等，它规定通信双方彼此"如何讲"，即确定协议元素的格式，主要涉及数据及控制信息的格式、编码及信号电平，将若干个协议元素和数据组合在一起用来表达一个完整的结构与格式等。

② 语义。语义是对数据传输的内容和含义进行解释，它规定通信双方彼此"讲什么"，即确定通信双方要发出什么控制信息、执行的动作和返回的应答，主要涉及用于协调与差错处理的控制信息。不同类型的数据传输所规定的语义是不同的：如需要发出何种控制信息、完成何种动作及得到的响应等。

③ 语序(时序)。时序规定信息交流的次序，主要涉及传输速度匹配和排序等。在双方进行通信时，发送点发出的一个数据报文，如果目标点正确收到，则回答源点接收正确；若接收到错误信息，则要求源点要重发一次。

新世纪高职高专规划教材

通信协议归纳起来有如下几点：

> 语法。定义数据传输的格式和类型。

> 语义。定义数据传输的内容和含义。

> 语序。定义数据传输的时间和速率详细说明。

例如，对不同的人群讲话，第一确定讲话用什么语言，这是语法要完成的任务，第二要确定讲话内容和意思，这是语义要完成的任务，第三确定什么时间开始讲、用多快速度讲，这是语序要完成的任务。

网络协议软件的种类很多，不同体系结构的网络系统都有支持自身系统的协议软件。常见的典型的网络协议软件有 TCP/IP 协议、IEEE 802 标准协议系列、X.25 协议等。

(3) 网络管理软件

为了保证计算机网络持续、高效、稳定和可靠运行，网络管理软件提供网络的性能管理、配置管理、故障管理、计费管理、安全管理和网络运行状态监视与统计等功能。通过网络管理软件对组成网络的各种软、硬件设施和人员进行的综合管理，收集、分析和检测网络各种设备的工作参数和状态信息，并提供给网络管理员进行处理，从而实现对网络设备工作状态和参数的控制与管理。

(4) 网络通信软件

网络通信软件使用户在不必详细了解通信控制规程的情况下，能很容易地控制自己的应用程序与多个站点进行通信，并对大量的通信数据进行加工和处理。主要的通信软件都能很方便地与主机连接，并具有完善的传真功能、文件传输功能等。通信软件的主要目的是使用户不需要了解很多通信规程，方便用户控制的应用程序同时与多个站点进行通信，并管理和加工大量通信数据的输入和输出。

(5) 网络应用软件

网络应用软件的主要作用是为用户提供信息传输、资源共享服务和各种用户业务的管理与服务。网络应用软件可分为两类：由网络软件商开发的通用工具(如电子邮件、Web 服务器及相应的浏览)和依赖于不同用户业务的软件(如网上的金融业务管理、电信业务管理、交通控制和管理、数据库及办公自动化等)。

网络应用软件是构建在网络操作系统之上的应用程序，它扩展了网络操作系统的功能，不同的网络应用软件可满足用户在不同情况下的需求。

任务三　网络的功能和特点

(一) 计算机网络的功能

计算机网络的功能可以归纳为以下几点：

1. 资源共享

资源共享是网络的基本功能之一，也是主要功能之一。计算机网络的基本资源包括硬件资源、软件资源、数据库资源、通信线路和通信设备等。

硬件资源是指各种网络硬件，如海量存储设备、绘图仪、打印机及其他价值昂贵的硬件设备。通过硬件资源的共享，可以降低成本。例如，个人计算机处理能力不够，不能处理大型数据时，可以利用网络上大型计算机处理个人计算机不能处理的大型数据。

软件资源是指各种网络软件，如应用软件、系统软件、处理程序和控制程序。例如，个人计算机处理大型数据，没有相应处理软件时，可以利用网络上的共享软件处理。

数据库资源是指各种数据库。计算机网络技术可以使大量分散的数据迅速集中、分析和处理，而不必再建立自己的数据库。

2. 信息传输

信息传输也称数据传输，是网络基本功能及主要功能之一，通过网络可以实现任何主机之间的数据传输。

3. 集中管理

通过网络可以把已经存在的许多联机系统连接起来，进行实时集中管理、各部分协同工作、并行处理，从而使系统提高处理能力。

4. 均衡负荷和分布式处理

这是计算机网络追求的目标之一。对于大型任务可采用合适的算法，将任务分散到网络中多个计算机上进行处理。

网络上有各种各样的子系统，当一个系统处理负担太重时，可以由其他子系统来承担一些处理任务，从而达到减轻负载和分布处理能力。

5. 网络服务和应用

通过网络可以提供更全面的服务项目，如文件传输、图像传输、声音、动画等信息处理和传输，这是单机系统不能实现的功能。

(二) 计算机网络的特点

计算机网络的特点归纳起来有如下几点：

(1) 可靠性。当网内某子系统出现故障时，可由网络内其他子系统代为处理，网络环境提供了高度的可靠性。

(2) 独立性。网络系统中各相连的计算机系统是相对独立的，它们各自既相互联系又相互独立。

(3) 高效性。网络信息传递迅速，系统实时性强。网络系统可把一个大型复杂的任务分给几台计算机去处理，从而提高了工作效率。

(4) 可扩充性。在网络中可以很灵活地接入新的计算机系统，如远程终端系统等，达到扩充网络系统功能的目的。

(5) 廉价性。网络可实现资源共享，进行资源调剂，避免系统中的重复建设和重复投资，从而达到节省投资和降低成本的目的。

新世纪高职高专规划教材

(6) 透明性。网络用户所关心的是如何利用网络高效而可靠地完成自己的任务，而不去考虑网络所涉及的技术和具体工作过程。

(7) 易操作性。掌握网络使用技术要比掌握大型计算机系统的使用技术简单得多，大多数用户都会感到网络使用方便、操作简单。

任务四　网络的分类和拓扑结构

(一) 计算机网络的分类

计算机网络的分类方法比较多，可以从不同的角度进行分类，一个网络从不同角度分类就有不同名称，常见的分类方法有如下几种。

1. 按照网络的覆盖范围划分

计算机网络按照网络的覆盖范围划分为广域网、城域网和局域网。

(1) 局域网。局域网(Local Area Network，LAN)就是局部区域的计算机网络。局域网传输距离比较小，为几米到几十千米，一般是在一个办公室、一栋大楼、一个单位内将计算机、数据终端及各种外部设备互连起来，形成一个内部网络。局域网传输距离小，数据传输速率高，一般为 10~10 000 Mb/s，数据传输误码率较低，能满足数据传输要求。局域网的本质特征是作用范围小，数据传输速度快、延迟小，可靠性高。

(2) 城域网。城域网(Metropolitan Area Network，MAN)是一个城市或者一个地区组建的网络，其传输距离是介于局域网与广域网之间，一般为几十千米到几百千米。人们既可以使用广域网的技术去构建城域网，也可以使用局域网的技术来构建城域网。

(3) 广域网。广域网(Wide Area Network，WAN)也称远程网。广域网是指作用在不同国家、地域、甚至全球范围内的远程计算机通信网络。用户构建的专用广域网的速率一般较低。

2. 按照网络的逻辑功能划分

计算机网络按照网络的逻辑功能划分为资源子网和通信子网。

(1) 资源子网的组成

资源子网由拥有资源的主计算机系统、请求资源的用户终端、中端控制器、通信子网的接口设备、软件资源和数据库资源组成。

(2) 通信子网的组成

通信子网由通信控制处理机(Communication Control Processor，CCP)、通信线路和其他通信设备组成。

通信控制处理机是一种在数据通信系统中专门负责网络中数据通信、传输和控制的专门计算机或具有同等功能的计算机部件。

通信线路即通信介质，它和网络上的各种通信设备一起组成了通信信道。计算机网络中采用的通信线路的种类很多。如架空明线、双绞线、同轴电缆、光导纤维电缆等有线通信线路组成的通信信道，以及红外线、无线电、微波等无线通信线路组成的通信信道。

通信子网提供网络通信功能，完成全网主机之间的数据传输、交换、控制变换等通信任务，负责全网的数据传输、转发及通信处理等工作。

3. 其他分类

计算机网络还可以根据其拓扑结构、传输介质、应用范围等方式进行分类。

(1) 按照网络的拓扑结构划分：星型网、总线型网、环型网、树型网和网状型网等。

(2) 按照网络的传输介质的形态划分：有线网和无线网。

(3) 按照传输介质的种类划分：双绞线网、同轴电缆网、光纤网、卫星网和微波网等。

(4) 按照网络的应用范围和管理性质划分：公用网和专用网。

(5) 按照网络的交换方式划分：电路交换网、分组交换网、ATM 交换网等。

(6) 按照网络连接方式划分：全连通式网络、交换式网络和广播式网络。

(二) 网络拓扑结构

无论计算机网络多么复杂，计算机网络中计算机接入方式都有一定规律，这个规律就是网络结构的基本单元，也就是计算机网络的拓扑结构，它可以帮助我们了解网络的结构类型与特点。

1. 计算机网络拓扑结构的定义

通常，将通信子网中的通信处理机(CCP)和其他通信设备称为节点，通信线路称为链路，而将节点和链路连接而成的几何图形称为该网络的拓扑结构。计算机网络是由多个具有独立功能的计算机系统按不同的形式连接起来的，这些不同的形式就是指网络的拓扑结构，所以说网络拓扑结构就是网络中各节点及连线的几何图形。网络中各节点由通信线路连接，可构成多种类型的网络。

2. 网络拓扑结构的用途

网络拓扑的设计选型是计算机网络设计的第一步。网络拓扑结构的选择将直接关系到网络的性能、系统可靠性、通信和投资费用等因素。

网络的拓扑结构对整个网络的设计、网络功能、网络可靠性、费用等方面有着重要的影响。

3. 基本拓扑结构类型

常见的基本拓扑结构有总线型、星型、环型、树型和网状型等，如图 1-3 所示。

新世纪高职高专规划教材

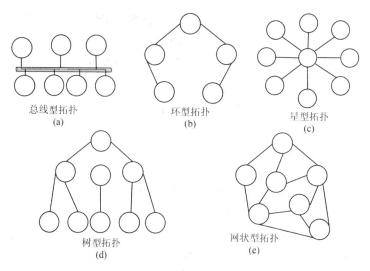

图 1-3　网络拓扑结构

(1) 星型网络

星型网络由中央节点与各站点通过传输介质连接而成。以中央节点为中心，实行集中式控制。该节点可以是转接设备，也可以是主机。

星型拓扑结构中，每个节点都通过分支链路与网络中心节点相连。如今流行以集线器(HUB)充当中心节点，用双绞线作为分支链路而构成星型网络。网中一个计算机发出的数据信息经集线器转发给其他计算机。在广播式星型网络中，集线器将信息发送给其他所有节点；在交换式星型网络中，集线器只将信息发送给指定节点。

星型拓扑结构的优点是结构简单，建网容易，扩展方便，可由集线器完成故障诊断和网络集中监视与管理，运行可靠等。缺点是可靠性差，分布式处理能力差，电缆长度大。

星型网络是目前应用最多的一种局域网类型。目前流行的快速以太网就是典型的星型网络。

(2) 总线型网络

总线型网络各站点通过相应的连接器连接到公共传输介质(总线)上，各站信息均在总线上传输，属广播式信道。

总线型网络采用电缆(通常采用同轴电缆)作为公共总线，各节点通过硬件接口连在总线上。如果入网节点数少，公共总线可以是一段电缆；如果节点数多，则用几段电缆通过中继器相连来扩展总线长度。

总线型拓扑结构的网络中，各节点地位平等，都可以向公共总线发送信号。从一个节点发出的信号到达总线后，沿总线向两个方向同时传送。

总线型拓扑结构的优点是结构简单，布线和扩充容易，增删节点方便，运行可靠等。缺点是控制复杂且时延不确定，受总线长度限制而使系统范围小，故障检测和故障隔离较困难，而且入网节点越多，总线负担越重。

总线型是局域网中常用的拓扑结构。典型的总线型局域网是同轴电缆以太网，如 10Base -2 和 10Base -5。

(3) 环型网络

环型网络各站点由传输介质连接构成闭合环路，数据在一个环路中单向传输。要双向传输时，必须有双环支持。

环型拓扑结构的几何构型是一个封闭环型。每个计算机连到中继器上，每个中继器通过一段链路(采用电缆或光缆)与下一个中继器相连，并首尾相接构成一个闭合环。

信息在环内单向流动，沿途到达每节点时信号都被放大并继续向下传送，直至到达目的节点或发送节点时被从环上移去。

环型拓扑结构的优点是节省线路，路径选择简单；硬件结构简单；各节点地位平等，系统控制简单；信息传送延迟主要与环路总长有关。缺点是故障诊断困难和可靠性差，如果整个环路某一点出现故障，会使得整个网络不能工作；扩展性差，在网中加入节点的总数受到介质总长度的限制，增删节点时要暂停整个网络的工作；节点多时，响应时间长。

环型也是局域网中常见的拓扑结构。常用的环网类型有令牌环网(Token Ring)和光纤环网FDDI。

(4) 树型网络

树型网络由多级星型组成，分级连接。

树型拓扑结构是星型结构的扩展，是一种多级星型结构。在一个大楼内组建网络可采用这种结构，其中，每个楼层内连成一个星型结构，各楼层的 HUB 再集中到一个中心 HUB 上或一个中心交换机上。

树型拓扑结构的优点是线路总长度短，成本较低，节点易于扩充，故障隔离容易。缺点是结构较复杂，传输延时较大。

树型拓扑结构特别适用于分级管理和控制的网络。

(5) 网状型网络

网状型网络节点间连线较多，各节点间都有直线连接时为全连通网，大多数连接不规则。

物理上网状型拓扑结构要求任意两个节点间都设置链路，但实际网络中，从节省费用的角度出发，通常是根据实际需要在两个节点间设置直通链路。前者称为真正的网状拓扑结构，后者称为混合网状型拓扑结构。

在网状型拓扑结构中，由于两个节点间通信链路可能有几条，可以考虑选择合适的一条或几条路径来传送数据。

网状型拓扑结构具有可靠性较高，节点共享资源容易，便于信息流量分配及负荷均衡，可选较佳路径，传输延时小，容错性能好，易于故障诊断，通信信道容量能够有效保证的优点。缺点是安装和配置复杂，但控制和管理复杂，协议和软件复杂，布线工程量大，建设成本高。

网状型拓扑结构常用于广域网中或将几个 LAN 互连时。

【思考练习】

(1) 计算机网络主要有哪几个方面的功能?

(2) 计算机网络可从哪几个方面进行分类?

新世纪高职高专规划教材

(3) 局域网、城域网和广域网的主要特点是什么?

(4) 星型拓扑结构的优缺点有哪些?

(5) 计算机网络主要应用在哪些方面?根据你的兴趣和需求,举出几种应用实例。

新世纪高职高专规划教材

模块二

数据通信基础

【学习任务分析】

在计算机网络普及应用和飞速发展的今天，人们的生活、工作、学习都离不开计算机网络。计算机网络由通信子网和资源子网两部分组成，通过通信子网的支持可以实现网上的各种服务。随着通信技术的发展，各种灵活方便的通信手段的实现，使得人们在计算机网络上传输信息已近乎随心所欲，不再感到距离限制，整个社会也变得越来越紧凑。通信子网已成为整个社会的高级神经中枢，那么，对于网络技术和通信系统的融合，就是现在我们需要解决的主要问题。因而，对于通信系统是值得人们了解的，特别它是学习计算机网络技术的基本知识和理论。所谓通信系统就是实现数据传输所需的一切技术和设备。数据通信技术是网络技术发展的基础，计算机间的通信是实现资源共享的基础，计算机通信网络的核心是数据通信设施。网络中的信息交换和共享，意味着一个计算机系统中的信号通过网络传输到另一个计算机系统中处理或使用。如何进行计算机系统中的信号传输，这是数据通信技术要解决的问题。

【学习任务分解】

本模块中，学习任务有以下几个方面：

➢ 数据通信系统的基本概念及主要技术指标。

➢ 数据通信系统的通信方式。

➢ 数据传输技术。

➢ 数据交换技术。

➢ 差错控制技术。

任务一　数据通信系统

数据通信(Data Communication)系统是指以计算机为核心，用通信线路连接分布在各地的数据终端设备而完成数据通信功能的复合系统。本任务重点介绍数据通信的基本概念和基础知识，为计算机网络和网络工程设计相关课程的学习和实践打好基础。

(一) 数据通信系统模型

数据通信系统的基本组成有三部分要素：信源和信宿、信号变换器和反变换器、信道。图 2-1 所示是一个简单的数据通信系统模型。实际上，数据通信系统的组成因用途而异，但大部分基本相同。

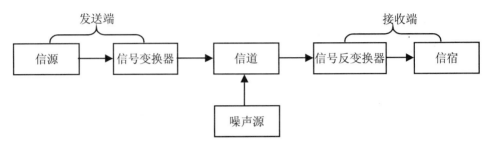

图 2-1   数据通信系统模型

1. 信源和信宿

信源就是信息的发送端，是指发送信息一端的人或设备。信宿就是信息的接收端，是指接受信息一端的人或设备。在计算机网络中，数据是双向传输，信源和信宿设备都是计算机或其他数据终端设备(DTE)，信源与信宿合二为一。数据发送端、数据接收端设备称为数据终端设备。

2. 信道

信道是传输信息的通道，是由通信线路及其通信设备(如收发设备)组成的。主要功能有两点，其一为信息传输提供通信手段，其二为数据传输提供通信服务。

信道按传输型号类型可分为数字信道和模拟信道。直接传输二进制信号或经过编码的二进制数据的信道称为数字信道。传输连续变化的信号或二进制数据经过调制后得到的模拟信号的信道称为模拟信道。

3. 信号变换器与反变换器

信号变换器的作用是将信源发出的信息变换成适合在信道上传输的信号，根据不同的信源和信道信号，变换器有不同的组成和变换功能。发送端的信号变换器可以是编码器或者是调制器，接收端的反信号变换器相对应的就是译码器或者是解调器。编码器的功能是把输入的二进制数字序列做相应的变换，变换成能够在接收端正确识别的信号形式；译码器是在接收端完成编码的反过程。编码器和译码器的主要作用就是降低信号在传输过程中可能出现差错的概率。调制器是把信源或编码器输出的二进制信号变换成模拟信号，以便在模拟信道上进行远距离传输；解调器的作用是反调制，即把接收端接收的模拟信号还原为二进制数字信号。

由于网络中绝大多数信息都是双向传输的，所以在大多数情况下，信源也作为信宿，信宿也作为信源；编码器与译码器合并，统称为编码译码器；调制器与解调器合并，统称为调制解调器。

(二) 数据通信的基本概念

1. 数据、信号、信息的基本概念

(1) 数据

数据(Data)是由数字、字母和符号等组成的信息载体，是网络上信息传输的单元，没有实际含义。在某种意义上来说，计算机网络中传送的东西都是数据。数据是把事件的某些属性规范化后的表现形式。它能被识别，也可以被描述，如二进制数、字符等。

数据的概念包括两个方面：一是数据内容是事物特性的反映或描述；二是数据以某种媒体作为载体，即数据是存储在媒体上的。

数据又可分为模拟数据和数字数据两类。模拟数据是按照一定规律、连续、不间断变化的数据。模拟数据取连续值，如表示声音、图像、电压、电流等的数据；数字数据是不连续的、间断离散变化的数据，如自然数、字符文本等的取值都是离散的。

(2) 信号

信号(Signal)是数据的具体物理表示，具有确定的物理描述，如电压、磁场强度等。在电路中，信号就具体表示数据的电编码或电磁编码。电磁信号一般有模拟信号和数字信号两种形式。随时间连续变化的信号是模拟信号，如正弦波信号等；随时间离散变化的信号是数字信号，它可以用有限个数位来表示连续变化的物理量，如脉冲信号、阶梯信号等。

模拟信号和数字信号的表示如图 2-2 所示。

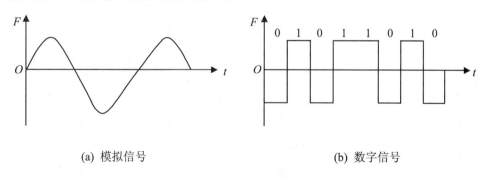

(a) 模拟信号　　　　　　　　　　(b) 数字信号

图 2-2　模拟信号和数字信号的表示

(3) 信息

信息(Information)在不同的领域有不同的定义，一般认为信息是人对现实世界事物存在方式或运动状态的某种认识。表示信息的形式可以是数值、文字、图形、声音、图像及动画等，这些表示媒体归根到底都是数据的一种形式，是数据的内容和解释。

新世纪高职高专规划教材

信息是数据的具体内容和解释，有具体含义，是网络上数据传输的内容和意义，也是数据传输的目的。

严格地讲，数据和信息是有区别的。数据是独立的，是尚未组织起来的事实的集合；而信息则是数据经过加工处理(说明或解释)后，按一定要求、一定格式组织起来的、具有一定意义的数据。数据是信息的表示形式，信息是数据形式的内涵。在计算机网络中，信息也称为报文(Message)。通常在口头上或一些要求不严格的场合把数据说成信息，或把信息说成数据，不再区分数据和信息。

数据、信息和信号这三者是紧密相关的，在数据通信系统中，人们主要关注的是数据和信号。

2．数据通信、数字通信和模拟通信

(1) 数据通信

数据通信是指信源和信宿之间传送数据信号的通信方式，是利用通信系统对各种数据信号进行传输、变换和处理的过程。因而，计算机与计算机、计算机与终端之间的通信及计算机网络中的通信都是数据通信。

(2) 数字通信和模拟通信

根据信道中传送信号的类型，通信通常分为模拟通信和数字通信两类。前者在信道中传送模拟信号，而后者在信道中传送数字信号。

对于数字通信，根据信源发出的携带消息的信号类型，大致可以分成数字信号和模拟信号数字化传输两大类，第一类如计算机内 CPU 和内存之间的通信，第二类如数字电话之间的通信，通常把这两种通信统称为"数字通信"。

模拟信号在传输一定距离后都会衰减，克服的办法是用放大器来增强信号的能量，但噪声分量也会增强，以至会引起信号畸变。数字信号长距离传输也会衰减，克服的办法是使用中继器，把数字信号恢复为"0""1"的标准电平后再继续传输。

(3) 数据通信和数字通信的区分

在数据通信系统中，要把数字数据或模拟数据从一个地方传输到另一个地方，总是要借助于一定的物理信号，如电信号或光信号。而这些物理信号可以是连续变化的模拟信号，也可以是离散变化的数字信号。模拟和数字两种数据形式中的任何一种数据都可以通过编码形成两种信号(模拟信号和数字信号)中的任何一种信号。

数字通信就是指在通信信道中传送数字信号的通信方式。数字通信和模拟通信所强调的是信道中传输的信号形式，也即强调的是信道的形式，前者是数字信道，后者是模拟信道，如图 2-3 所示。至于信源发出和信宿接收的信号可以是数字信号、模拟信号或其他形式的信号。图 2-3(a)的信号变换器可以是个编码器，其作用是数字数据的数字信号编码。图 2-3(b)的信号变换器可以是个模拟/数字转换器，其作用是模拟数据的数字信号编码，具体转换可用 PCM 调制或增量调制技术进行。图 2.3(c)的信号变换器的作用是数字数据的模拟信号编码，

具体转换可由调制解调技术完成。其中，图 2-3(a)和图 2-3(b)的系统是数字通信系统，图 2-3(c)
的系统是模拟通信系统。

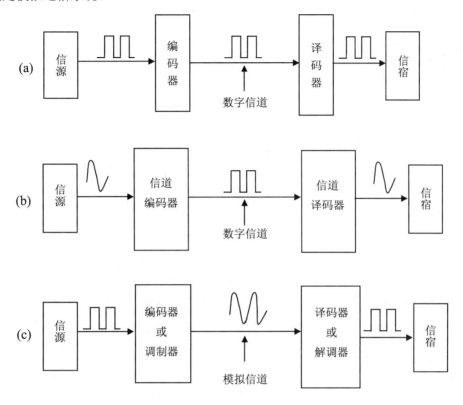

图 2-3 数字通信和模拟通信

由此可见，数字通信是信道的形式或信道中传输信号的形式，而数据通信强调的是信源
与信宿之间传输的信息形式，两个概念是不一样的。

(三) 数据通信的主要技术指标

数据通信系统性能的好坏由什么来衡量，怎样判断通信系统的性能？一般来讲，性能判
断由技术指标来实现。数据通信的主要技术指标是衡量数据传输的有效性和可靠性的参数。

有效性主要由数据传输的数据速率、调制速率、传输延迟、信道带宽和信道容量等指标
来衡量。可靠性一般用数据传输的误码率指标来衡量。

常用的数据通信的技术指标有以下几种。

1．信道带宽和信道容量

信道带宽或信道容量是描述信道的主要指标之一，由信道的物理特性所决定。

信道带宽是指通信系统中传输信息的信道占有一定的频率范围(即频带宽度)。

信道容量是指单位时间内信道所能传输的最大信息量，它表示信道的传输能力。

在通信领域中，信道容量常指信道在单位时间内可传输的最大码元数，信道容量以码元

新世纪高职高专规划教材

速率(或波特率)来表示。在计算机网络中，数据通信主要是计算机与计算机之间的数据传输，并且数据又以二进制数的形式表示，因此，信道容量有时也表示为单位时间内最多可传输的二进制数的位数(也称信道的数据传输速率)，以 b/s(位/秒)或者 bps 表示。

(1) 香农(Shannon)定理

一般情况下，信道带宽越宽，一定时间内信道上传输的信息量就越多，则信道容量就越大，传输效率也就越高。香农定理给出了信道带宽与信道容量之间的关系：

$$C = W \bullet \log_2\left(1 + \frac{S}{N}\right)$$

式中，C 为信道容量；W 为信道带宽；N 为噪声功率；S 为信号功率。

① 当信道中噪声功率趋于 0 时，即 S/N 趋于无穷大，则信道容量趋于无穷大，即无干扰的信道容量为无穷大。实际上这样的传输信道不存在。

② 当信道中信噪比一定时，信道容量与信道带宽成正比，信道带宽越大，信道容量越大。

③ 信道带宽、信噪比一定时，信道容量是一定值。这也是香农定理对通信系统的最大贡献，指出一个实际存在的通信系统其传输容量有一个极限值。

例如，一个物理通信系统，信道带宽为 3 kHz，S/N 为 3162 时，这个信道容量约为 34 kb/s。这个例子说明了在实际的通信系统中，无论采用多么巧妙的编码方法，都不能突破香农定理给出的最大传输速率的物理限制值。

(2) 奈奎斯特(Nyquist)定理

信道传输的信息多少完全由带宽决定。此时，信道中每秒所能传输的最大比特数由奈奎斯特准则决定。

$$R_{\max} = 2W \log_2 L$$

式中，$R_{\max}$ 为最大数据传输速率；W 为信道带宽；L 为信道上传输的信号可取的离散值的个数。

若信道上传输的是二进制信号，则可取两个离散电平"1"和"0"，此时 $L=2$，$\log_2 2 = 1$，所以 $R_{\max}=2W$。如某信道的带宽为 3 kHz，则信道的数据传输速率不能超过 6 kb/s。若 $L=8$，$\log_2 8=3$，即每个信号传送 3 个二进制位。带宽 3 kHz 的信道的数据传输速率最大可达 18 kb/s。

① 当信道带宽一定时，最大数据传输速率与信号状态数的对数值成正比，状态数越多，传输速率越大，反之，最大数据传输速率越小。

② 当信号状态数一定时，最大数据传输速率与信道带宽成正比，带宽越大传输速率越大，反之，最大数据传输速率越小。

③ 奈奎斯特定理指出了最大数据传输速率与带宽的关系，通过巧妙的编码方法可以提高系统数据传输速率。这也是奈奎斯特定理的最大贡献，指出巧妙编码方法是提高数据传输速率的途径。

例如，一个传输系统带宽为 5 kHz，传输二进制数时，$L=2$，则最大传输速率为 10 kb/s。当其状态数为 8 时，则最大传输速率为 30 kb/s。这个例子说明了改变状态数可以提高传输速率。

2．传输速率

(1) 数据传输速率(Rate)

数据传输速率是指通信系统单位时间内传输的二进制代码的位(比特)数。

数据传输速率的高低，由每位数据所占的时间决定，一位数据所占的时间宽度越小，则其数据传输速率越高。设 T 为传输的电脉冲信号的宽度或周期，N 为脉冲信号所有可能的状态数，则数据传输速率(单位为 b/s)为：

$$R = \frac{1}{T} \log_2 N$$

式中，$\log_2 N$ 是每个电脉冲信号所表示的二进制数据的位数(比特数)。如电信号的状态数 $N=2$，即只有"0"和"1"两个状态，则每个电信号只传送 1 位二进制数据，此时，$R=1/T$。即传输速率与脉冲周期成反比，周期越大，则传输速率越小。也可以表示为 $R=f$，即传输速率等于脉冲频率的数值，但是两者单位不同。

(2) 调制速率

调制速率又称波特率或码元速率，它是数字信号经过调制后的传输速率，表示每秒传输的电信号单元(码元)数，即调制后模拟电信号每秒的变化次数，它等于调制周期(即时间间隔)的倒数，单位为波特(Baud)。若用 T(秒，s)表示调制周期，则调制速率为

$$B = \frac{1}{T}$$

即 1 波特表示每秒传送一个码元。

显然，上述两个指标有如下的数量关系：

$$R = B \log_2 N$$

即在数值上"比特"单位等于"波特"的 $\log_2 N$ 倍，只有当 $N=2$(即双值调制)时，两个指标才在数值上相等。但是，在概念上两者并不相同，Baud 是码元的传输速率单位，表示单位时间传送的信号值(码元)的个数，波特速率是调制速率；而 b/s 是单位时间内传输信息量的单位，表示单位时间传送的二进制数的个数。

3．误码率

误码率是衡量通信系统在正常工作情况下传输可靠性的指标。误码率是指二进制码元在传输过程中被传错的概率。显然，它就是错误接收的码元数在所传输的总码元数中所占的比例。误码率的计算公式为：

$$P_e = \frac{N_e}{N}$$

式中，P_e 为误码率；N_e 为被传错的码元数；N 为传输的二进制码元总数，只有在 N 取值很大时才有效。

在计算机网络通信系统中，要求误码率低于 1/1 000 000。如果实际传输的不是二进制码元，须折合成二进制码元来计算。在通信系统中，系统对误码率的要求应权衡通信的可靠性和有效性两方面的因素，误码率越低，设备要求就越高。

新世纪高职高专规划教材

任务二　数据通信方式

在计算机网络中，从不同的角度看有多种不同的通信方式，常见的方式有如下几种。

(一) 并行通信和串行通信

数据通信方式按照数据传输与需要的信道数可划分为并行通信和串行通信方式。数据有多少位则需要多少条信道，每次传输数据时，一条信道只传输字节中一位，一次传输一字节，这种传输方法称为并行通信。如果数据传输时只需要一条信道，数据字节有多少位则需要传输多少次才能传输完一字节，这种方法称为串行通信。

1．并行通信

在并行通信中，一般至少有 8 个数据位同时在两台设备之间传输，如图 2-4 所示。发送端与接收端有 8 条数据线相连，发送端同时发送 8 个数据位，接收端同时接收 8 个数据位。计算机内部各部件之间的通信是通过并行总线进行的。如并行传送 8 位数据的总线称为 8 位数据总线，并行传送 16 位数据的总线称为 16 位数据总线等。

并行传输特点有如下几点：

(1) 数据传输速率高。

(2) 数据传输占用信道较多，费用较高，所以只能应用于短距离传输。

(3) 一般应用于计算机系统内部传输或者近距离传输。

2．串行通信

并行通信需要 8 条以上的数据线，这对于近距离的数据传输来说，其费用还是可以负担的，但在进行远距离数据传输时，这种方式就太不经济了。所以，在数据通信系统中，较远距离的通信就必须采用串行通信方式，如图 2-5 所示。

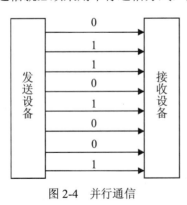

图 2-4　并行通信

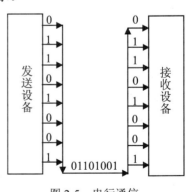

图 2-5　串行通信

由于串行通信每次在线路上只能传输 1 位数据，因此其传输速率要比并行通信慢得多。

虽然串行传输速率慢，但在发收两端之间只需一根传输线，成本大大降低。且由于串行通信使用于覆盖面很广的公用电话网络系统，所以，在现行的计算机网络通信中串行通信应用广泛。

串行传输特点有如下几点：

(1) 数据传输速率慢。

(2) 数据传输占用信道较少，费用较低，所以适用于远距离传输。

(3) 一般应用于计算机网络中远距离传输。

(二) 单工通信、半双工通信和全双工通信

数据在通信线路上传输是有方向的。根据数据在线路上传输的方向和特点，通信方式划分为单工通信(Simplex)、半双工通信(Half-Duplex)和全双工通信(Full-Duplex)三种通信方式。

1. 单工通信

在通信线路上，数据只可按一个固定的方向传送而不能进行相反方向传送的通信方式称为单工通信。其数据传输最大特点是任何时间都是一个方向传输，不能反方向。如图 2-6(a) 所示，数据只能从 A 端传送到 B 端，而不能从 B 端传回到 A 端。A 端是发送端，只具有发送数据功能；B 端是接收端，只具有数据接收功能。例如在计算机系统中，键盘到主机数据传输和主机到显示器传输就是单向传输，任何时间不可能从显示器到主机传输。

单工通信可比拟为城市的单行道交通，其特点如下：

(1) 数据传输方向不会改变，始终一样。

(2) 发送端、接收端设备简单，费用较低。

(3) 占用通信设备最少，控制技术简单。

2. 半双工通信

数据可以双向传输，但不能同时进行，采用分时间段传输，任一时刻只允许在一个方向上传输主信息，这种通信方式称为半双工通信。如图 2-6(b)所示，数据可以从 A 端传输到 B 端，也可以从 B 端传输到 A 端，但两个方向不能同时传送。半双工通信设备 A 和 B 要同时具备发送和接收数据的功能，即 A、B 端既是发送设备，又是接收设备。半双工通信因要频繁地改变数据传输方向，因此，效率较低。

半双工通信可比拟为单孔桥下的交通，其特点如下：

(1) 数据传输方向可以改变，但不能同时改变，分时段进行传送。

(2) 发送端、接收端设备复杂，费用较高。

(3) 设备占用较多，通信线路占用较少，数据传输方向控制较复杂。

3. 全双工通信

可同时双向传输数据的通信方式称为全双工通信。如图 2-6(c)所示，它相当于两个方向相反的单工通信组合在一起，通信的一方在发送信息的同时也能接收信息。全双工通信一般

新世纪高职高专规划教材

采用接收信道与发送信道分开制，按各个传输方向分开设置发送信道和接收信道。

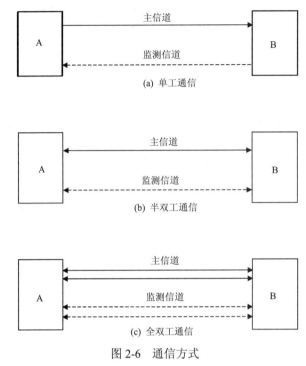

(a) 单工通信

(b) 半双工通信

(c) 全双工通信

图 2-6 通信方式

全双工通信可比拟为城市的车辆可以双向同时行驶的主干道交通，其特点如下：

(1) 任何时间都能进行双向数据传输，发送时还可以进行数据接收。

(2) 发送端、接收端设备复杂，费用较高。

(3) 设备占用较多，通信线路占用较多。

任务三 数据传输技术

(一) 基带传输、频带传输和宽带传输

1. 基带传输

基带传输是指不经频谱搬移，数字数据以原来的"0"或"1"的形式原封不动地在信道上传送。基带是指电信号所固有的基本频带，在基带传输中，传输信号的带宽一般较高，普通的电话通信线路满足不了这个要求，需要根据传输信号的特性选择专用的传输线路。

基带传输方式简单，近距离通信的局域网一般都采用基带传输。对于传输信号，常用的表示方法是用不同的电压电平来表示两个二进制数，即数字信号是由矩形脉冲编码来表示的。

由计算机或终端等数字设备产生的、未经调制的数字数据相对应的电脉冲信号通常呈矩形波形式，它所占据的频率范围通常从直流和低频开始，因而这种电脉冲信号称为基带信号。

新世纪高职高专规划教材

基带信号所占有(固有)的频率范围称为基本频带，简称基带(Baseband)。在信道中直接传输这种基带信号的传输方式就是基带传输。

由于在近距离范围内，基带信号的功率衰减不大，从而信道容量不会发生变化，因此，计算机局域网系统广泛采用基带传输方式。基带传输的特点如下：

(1) 传输方式最简单、最方便。

(2) 适合于传输各种速率要求的数据。

(3) 基带传输过程简单，设备费用低。

(4) 适合于近距离传输的场合。

2．频带传输

频带传输就是把二进制信号进行调制变换，变换成为能在公用电话网中传输的模拟信号，将模拟信号在传输介质中传送到接收端后，再由调制解调器将该模拟信号解调变换成原来的二进制电信号。这种把数据信号经过调制后再传送，到接收端后又经过解调还原成原来信号的传输，称为频带传输。这样不仅克服了目前长途电话线路不能直接传输基带信号的缺点，而且能实现多路复用，从而提高了通信线路的利用率。

由于基带信号频率很低，含有直流成分，远距离传输过程中信号功率的衰减或干扰将造成信号减弱，使得接收方无法接收，因此基带传输不适合于远距离传输；又因远距离通信信道多为模拟信道，所以，在远距离传输中不采用基带传输而采用频带传输的方式。频带传输就是先将基带信号变换(调制)成便于在模拟信道中传输的、具有较高频率范围的信号(这种信号称为频带信号)，再将这种频带信号在信道中传输。由于频带信号也是一种模拟信号(如音频信号)，则频带传输实际上就是模拟传输。计算机网络系统的远距离通信通常都是频带传输。基带信号与频带信号的变换是由调制解调技术完成的。

3．宽带传输

宽带是指比音频带宽更宽的频带，它包括大部分电磁波频谱。利用宽带进行的传输称为宽带传输。宽带传输系统可以是模拟或数字传输系统，它能够在同一信道上进行数字信息和模拟信号传输。宽带传输系统可容纳全部广播信号，并可进行高速数据传输。在局域网中，存在基带传输和宽带传输两种方式。基带传输的数据速率比宽带传输速率低。一个宽带信道可以被划分为多个逻辑基带信道。宽带传输能把声音、图像、数据等信息综合到一个物理信道上进行传输。宽带传输采用的是频带传输技术，但频带传输不一定是宽带传输。

(二) 数据编码技术

信号编码又称为信道编码，其目的是为了使信号的波形特征能与所用的信道传输特性相匹配，以达到最有效、最可靠的传输效果。信道中传输的信号有基带信号和频带信号之分，数字信号一定是基带信号，而模拟信号一定是频带信号。

数字数据可采用数字信号传输，也可采用模拟信号传输；模拟数据也既可采用数字信号传输，也可采用模拟信号传输。无论用哪种数据传输方式，都应解决以下问题：数据信息的

新世纪高职高专规划教材

表示，即信息的编码问题；信息的传输问题，即选用哪种数据传输方式问题；信息正确无误地传输问题，即发送与接收同步和发现及纠错问题。

在图 2-1 中，通信系统中变换器的目的是将原始的电信号变换成其频带适合信道传输的信号，反变换器在接收端将收到的信号还原成原始的电信号，通常将变换器和反变换器称为调制器和解调器。经过调制后的信号称为已调信号或频带信号，它应有两个基本特征：一是携带有信息，二是适合在信道中传输。

模拟数据可以用模拟信号传输，也可以用数字信号传输；同样，数字数据可以用数字信号传输，也可以用模拟信号传输。这样就构成了 4 种方式。在每一种方式中，数据信息所对应的传输信号状态称为数据信息编码。4 种方式所对应的 4 种数据信息编码为：模拟数据的模拟信号编码(计算机网络不能存储模拟数据，故不进行模拟到模拟变换)，数字数据的模拟信号编码，模拟数据的数字信号编码，以及数字数据的数字信号编码。

1．数字数据的模拟信号编码

在计算机网络的远程通信中通常采用频带传输。若要将基带信号进行远程传输，必须先将其变换为频带信号(即模拟信号)，才能在模拟信道上传输。这个变换就是数字数据的模拟信号编码(即调制)过程。

频带传输的基础是载波，它是频率恒定的模拟信号。基带信号进行调制变换后成为频带信号(调制后的信号也称已调信号)。调制就是利用基带脉冲信号对一种称为载波的模拟信号的某些参量进行控制，使这些参量随基带脉冲而变化的过程。基带信号经调制后，由载波信号携带在信道上传输。到接收端，调制解调器再将已调信号恢复成原始基带信号，这个过程是调制的逆过程，称为解调。

通常采用的调制方式有 3 种：幅度调制、频率调制和相位调制。设载波信号为正弦交流信号 $f(t)=A\sin(\omega t+\phi)$，载波、基带脉冲及 3 种调制波形如图 2-7 所示。

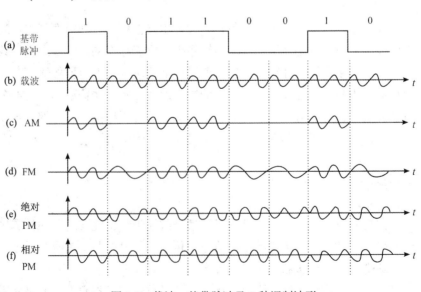

图 2-7　载波、基带脉冲及 3 种调制波形

(1) 幅度调制(AM)

幅度调制简称调幅，也称幅移键控(ASK)。在幅度调制中，载波信号的频率 ω 和相位 ϕ 是常量，振幅 A 是变量，即载波的幅度随基带脉冲的变化而变化。其函数表达式为：

$$f(t) = \begin{cases} A\sin(\omega t + \phi) & 1 \\ 0 & 0 \end{cases}$$

如图 2-7(c)所示，基带脉冲为"1"时，已调信号与载波信号幅度一样，即输出载波信号；基带脉冲为"0"时，已调信号与载波信号幅度不一样，即输出信号幅度为无信号输出。

幅度调制的特点如下：

① 控制技术简单、方便、容易实现。

② 抗干扰能力较差。

(2) 频率调制(FM)

频率调制简称调频，也称频移键控(FSK)。在频率调制中，载波信号的振幅 A 和相位 ϕ 是常量，频率 ω 是变量，即载波的频率随基带脉冲的变化而变化。其函数表达式为：

$$f(t) = \begin{cases} A\sin(\omega_1 t + \phi) & 1 \\ A\sin(\omega_2 t + \phi) & 0 \end{cases}$$

如图 2-7(d)所示，基带脉冲为"1"时，已调信号的频率为 f_1，即输出信号频率为 f_1 载波信号；基带脉冲为"0"时，已调信号的频率为 f_2，即输出信号频率为 f_2 载波信号。

频率调制的特点如下：

① 控制技术简单、方便、容易实现。

② 抗干扰能力较强，是目前使用最多的调制方法。

(3) 相位调制(PM)

相位调制简称调相，也称相移键控(PSK)。在相位调制中，载波信号的振幅 A 和频率 ω 是常量，相位 ϕ 是变量，即载波的相位随基带脉冲的变化而变化。

相位调制又分绝对相位调制和相对相位调制。

如图 2-7(e)所示，基带脉冲为"1"和"0"时，已调信号的起始相位差 180(绝对相位调制)；或基带脉冲为"1"时，已调信号的相位差变化 180(相对相位调制)。

绝对相位调制的函数表达式为：

$$f(t) = \begin{cases} A\sin(\omega t + \phi) & 1 \\ A\sin(\omega t + \phi + \pi) & 0 \end{cases}$$

接收端可以根据初始相位来确定数字信号值。从函数式可以看出数字"1"对应 0 相位，数字"0"对应 π 相位。

相对相位调制是在两位数字信号交界处产生的相位偏移来表示数字信号。最简单的相对调相方法是：两比特信号交界处遇"0"，载波信号相位不变；两比特信号交界处遇"1"，载波信号偏移 π。其波形变化如图 2-7(f)所示。

在实际使用中，相位调制方法可以方便采用多相调制方法，提高数据传输速率。

相位调制的特点如下：

① 控制技术复杂，实现困难。

新世纪高职高专规划教材

② 抗干扰能力强，

③ 通过相位调制极大地提高了数据传输速率，是调制技术发展的方向。

采用调制解调技术的目的有两个：一是使基带信号变换为频带信号，便于在模拟信道上进行远距离传输；二是便于信道多路复用。

2．数字数据的数字信号编码

数字数据的数字信号编码问题就是要解决数字数据的数字信号表示问题。数字数据可以由多种不同形式的电脉冲信号的波形来表示。数字信号是离散的电压或电流的脉冲序列，每个脉冲代表一个信号单元(或称码元)。最普遍且最容易的方法是用两种码元分别表示二进制数字符号"1"和"0"，每位二进制符号和一个码元相对应。表示二进制数字的码元的形式不同，便产生出不同的编码方法。在此主要介绍单极性全宽码和归零码、双极性全宽码和归零码、曼彻斯特码和差分曼彻斯特码。

(1) 单极性全宽码和归零码

单极性全宽码是指在每一个码元时间间隔内，有电流发出表示二进制"1"，无电流发出表示二进制"0"，如图 2-8(a)所示。每个码元的 1/2 间隔为取样时间，每个码元的 1/2 幅度(即 0.5)为判决门限。在接收端对收到的每个脉冲信号进行判决，在取样时刻，若该信号值在 0～0.5 就判为"0"码，在 0.5～1 就判为"1"码。

全宽码的信号波形占一个码元的全部时间间隔，由于全宽码的每个码元占全部码元宽度，如果重复发送连续同值码，则相邻码元的信号波形没有变化，即电流的状态不发生变化，从而造成码元之间没有间隙，不易区分识别。单极性全宽码只用一个极性的电压脉冲，有电压脉冲表示"1"，无电压脉冲表示"0"。并且在表示一个码元时，电压均无须回到零，所以也称为不归零码(NRZ)。

单极性归零码就是指一个码元的信号波形占一个码元的部分时间，其余时间信号波形幅度为"0"。 单极性归零码也只用一个极性的电压脉冲，但"1"码持续时间短于一个码元的宽度，即发出一个窄脉冲；无电压脉冲表示"0"。图 2-8(b)所示是单极性归零码，在每个码元时间间隔内，当为"1"时，发出正电流，就是发一个窄脉冲。当为"0"时，仍然完全不发出电流。由于当为"1"时有一部分时间不发电流，幅度"归零"，因此称这种码为归零码。

图 2-8 所示的两个单极码波形表示的二进制序列均为 1011001。

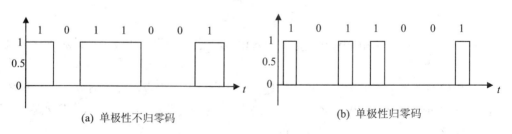

(a) 单极性不归零码　　　　　　　　(b) 单极性归零码

图 2-8　单极性全宽码和归零码

采用不同的编码方案各有利弊，如归零码的脉冲较窄，在信道上占用的频带较宽；单极性码会积累直流分量；双极性码的直流分量少。

全宽码(不归零码)的优点如下：

① 每个脉冲宽度越大，发送信号的能量就越大，这对提高接收端的信噪比有利。

② 脉冲时间宽度与传输带宽成反比关系，即全宽码在信道上占用较窄的频带，并且在频谱中包含了码位的速度。

全宽码(不归零码)的缺点如下：

① 当出现连续"0"或连续"1"时发送端和接收端提供同步或定时，难以分辨一位的结束和另一位的开始，需要通过其他途径在发送端和接收端提供同步或定时。

② 会产生直流分量的积累问题，这将导致信号的失真与畸变，使传输的可靠性降低，并且由于直流分量的存在，使得无法使用一些交流耦合的线路和设备。因此，过去大多数数据传输系统都不采用这种编码方式。

近年来，随着高速网络技术的发展，NRZ编码受到人们的关注，并成为主流编码技术，在FDDI、100Base-T及100VG-AnyLAN等高速网络中都采用了NRZ编码，其原因是在高速网络中要尽量降低信号的传输带宽，以利于提高数据传输的可靠性，降低对传输介质带宽的要求。而NRZ编码中的码元速率与编码速率一致，具有很高的编码效率，符合高速网络对于信号编码的要求。

(2) 双极性全宽码和归零码

双极性全宽码(不归零码)采用两种极性的电压脉冲，一种极性的电压脉冲表示"1"，另一种极性电压脉冲表示"0"，如图2-9(a)所示。

双极性码是指在一个码元时间间隔内，发正电流表示二进制的"1"，发负电流表示二进制的"0"，正向幅度与负向幅度相等。全宽码的含义与单极性码相同，图2-9(a)所示为双极性全宽码。

双极性归零码采用两种极性的电压脉冲，"1"码发正的窄脉冲，"0"码发负的窄脉冲，如图2-9(b)所示。归零码克服了全宽码可以产生直流分量的缺点。

图2-9所示的两个双极码波形表示的二进制序列均为1011001。

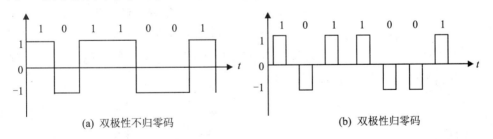

| (a) 双极性不归零码 | (b) 双极性归零码 |

图2-9　双极性全宽码和归零码

(3) 曼彻斯特码

图2-10所示为01011001码的曼彻斯特码波形。

曼彻斯特编码的规律是在每一个码元时间间隔内，当发"0"时，在间隔的中间时刻电平从低向高跃变；当发"1"时，在间隔的中间时刻电平从高向低跃变。在码元的起始位置跃变，无论怎样变化，只是同步时钟。

曼彻斯特编码主要应用在以太网络中，主要特点如下：

① 脉冲周期内平均分量为零，无直流分量，数据传输性能好。

② 编码自带同步时钟，不需要同步时钟。

③ 占用传输线路频率较高，只适用于较低速率网络传输数据。

(4) 差分曼彻斯特码

图 2-11 所示为 01011001 码的差分曼彻斯特码波形(假定初始时刻为"1")。

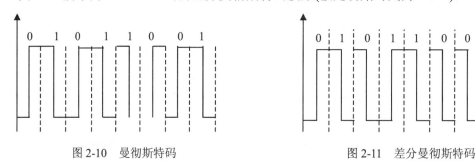

图 2-10 曼彻斯特码   图 2-11 差分曼彻斯特码

差分曼彻斯特码的规律是在每一个码元时间间隔内，无论发"0"或发"1"，在间隔的中间都有电平的跃变。作为同步时钟发"1"时，间隔开始时刻不跃变，发"0"时，间隔开始时刻有跃变。

差分曼彻斯特编码主要应用在令牌环网络中，其特点与曼彻斯特码特点相同。

曼彻斯特码与差分曼彻斯特编码是最常用的数字信号编码方式，优点明显，缺点是传输速率较低。

3．模拟数据的数字信号编码

要实现模拟信号的数字化传输和交换，首先要在发送端把模拟信号变换成数字信号，即需要进行模/数(A/D)转换。然后在接收端再将数字信号转换为模拟信号，即需要进行数/模(D/A)转换。通常把 A/D 转换器称为编码器，把 D/A 转换器称为译(解)码器，编码器和译(解)码器一般集成在一个设备中。

将模拟信源波形变换成数字信号的过程称为信源数字化或信源编码。通信中的电话信号的数字化称为语音编码，图像信号的数字化称为图像编码，两者虽然各有其特点，但基本原理是一致的，这里以话音信号的脉冲编码调制(PCM)编码为例介绍模拟数据的数字传输过程。PCM 通信的简单模型如图 2-12 所示。

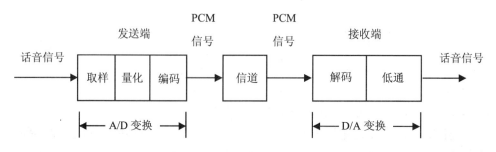

图 2-12 PCM 通信的简单模型

模拟数据的数字信号编码常用的方法有脉冲编码调制(PCM)和增量调制(IM)。现以 PCM 方法为例介绍。PCM 方法以取样定理为基础，将模拟数据数字化，例如对音频信号进行数字化编码，一般包括 3 个过程：取样、量化和编码。

(1) 取样

PCM 编码是以取样定理为基础的，即如果在规定的时间间隔内，以有效信号最高频率的两倍或两倍以上的速率对该信号进行取样的话，则这些取样值中就包含了无混叠而又便于分离的全部原始信号的信息，利用低通滤波器可以不失真地从这些取样值中重新构造出。

取样定理表示公式为：

$$F_s = \frac{1}{T_s} \geq 2F_{\max}$$

或

$$F_s \geq 2B_s$$

式中，F_s 为取样频率；T_s 为取样周期；$F_{\max}$ 为原始有限带宽模拟信号的最高频率；B_s 为原始信号的带宽。

例如，话音数据信号的最高频率为 3400 Hz，故取样频率在 6800 Hz/s 以上时才有意义，一般以 8000 Hz 的取样频率对话音信号进行取样，即取样周期为 1/8000 s=125 ms，则在样值中包含了话音信号的完整特征，由此还原出的语音是完全可理解和被识别的，话音信号取样后信号所占用的时间被压缩了，这是时分复用技术的必要条件。

PCM 取样方法是每隔一定的时间间隔 T，在取样器上接入一个取样脉冲，取出话音信号的瞬时电压值，即样值，如图 2-13 所示。取样所得到的数值代表原始信号，取样频率越高，根据取样值恢复原始信号的精度就越高。

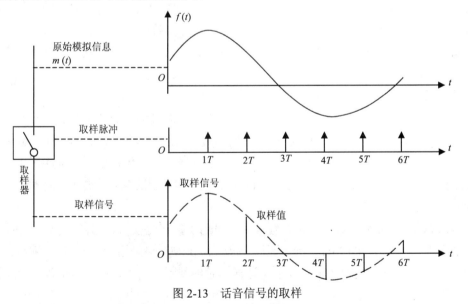

图 2-13 话音信号的取样

取样是指在每隔固定长度的时间点上抽取模拟数据的瞬时值，作为从这一次取样到下一次取样之间该模拟数据的代表值。根据取样定理，当取样的频率 F 大于或等于模拟数据的频带宽度(模拟信号的最高变化频率 $F_{\max}$)的两倍(即 $F \geq 2F_{\max}$)，所得的离散信号可以不失真地代表被取样的模拟数据。取样的结果是变连续的模拟信息为离散信息。

新世纪高职高专规划教材

(2) 量化

取样后的信号，其幅度的取值仍是无限多个，并且是连续的。将取样所得到的信号幅度按 A/D 转换器的量级分级取值，使连续模拟信号变为时间轴上的离散值就是量化。

量化可以用"四舍五入"的方法，使每个取样后的幅值用一个邻近的"整数"值来近似，图 2-14 所示就是这种量化方法的示意图。把信号归纳为 0～7 共 8 级，并规定小于 0.5 的为 0 级；0.5～1.5 之间的为 1 级等。经过这样量化，连续的样值被归到了 0~7 级中的某一级，图 2-14(b)所示就是量化后的值。

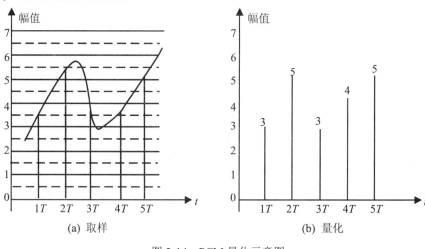

(a) 取样   (b) 量化

图 2-14　PCM 量化示意图

量化就是把取样得到的不同的离散幅值，按照一定的量化级转换为对应的数据值，并取整数，得到离散信号的具体数值。量化级即把模拟信号峰峰间取样得到的离散幅值分割为均匀的等级，一般为 2 的整数次幂，如分为 128 级、256 级等。所取的量化级越高，表示离散信号的精度越高。

(3) 编码

编码就是把量化后取样点的幅值分别用代码表示，经过编码后的信号就已经是 PCM 信号了。代码的种类很多，采用二进制代码是通信技术中比较常见的。图 2-14(a)中分 8 个量化级用 3 位二进制码表示，二进制代码的位数代表了取样值的量化精度。实际应用中，通常用 8 位码表示一个样值，这样，对话音信号进行 PCM 编码后所要求的数据传输速率为 8 bit×8000 Hz =64 000 b/s=64 kb/s。

PCM 编码不仅可用于数字化话音数据，还可用于数字化视频、图像等模拟数据。例如，彩色电视信号的带宽为 4.6 MHz，取样频率为 9.2 MHz。如果采用 10 位二进制编码来表示每个取样值，则可以满足图像质量的要求。这样，对电视图像信号进行 PCM 编码后所达到的数据速率为 92 Mb/s。

编码是将量化后的离散值转换为一定位数的二进制数值。通常，当量化级为 N 时，对应的二进制位数为 $\log_2 N$。

(三) 多路复用技术

在通信系统和计算机网络系统中，通常信道所能提供的带宽往往比传输一路信息所需要的带宽要宽得多，因此，一个信道只传送一路信号有时是很浪费的。为了充分利用信道的带宽，希望一个信道中能同时传输多路信息。把利用一条物理信道同时传输多路信息的过程称为多路复用。多路复用技术能把多个信号组合在一条物理信道上进行传输，使多个计算机或终端设备共享信道资源，提高信道的利用率。特别是在远距离传输时，可大大节省电缆的成本、安装与维护费用。实现多路复用功能的设备称为多路复用器，简称多路器。

多路复用技术是将传输信道在频率域或时间域上进行分割，形成若干个相互独立的子信道，每一子信道单独传输一路数据信号。从电信角度看，相当于多路数据被复合在一起共同使用一个共享信道进行传输，所以称为"复用"。复用技术包括复合、传输和分离 3 个过程，由于复合与分离是互逆过程，通常把复合与分离的装置放在一起，做成所谓的复用器(MUX)。多路信号在一对 MUX 之间的一条复用线上传输，如图 2-15 所示。若复用线路是模拟的，则在复用器之后加入一个 Modem；若复用线路是数字的，则不必使用 Modem。

(a) 模拟线路复用传输

(b) 数字线路复用传输

图 2-15　多路复用模型

多路复用技术应用在共享式信道上。所谓共享式信道就是有多台计算机或终端设备等DTE 连接到同一信道的不同分支点上，这些 DTE 用户都可以向此信道发送数据。而信道上所传输的数据，可被全体用户接收(这种信道称为广播式信道)，或只被指定的若干个用户接收(这种信道称为组播式信道)。

多路复用技术通常有频分多路复用、时分多路复用、波分多路复用和码分多路复用等。

1. 频分多路复用

频分多路复用(Frequency Division Multiplexing，FDM)就是将具有一定带宽的信道分割为若干个有较小频带的子信道，每个子信道传输一路信号。这样在信道中就可同时传送多个不同频率的信号。被分开的各子信道的中心频率不相重合，且各信道之间留有一定的空闲频带(也称保护频带)，以保证数据在各子信道上的可靠传输。频分多路复用实现的条件是信道的带宽远远大于每个子信道的带宽。

频分多路复用是一种模拟复用方案。输入 FDM 系统的信息是模拟的，且在整个传输过程中保持为模拟信号。在物理信道的可用带宽超过单个原始信号所需带宽情况下，可将该物理信道的总带宽分割成若干个与传输单个信号带宽相同(或略宽)的子信道，每个子信道传输一路信号。

多路原始信号在频分复用前，先要通过频谱搬移技术将各路信号的频谱搬移到物理信道频谱的不同段上，使各信号的带宽不相互重叠；然后用不同的频率调制每一个信号，每个信号需要一个以它的载波频率为中心的一定带宽的通道。为了防止互相干扰，使用保护带来隔离每一个通道。

图 2-16 所示是一个频分多路的例子，图中包含 3 路信号，分别被调制到 f_1、f_2 和 f_3 上，然后再将调制后的信号复合成一个信号，通过信道发送到接收端，由解调器恢复成原来的波形。

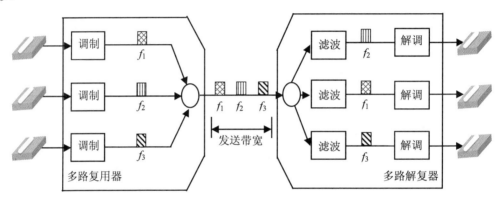

图 2-16　频分多路复用

FDM 技术成功应用的例子是用于长途电话通信中的载波通信系统(媒介是同轴电缆)，但目前该系统已逐步由 SDH 光纤通信系统代替；此外，FDM 技术也可用于 AM 广播电台和计算机网络中。

采用频分多路复用时，数据在各子信道上是并行传输的。由于各子信道相互独立，故一个信道发生故障时不影响其他信道。图 2-17 所示是把整个信道分为 5 个子信道的频率分割图。在这 5 个信道上可同时传输已调制到 f_1、f_2、f_3、f_4 和 f_5 频率范围的 5 种不同信号。

对于频分多路复用，频带越宽，则在此频带宽度内所能分割的子信道就越多，传输信号路数越多，线路利用率越高。

对于频分多路复用应用注意如下几个问题：

(1) 子信道宽带划分时一定根据传输信道宽带要求划分。

(2) 子信道与子信道之间一定要留有空闲信道，空闲信道宽度根据实际情况选取。

对于频分多路复用应用的特点是：

(1) 各路信号独占信道，共享时间。

(2) 构成信道是模拟信道，传输模拟信号。

2．时分多路复用

时分多路复用(Time Division Multiplexing，TDM)是将一个物理信道的传输时间分成若干个时间片轮流地给多个信号源使用，每个时间片被复用的一路信号占用。这样，当有多路信号准备传输时，一个信道就能在不同的时间片传输多路信号，如图 2-18 所示。时分多路复用实现的条件是信道能达到的数据传输速率超过各路信号源所要求的数据传输速率。如果把每路信号调制到较高的传输速率，即按介质的比特率传输，那么每路信号传输时多余的时间就可以被其他路信号使用。为此，使每路信息按时间分片，轮流交换地使用介质，就可以达到在一个物理信道中同时传输多路信号的目的。

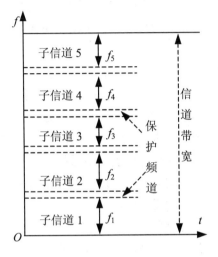

图 2-17　频分多路复用

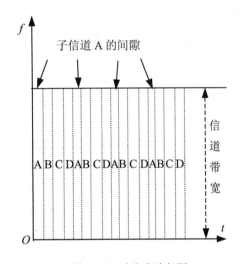

图 2-18　时分多路复用

时分多路复用又可分为同步时分多路复用和异步时分多路复用。

(1) 同步时分多路复用是指时分方案中的时间片是分配好的，而且固定不变，即每个时间片与一个信号源对应，不管该信号源此时是否有信息发送。在接收端，根据时间片序号就可以判断出是哪一路信息，从而将其送往相应的目的地。

(2) 异步时分多路复用方式允许动态地、按需分配信道的时间片，如某路信号源暂不发送信息，就让其他信号源占用这个时间片，这样就可大大提高时间片的利用率。异步时分多路复用也可称为统计时分多路复用(STDM)技术，它也是目前计算机网络中应用广泛的多路复用技术。

时分多路复用的特点是：

(1) 各路信号独占时间，共享信道。

(2) 构成信道是数字信道，传输数字信号。

对于频分多路复用，频带越宽，则在此频带宽度内所能分割的子信道就越多。对于时分多路复用，时间片长度越短，则每个时分段中所包含的时间片数就越多，因而所划分的子信道就越多。

频分多路复用主要用于模拟信道的复用(数字数据可以通过 Modem 变换为模拟信号)，时分多路复用主要用于数字信道的复用。

新世纪高职高专规划教材

3．波分多路复用

光波的频率远远高于无线电频率(MHz 或 GHz)，每一个光源发出的光波由许多频率 (波长)组成。光纤通信的发送机和接收机被设计成发送和接收某一特定的波长。波分多路复用技术将不同的光发送机发出的信号以不同波长沿光纤传输，且不同的波长之间不会干扰，每个波长在传输线路上都是一条光通道。光通道越多，在同一根光纤上传送的信息(语言、图像、数据等)就越多。

最初只能在一根光纤上复用两路光波信号，随着技术的发展，在一根光纤上复用的光波信号越来越多，现在已经做到在一根光纤上复用 80 路或更多的光载波信号，这种复用技术是密集波分复用(DWDM)技术。DWDM 技术已成为通信网络带宽高速增长的最佳解决方案。光纤技术的发展与 DWDM 技术的应用与发展密切相关，自 20 世纪 90 年代中期以来其发展极为迅速，32 Gb/s 的 DWDM 系统已经大规模商用。

波分多路复用(Wave Division Multiplexing，WDM)技术主要用于全光纤网组成的通信系统中。所谓波分多路复用是指在一根光纤上能同时传送多个波长不同的光载波的复用技术。通过 WDM 技术，可使原来在一根光纤上只能传输一个光载波的单一光信道，变为可传输多个不同波长光载波的光信道，使得光纤的传输能力成倍增加。也可以利用不同波长沿不同方向传输来实现单根光纤的双向传输。波分多路复用技术将是今后计算机网络系统主干的信道多路复用技术之一。波分多路复用实质上是利用了光具有不同波长的特征，如图 2-19 所示。WDM 技术的原理十分类似于 FDM，不同的是它利用波分复用设备将不同信道的信号调制成不同波长的光，并复用到光纤信道上。在接收方，采用波分设备分离不同波长的光。相对于传输电信号的多路复用器，WDM 发送和接收端的器件分别称为分波器和合波器。

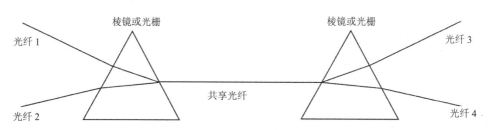

图 2-19　波分多路复用

4．码分多路复用

码分多路复用也是一种共享信道的技术，对不同用户传输信息所用的信号不是靠频率不同或时隙不同来区分，而是用各自不同的编码序列来区分，或者说，是靠信号的不同波形来区分。每个用户可在同一时间使用同样的频带进行通信，但使用的是基于码型的分割信道的方法，即给每个用户分配一个地址码，且各个码型互不重叠，通信各方之间不会互相干扰。

(四) 同步技术

所谓"同步"，就是接收端要按照发送端发送的每个码元的重复频率及起止时间来接收数据。因此，接收端不仅要知道一组二进制位的开始与结束，还要知道每位的持续时间，这样才能做到用合适的取样频率对所接收数据进行取样。

同步传输与异步传输的引入是为了解决串行数据传输中通信双方的码组或字符的同步问题。由于串行传输是以二进制位为单位在一条信道上按时间顺序逐位传输的。这就要求发送端按位发送，接收端按时间顺序逐位接收，并且还要对所传输的数据加以区分和确认。因此，通信双方要采取同步措施，尤其是对远距离的串行通信更为重要。

1. 位同步

位同步的数据传输是指接收端的每一位数据信息都要和发送端准确保持同步，中间没有间断时间。实现这种同步的方法又有外同步法和自同步法。

(1) 外同步法

外同步法是指接收端的同步信号由发送端送来，而不是自己产生也不是从信号中提取出来的方法。即发送端在发送数据前，向接收端先发出一个或多个同步时钟，接收端按照这个同步时钟来调整其内部时序，并把接收时序重复频率锁定在同步频率上，以便也能用同步频率接收数据，然后向发送端发送准备接收数据的确认信息，发送端收到确认信息后开始发送数据。

外同步中典型的例子是不归零码，用正电压表示"1"，负电压表示"0"，在一个二进制位的宽度和电压保持不变，如图 2-20(a)所示。不归零码容易实现，但缺点是接收方和发送方不能保持正确的定时关系，且当信号中包含连续的"1"和"0"时，存在直流分量。

(2) 自同步法

自同步法是指能从数据信息波形本身提取同步信号的方法，例如曼彻斯特编码和差分曼彻斯特的每个码元中间均有跳变，利用这些跳变作为同步信号。

在曼彻斯特编码中，用电压跳变的不同来区分"1"和"0"，即用正的电压跳变表示"0"；用负的电压跳变表示"1"，也就是说，从低到高跳变表示"0"，从高到低跳变表示"1"，如图 2-20(c)所示。由于跳变都发生在每一个码元的中间，接收端可以方便地利用它来提取位同步时钟，还可根据每位中间的跳变来区分"0"和"1"的取值。

差分曼彻斯特编码是在曼彻斯特编码的基础上进行修改而得到的编码。其不同之处在于每位中间的跳变只用作通信双方的同步时钟信号，而取值是"0"还是"1"则根据每一位起始处有无跳变来判断，若有跳变则为"0"，若无跳变则为"1"，如图 2-20 (d)所示。

曼彻斯特编码是将时钟和数据包含在数据流中，在传输代码信息的同时，也将时钟同步信号一起传输到对方，每位编码中有一跳变，不存在直流分量，因此具有自同步能力和良好的抗干扰性能。但每一个码元都被调成两个电平，所以数据传输速率只有调制速率的一半。

这两种曼彻斯特编码主要用于中速网络中(如 10 Mb/s 以太局域网和 16 Mb/s 令牌网)，而高速网络并不采用曼彻斯特编码技术。其原因在于它的信号速率为数据速率的两倍，对于 100 Mb/s 的高速网络来说，200 Mb/s 这样高的信号速率无论对传输介质带宽的要求还是对传输可靠性的控制都很高，会增加技术的复杂性和实现成本，难以推广应用。因此，高速网络主要采用两极的不归零码的编码方案。

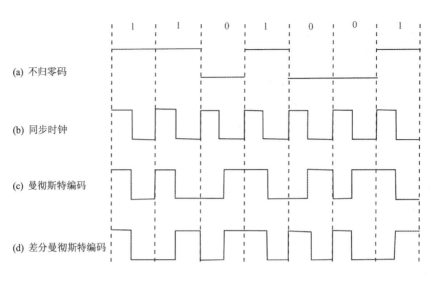

图 2-20　同步信号编码方法

2. 字符同步

字符同步也称异步传输，在通信的数据流中，每次传送一个字符，且字符间异步。字符内部各位同步被称为字符同步方式，即每个字符出现在数据流中的相对时间是随机的，接收端预先并不知道，而每个字符一经开始发送，收发双方则以预先固定的时钟速率来传送和接收二进制位。

异步传输过程如图 2-21 所示，开始传送前，线路处于空闲状态，送出连续"1"。传送开始时首先发一个"0"作为起始位，然后出现在通信线路上的是字符的二进制编码数据。每个字符的数据位长可以约定为 5 位、6 位、7 位或 8 位，一般采用 ASCII 编码。接着是奇偶校验位，也可以约定不要奇偶校验。最后是表示停止位的"1"信号，这个停止位可以约定持续 1 位或 2 位的时间宽度，至此一个字符传送完毕，线路又进入空闲，持续为"1"。经过一段时间后，下一个字符开始传送又发出起始位。

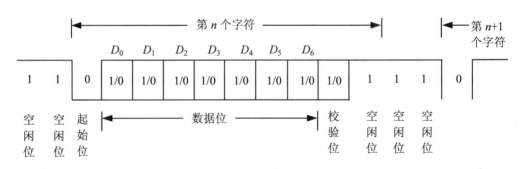

图 2-21　异步传输方式

异步传输对接收时钟的精度要求降低了，它的最大优点是设备简单，易于实现。但是，它的效率很低。因为每一个字符都要加起始位和终止位，辅助开销比例比较大，因而用于低速线路中，如计算机与调制解调器等。

3．帧同步

帧同步也称同步传输，在通信的数据流中，以多个字符组成的字符块为单位进行传输。收发双方以固定时钟节拍来发送和接收数据信号，字符或码组间及位与位之间是同步的。在异步传输中，每一个字符要用起始位和终止位作为字符开始和结束的标志，占用了时间，所以在数据块传送时，为了提高速度，就去掉这些标志而采用同步传输方式。同步传输时，在数据块开始处要用同步字符来指示，并在发送端和接收端之间要用时钟来实现同步，故硬件较为复杂，对线路要求较高。

同步传输通信控制规程可分为两类：面向字符型同步方式和面向比特型同步方式。

(1) 面向字符型同步方式

面向字符型同步控制规程的特点是规定一些字符作为传输控制用，信息长度为 8 位的整数倍。面向字符型的数据格式又有单同步、双同步和外同步之分，如图 2-22 所示。

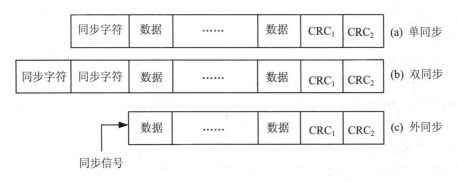

图 2-22　面向字符型同步方式

单同步是指在传送数据块之前先传送一个同步字符，接收端检测到该同步字符后开始接收数据。双同步是有两个同步字符。外同步格式中数据之前不含同步字符，而是用一条专用控制线来传送同步字符，以实现收发双方的同步操作，任何一帧的信息都以两个字节的循环控制码 CRC 为结束。

(2) 面向比特型同步方式

面向比特型同步控制规程的概念是由 IBM 公司在 1969 年提出的，它的特点是没有采用传输控制字符，而是采用某些位组合作为控制用，其信息长度可变，传输速率在 2400 b/s 以上。这一类型中最有代表性的规程是 IBM 的同步数据链路规程(SDLC)和国际标准化组织 ISO 的高级数据链路控制规程(HDLC)。在 SDLC/HDLC 方式中，所有信息传输必须以一个标识字符开始，以同一个字符结束，这个标识字符为 01111110，从开始标志到结束标志之间构成一个完整的信息单位，称为一帧(Frame)。所有的信息都是以帧的形式传输的，而标识符提供了每一帧的边界，接收端用每个标识字符建立帧同步，其帧格式如图 2-23 所示。帧是 ISO 模型中数据链路层的数据传输单位，有关 HDLC 的内容详见模块三。

新世纪高职高专规划教材

开始标志(F)	地址段	控制段	信息段	帧校验序列	结束标志(F)
01111110	A	C	I	FCS	01111110

帧信息

图 2-23 HDLC 帧格式

任务四 数据交换技术

在数据通信网络中，通过网络节点的某种转接方式来实现从任一端系统到另一端系统之间接通数据通路的技术，称为数据交换技术。

在传输的数据中有各种数据经过编码后要在通信线路上进行传输，最简单的形式是用传输介质将两个端点直接连接起来进行数据传输。但是，每个通信系统都采用把收发两端直接相连的形式是不可能的。首先，这种直连网络限制了可以连接到网络上的主机数和一个网络能单独工作的地理范围，如点对点的链路只能连接两台主机。其次，任意两个站点直接的专线连接费用昂贵，架设线路也成了问题。如 n 个节点要全连通，即其中任一节点同其他所有节点(n-1 个)有专线相连，如不采用交换，需要 $n \cdot (n-1)/2$ 条专线，当 $n=1000$，为 50 万条线路。采用交换技术后，最少只需要 n 条线路。

一般数据传输要通过一个由多个节点组成的中间网络来把数据从源点转发到目的点，以此实现通信。这个中间网络不关心所传输数据的内容，而只是为这些数据从一个节点到另一个节点直至到达目的点提供交换的功能。因此，这个中间网络也称交换网络，组成交换网络的节点称为交换节点。

常用的数据交换方式有两大类：电路交换方式和存储交换方式。存储交换又可分为报文交换和报文分组交换方式。下面分别介绍几种交换方式。

(一) 电路交换

电路交换(Circuit Switching)也称线路交换，是数据通信领域最早使用的交换方式。电路交换是为一对需要进行通信的装置(站)之间提供一条临时的专用物理通道，以电路连接为目的的交换方式。这条通道是由节点内部电路对节点间的传输路径通过适当选择、连接而完成的，是由多个节点和多条节点间传输路径组成的链路。通过电路交换进行通信，就是要通过中间交换节点在两个站点之间建立一条专用的通信线路。最普通的电路交换例子是电话交换系统。电话交换系统利用交换机，在多个输入线和输出线之间通过不同的拨号和呼号建立直接通话的物理链路。物理链路一旦接通，相连的两个站点即可直接通信。在该通信过程中，交换设备对通信双方的通信内容不做任何干预，即对信息的代码、符号、格式和传输控制顺序等没有影响。

新世纪高职高专规划教材

1. 电路交换的3个阶段

利用电路交换进行通信包括建立电路、传输数据和拆除电路3个阶段。

(1) 建立电路

传输数据之前，必须建立一条端到端的物理连接，这个连接过程实际上就是一个个站(节)点的接续过程。站点在传输数据之前，要先经过呼叫过程建立一条源站到目标站的线路。在图2-24所示的网络拓扑结构中，1、2、3、4、5、6、7为网络交换节点，A、B、C、D、E、F为网络通信站点。若A站要与D站传输数据，需要在A~D之间建立一条物理连接。具体方法是，站点A向节点1发出欲与站点D连接的请求，由于站点A与节点1已有直接连接，因此不必再建立连接。需要继续在节点1到节点4之间建立一条专用线路。从图2-24中可以看到，从1到4的通路有多条，比如1274、1654和1234等，此时需要根据一定的路由选择算法，从中选择一条，如1274。节点4再利用直接连接与站点D连通，至此就完成了A~D之间的线路建立。

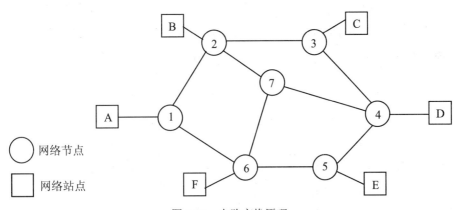

图 2-24　电路交换原理

(2) 传输数据

通信线路建立之后，在整个数据传输过程中，所建立的电路必须始终保持连接状态。被传输的数据可以是数字数据，也可以是模拟数据。数据既可以从主叫用户发往被叫用户，也可以由被叫用户发往主叫用户。图2-24中，本次建立起的物理链路资源属于A和D两站点且仅限于本次通信，在该链路释放之前，其他站点将无法使用，即使某一时刻线路上没有数据传输。

(3) 拆除电路

数据传输结束后，要释放(拆除)该物理链路。该释放动作可由两站点中任一站点发起并完成。释放信号必须传送到电路所经过的各个节点，以便重新分配资源。

2. 电路交换的特点

电路交换的特点如下：

(1) 数据的传输时延短且时延固定不变，适用于实时、大批量、连续的数据传输。

(2) 数据传输迅速可靠，并且保持原来的顺序。

新世纪高职高专规划教材

(3) 电路连通后提供给用户的是"透明通路",即交换网对站点信息的编码方法、信息格式及传输控制程序等都不加限制,但是互相通信的站点必须是同类型的,否则不能直接通信,即站与站的收发速度、编码方法、信息格式、传输控制等一致才能完成通信。

(4) 电路(信道)利用率低。由于电路建立后,信道是专用的(被两站独占),即便是两站之间的数据传输间歇期间也不让其他站点使用。

(二) 存储交换

存储交换(Store and Forward Switching)也称存储转发,其原理如图 2-25 所示。输入的信息在交换设备控制下,先在存储区暂存,并对存储的信息进行处理,待指定输出线空闲时,再分别将信息转发出去,此处交换设备起开关作用。交换设备可控制输入信息存入缓冲区等待出口的空闲,接通输出并传送信息。与电路交换相比,存储交换具有均衡负荷、建立电路延迟小、可进行差错控制等优点。但其实时性不好,网络传输延迟大。在数据交换中,对一些实时性要求不高(如计算机数据处理)的场合,可使数据在中间节点先做存储再转发出去。在存储等待时间内可对数据进行必要的处理,这就可以采用存储交换方式。存储交换又可分为报文交换和报文分组交换两种方式。

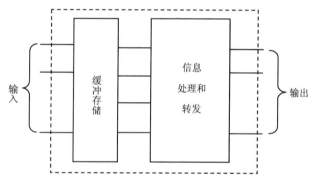

图 2-25 存储交换原理图

1. 报文交换

报文交换(Message Switching)的过程是:发送方先把待传送的信息分为多个报文正文,在报文正文上附加发、收站地址及其他控制信息,形成一份份完整的报文(Message);然后,以报文为单位在交换网络的各节点间传送,节点在接收整个报文后对报文进行缓存和必要的处理,等到指定输出端的线路和下一节点空闲时,再将报文转发出去,直到目的节点;目的节点将收到的各份报文按原来的顺序进行组合,然后再将完整的信息交付给接收端计算机或终端。

报文交换方式是以报文为单位交换信息。每个报文包括 3 部分:报头(Header)、报文正文(Text)和报尾(Trailer)。报头由发送端地址、接收端地址及其他辅助信息组成。有时也省去报尾,但此情况下的单个报文必须有统一的固定长度。报文交换方式没有拨号呼叫,由报文的报头控制其到达目的地。

报文交换采用存储—转发方式，这是一种源于传统的电报传输方式而发展起来的一种交换技术，它不像电路交换那样需要通过呼叫建立起物理连接的通路，而是以接力方式。数据报文在沿途各节点进行接收—存储—转发过程，逐段传送直到目的站点的系统，一个时刻仅占用一段通道。即每个节点在收到整个报文并检查无误后，就暂存这个报文，然后利用路由信息找出下一个节点的地址，再把整个报文传送给下一个节点，节点与节点之间无须先通过呼叫建立连接，在交换节点中需要缓冲存储，报文需要排队，故报文交换不能满足实时通信的要求。

在报文交换中，数据是以完整的一份报文为单位的，报文就是站点一次性要发送的数据块，其长度不限且可变。进入网络的报文除了有效的数据部分外，还必须附加一些报头信息(如报文的开始和结束标识，报文的源/宿地址和控制信息等)。

报文交换的主要特点如下：

(1) 信道利用率高。由于许多报文可以分时共享两个节点之间的通道，所以对于同样的通信量来说，对电路的传输能力要求较低。不需要同时启动发送器和接收器来传输数据，网络可以在接收器启动之前，暂存报文信息。在通信容量很大时，交换网络仍可接收报文，只是传输延迟会增加。

(2) 可以把一个报文发送到多个目的地。

(3) 可以实现报文的差错控制和纠错处理，还可以进行速度和代码的转换。交换网络可以对报文进行速度和代码等的转换(如将 ASCII 码转换为 EBCDIC 码)。

(4) 不能满足实时或交互式的通信要求，报文经过网络的延迟时间长且不定。

(5) 有时节点收到过多的数据而无空间存储或不能及时转发时，就不得不丢弃报文，而且发出的报文不按顺序到达目的地。

2. 报文分组交换

报文分组交换(Packet Switching)简称分组交换，也称包交换。报文分组交换是 1964 年提出来的，最早在 ARPANet 上得以应用。报文分组交换方式是把报文分成若干个分组(Packet)，以报文分组为单位进行暂存、处理和转发。每个报文分组按格式必须附加收发地址标志、分组编号、分组的起始、结束标志和差错校验信息等，以供存储转发之用。

在原理上，分组交换技术类似于报文交换，只是它规定了分组的长度。通常，分组的长度远小于报文交换中报文的长度。如果站点的信息超过限定的分组长度，该信息必须被分为若干个分组，信息以分组为单位在站点之间传输。表面看来，分组交换只是缩短了网络中传输的信息长度，与报文交换相比没有特别的地方。但实质上，这个表面上的微小变化却大大地改善了交换网络的性能。由于分组交换以较短的分组为传输单位，因此，这一方面可以大大降低对网络节点存储容量的要求，另一方面可以利用节点设备的主存储器进行存储转发处理，不需访问外存，处理速度加快，降低了传输延迟。同时，较短信息分组的下一节点和线路的响应时间也较短，从而可提高传输速率；又由于分组较短，在传输中出错的概率减小，即使有差错，重发的信息也只是一个分组而非整个报文，因而也提高了传输效率。此外，在分组交换过程中，多个分组可在网络中的不同链路上并发传送，因此，这又可提高传输效率和线路利用率。但报文分组交换在发送端要对报文进行分组(组包)，在接收端要对报文分组

新世纪高职高专规划教材

进行重装(拆包并组成报文),这又增加了报文的加工处理时间。

分组交换实现的关键是分组长度的选择。分组越短,分组中的控制信息的比例越大,将影响信息传输效率;而分组越大,传输中出错的概率也越大,增加重发次数,同样也影响传输效率。经统计分析,分组的长度与传输线路的质量和传输速率有关。对于一般的线路质量和较低的传输速率,分组长度在100~200字节较好;对于较好的线路质量和较高的传输速率,分组长度可有增加。一般情况下、分组长度可选择1千至几千比特。

报文分组交换是报文交换的一种改进,它采用了较短的格式化的信息单位,称为报文分组。将报文分成若干个分组,每个分组规定了最大长度,有限长度的分组使得每个节点所需的存储能力降低了,分组可以存储到内存中,提高了交换速度。它适用于交互式通信,如终端与主机通信。采用分组交换后,发送信息时需要把报文信息拆分并加入分组报头,即将报文转化成分组信号;接收时还需要去掉分组报头,将分组数据装配成报文信息。所以,用于控制和处理数据传输的软件较复杂,同时对通信设备的要求也较高。

报文分组交换有虚电路分组交换和数据报分组交换两种,它是计算机网络中使用最广泛的一种交换技术。

(1) 虚电路分组交换

在虚电路分组交换中,为了进行数据传输,网络的源节点和目的节点之间要先建立一条逻辑通路。每个分组除了包含数据之外还包含一个虚电路标识符。在预先建好的路径上的每个节点都知道把这些分组引导到哪里去,不再需要路由选择判定。最后,由某一个站用清除请求分组来结束这次连接,它之所以是“虚”的,是因为这条电路不是专用的。图2-26所示为虚电路分组交换方式的传输过程。例如,站点A要向站点D传送一个报文,报文在交换节点1被分割成3个分组,分组1、2、3沿逻辑链路1274按顺序发送。虚电路分组交换的主要特点是在数据传送之前必须通过虚呼叫建立一条虚电路,但并不像电路交换那样有一条专用通路。分组在每个节点上仍然需要缓冲,并在线路上进行排队等待输出。

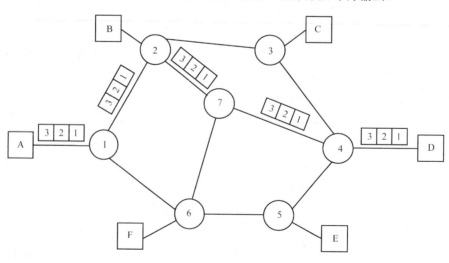

图2-26 虚电路分组交换

(2) 数据报分组交换

在数据报分组交换中,每个分组的传送是被单独处理的。每个分组称为一个数据报,数据报自身携带足够的地址信息。一个节点收到一个数据报后，根据数据报中的地址信息和节点所存储的路由信息，找出一个合适的路径，把数据报原样发送到下一节点。由于各数据报所定的路径不一定相同，因此不能保证各个数据报按顺序到达目的地，有的数据报甚至会中途丢失。整个过程中，没有虚电路建立，但要为每个数据报做路由选择。例如，站点 A 要向站点 D 传送一个报文，报文在交换节点 1 被分割成 3 个数据报，它们分别经过不同的路径到达站点 D，数据报 1 的传送路径是 1 6 5 4，数据报 2 的传送路径是 1 2 7 4，数据报 3 的传送路径是 1 2 3 4。由于 3 个数据报所经的路径不同，导致它们的到达顺序可能是乱序的，如图 2-27 所示。

　　不同的交换技术适用于不同的场合，例如，对于交互式通信来说，报文交换是不适合的；对于较轻和间歇式负载来说，电路交换是最合适的，可以通过电话拨号线路来实行通信；对于较重和持续的负载来说，使用租用的线路以电路交换方式实行通信是合适的；对于必须交换中等到大量数据的情况可用分组交换方法。

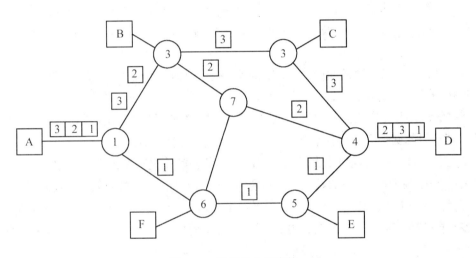

图 2-27　数据包分组交换

(三) ATM 交换技术

　　目前常用的数据交换方式主要是电路交换和分组交换，但近几年又出现了综合电路交换和分组交换的高速交换方式，也称混合交换方式。混合交换采用动态时分复用技术，将一部分带宽分配给电路交换用，而将另一部分带宽分配给分组交换用。这两种交换所占的带宽比例也是动态可调的，以便使这两种交换都能得到充分利用，提供多媒体传输服务。典型的 ATM(异步传输模式)、DQDB(分布式队列双总线)等均属混合交换，它们同时提供等时电路交换和分组交换服务。FR(帧中继)交换也是近年来发展起来的高速交换技术。这里只讨论 ATM 交换技术。

　　数据通过通信网络从一个站点传送到另一个站点，主要包括数据的传输时延和每个转发点对数据单元的处理时延两部分。当信道的数据传输速率较低时，传输时延占的比例较大，所以传输瓶颈在信道上。随着光纤高速信道的广泛应用，数据的传输时延大大降低，则转发

新世纪高职高专规划教材

节点的数据交换和处理时间所占的比例极大地加大，这样，传输瓶颈转移到了节点的交换与处理方面，这就使人们去寻找快速的交换方式。

由于电路交换方式存在着一些固有的不足，人们积极探索新的交换方式时多以分组交换来进行，但在电路上的数据转接过程中，尽量向电路交换方式靠拢，即尽量缩短(甚至取消)节点对数据的存储转发和处理时间，这就出现了所谓的"快速分组交换"技术。

快速分组交换技术是在分组交换基础上改进演变过来的，建立在大容量、低损耗、低误码率的光纤线路之上，能满足对话音、数据和影像等多媒体业务的应用。为了达到快速交换的目的，人们在传统分组交换基础上从以下几方面入手改进：

(1) 各交换节点只存储和处理分组的报头信息。一旦确定了转发链路，立即对分组数据进行直通转发，从而消除了分组数据在每个交换节点中的存储时间。

(2) 大大缩短分组长度(降至几十字节)，可以大大减少每个节点对分组的存储-转发时间并提高对线路的复用效率。

(3) 尽量取消或简化在低层上对数据单元的差错、流量和路由等的控制操作，尽量简化低层通信协议，提高数据传输与交换效率。对数据可靠性的要求，由端到端的较高层协议来保障。

(4) 为了保留电路交换面向连接的高服务质量特性，可采用虚通路及虚通道方式实现端到端连接型的数据传输。

(5) 充分应用现代超大规模集成电路及并行处理和分布式控制技术，以全硬件结构来实现节点交换机的交换和协议控制模块。

快速分组技术在实现技术上，根据它能传输的帧长度是可变的还是固定的来划分，主要有两类：一类是帧长度可变的且较长，实现为帧中继(FR)；另一类是帧长度固定的且很短，实现为信元中继(ATM)。其中，帧中继交换多数是在传统分组交换机基础上经功能扩充而成，相关内容不再介绍。这里只介绍信元中继的实现原理，而信元中继的典型实现是 ATM 交换技术。

任务五　差错控制技术

数据通信系统的基本任务是高效而无差错地传输数据。所谓差错就是在通信接收端收到的数据与发送端实际发出的数据出现不一致的现象。任何一条远距离通信线路，都不可避免地存在一定程度的噪声干扰，这些噪声干扰的后果就可能导致差错的产生。为了保证通信系统的传输质量，降低误码率，需要对通信系统进行差错控制。差错控制就是为防止由于各种噪声干扰等因素引起的信息传输错误，或将差错限制在所允许的尽可能小的范围内而采取的措施。

数据传输中的差错主要是由热噪声引起的。热噪声有两大类：随机热噪声和冲击热噪声。

(一) 差错控制方法

为了减少传输差错，通常采用两种基本的方法：改善线路质量及差错检测与纠正。

改善线路质量使线路本身具有较强的抗干扰能力，这是减少差错的最根本途径。例如，现在的广域网正越来越多地使用光纤传输系统，其误码率已低于 10^{-10}，这就从根本上提高了信道的传输质量。但是，这种改善是以较大的投入为代价的。

差错的检测与纠正也称为差错控制，在数据通信过程中能发现或纠正差错，是一种主动式的防范措施。它的基本思想是：数据信息位在向信道发送之前，先按照某种关系附加上一定的冗余位，对所传输的数据进行抗干扰编码后再发送，将以此来检测和校正传输中是否发生错误，这就是所谓的信道编码技术，这个过程称为差错控制编码过程。接收端收到该码字后，检查信息位和冗余位之间的关系，以检查传输过程中是否有差错发生，这个过程称为校验过程。衡量编码性能好坏的一个重要参数是编码效率 R，R 越大，效率越高，它是码字中信息位所占的比例。计算编码效率的公式为：

$$R=K/n=K/(K+r)$$

式中，K 为码字中的信息位位数；r 为编码时外加冗余位位数；n 为编码后的码字长度。

如果码字长度过短，相对而言格式符就会太多，会影响传输效率。如果码字长度过长，遇到反馈重发纠错时也会使传输效率下降，因此对不同的系统常使用的字符数为 64、128、192、256 等。码字长度的选择取决于信道特性，尤其是信道的误码率。信道特性好，误码率低，则 n 的取数值可以大些，反之，则取数值小些。

在数据通信系统中，差错控制包括差错检测和差错纠正两部分，具体实现差错控制的方法主要有以下 3 种。

1. 反馈重发检错方法

反馈重发检错方法又称自动请求重发(Automatic Repeat Request，ARQ)方法，如图 2-28 所示。它是由发送端发出能够发现(检测)错误的编码(即检错码)，接收端依据检错码的编码规则来判断编码中有无差错产生，并通过反馈信道把判断结果用规定信号告知发送端。发送端根据反馈信息，把接收端认为有差错的信息再重新发送一次或多次，直至接收端正确接收为止。接收端认为正确的信息不再重发，继续发送其他信息。因 ARQ 方法只要求发送端发送检错码、接收端检查有无错误而无须纠正错误，因此，该方法设备简单，容易实现。当噪声干扰严重时，发送端重发次数随之增加。多次重发某一信息的现象使信息传输效率降低，也使传输信息的连贯性变差；常用的检错编码有奇偶校验码、循环冗余检错编码(CRC)等。

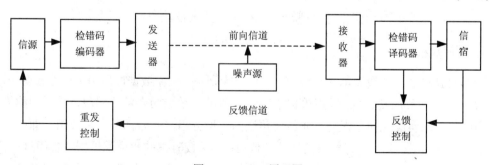

图 2-28　ARQ 原理图

新世纪高职高专规划教材

2．前向纠错方法

前向纠错方法(Forward Error Correcting，FEC)是由发送端发出能纠错的码，接收端收到这些码后，通过纠错译码器不仅能自动地发现错误，而且能自动地纠正传输中的错误，然后把纠错后的数据送到接收端，如图 2-29 所示。常用的纠错编码有 BCH 码、卷积码等。

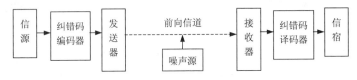

图 2-29　FEC 原理图

FEC 方式的优点是发送时不需要存储，不需要反馈信道，适用于单向实时通信系统。其缺点是译码设备复杂，所选纠错码必须与信道干扰情况紧密对应。

3．混合纠错方法

混合纠错方法是反馈重发检错和前向纠错两种方法的结合。混合纠错方法是由发送端发出同时具有检错和纠错能力的编码，接收端收到编码后检查差错情况，如差错在可纠正范围内，则自动纠正之；如差错很多，超出了纠错能力，则经反馈信道送回发送端要求重发。

前向纠错和混合纠错方法具有理论上的优越性，但由于对应的编码/译码相当复杂，且编码的效率很低，因而很少被采用。

(二) 差错控制编码

从以上介绍的差错控制方法中可知，无论是 ARQ 方法还是 FEC 方法，均有对信源数据进行编码的过程，其目的就是使之成为抗干扰能力强的信息。差错控制编码的基本思想是通过对信息序列进行某种变换，使原来彼此独立的、没有相关性的信息码元产生某种相关性，接收端据此来检查和纠正传输信息序列中的差错。不同的变换方法构成不同的差错控制编码。

差错控制编码分为检错码和纠错码两种。检错码是能够自动发现错误的编码，纠错码是能够发现错误且又能自动纠正错误的编码。但这两类码没有明显的界限，纠错码可用来检错，而有的检错码也可用来纠错。

一般常用的差错控制编码有奇偶校验码和循环冗余校验码。

1．奇偶校验码

奇偶校验码是一种最简单的检错码。其检验规则是：在原数据位后附加一个校验位(冗余位)，使得在附加后的整个数据码中的"1"或"0"的个数成为奇数或偶数，就分别称为奇校验或偶校验。奇偶校验的过程是首先将要传送的数据分组，一般都按字符分组，即一个字符或若干个字符构成一组，在每一组后增加一位校验位，校验位的取值就根据对位组进行位"1"或位"0"的奇校验或偶校验的要求而定。在接收端，按照同样的规律进行检查，如发现不符，则说明有错误发生；若"1"或"0"的个数仍然符合原定规律，则认为传输正确。

奇偶校验一般分为水平奇偶校验、垂直奇偶校验和水平垂直奇偶校验，如表 2-1 所示。

水平奇偶校验的信息字段通常以字符为单位，校验字段仅含一个二进制位(称为水平校验位)。垂直奇偶校验也称组校验，被传输的信息为一组(多个字符)，排列为若干行和列，如 7 个字符为一组，每行为一个字符(7 位)，共 7 行 7 列，对组中每个字符的相同位(构成一列)进行奇偶校验，最终产生由校验位形成的校验字符(7 位垂直校验位)，并附加在信息分组之后传输。水平垂直奇偶校验(也称方阵奇偶校验、纵横奇偶校验)是把水平和垂直两个方向的奇偶校验结合起来，纵向每个字符校验一次，水平方向组成每个字符的对应位也校验一次。表 2-1 所示是 A～G 共 7 个字符的 ASCII 编码的奇偶校验码表，其中右边一列水平校验位的 7 个码 0010110 分别为 A、B、C、D、E、F、G 共 7 个字符的 ASCII 编码，对代码"1"进行的水平偶校验得到的校验码；最下边一行垂直校验位的 7 个码 1000000 分别为以上 7 个字符的第 7 位至第 1 位码对代码"1"进行的垂直偶校验得到的校验码。由此可见，水平或垂直奇偶校验只能检测出奇数个码错而不能检测出偶数个码错。而水平垂直校验在一定条件下可以纠错，如当检测出水平、垂直均有奇数个错时，即可确定错误码位，并可加以纠正。当差错正位于方阵中矩形四顶点时不能检测。

表 2-1　奇偶校验码表

编码 字母	信息 比 特							校验位
	7	6	5	4	3	2	1	
A	1	0	0	0	0	0	1	0
B	1	0	0	0	0	1	0	0
C	1	0	0	0	0	1	1	1
D	1	0	0	0	1	0	0	1
E	1	0	0	0	1	0	1	1
F	1	0	0	0	1	1	0	1
G	1	0	0	0	1	1	1	0
校验位	1	0	0	0	0	0	0	1

奇偶校验的检错能力低，只能检测出奇数个码出错，这种检错法所用设备简单，容易实现。

2. 循环冗余校验码

循环冗余校验码也称 CRC(Cycle Redundancy Check)码，简称循环码。它是将要传送的信息 K 位后附加一个校验序列(r 位串)构成，并以该循环码的形式发送并传输。任何一个信息报文都可写成一个多项式的形式 $M(x)$，再选取一个生成多项式 $G(x)$，用 $G(x)$ 去除 $x^n M(x)$(n 为 $G(x)$ 的阶)，所得余式 $R(x)$ 就是所要求的检验序列。在发送端，将信息码和检验序列(冗余码)一起传送。在接受端，对收到的信息码用同一个生成多项式去除，若除尽，则说明信息传输没错误，否则说明传输有错误。有错误时，一般要求反馈重发。在接收端把收到的编码信息尾部的校验序列去掉，即可恢复原来信息。

以上结论是由多个数学公式、定理证明和推导得出的，涉及复杂的数学理论，在此不再赘述。现将计算 CRC 码的校验序列过程概括如下，并举例来说明校验序列的求法及 CRC 码的校验。

CRC 码校验序列的计算如下：

新世纪高职高专规划教材

(1) 设 $M(x)$ 为 K 位信息码多项式，$G(x)$ 为 n 阶生成码多项式，$R(x)$ 为 n 位校验码多项式，则得到的待传送的 CRC 码集为 $K+n$ 位多项式。

(2) 用模 2 除法进行 $x^n M(x)/G(x)$，得到余式 $R(x)$。

(3) 用模 2 减法进行 $x^n M(x) - R(x)$，即得到待传送的 CRC 码多项式(数据位加检验位)。

利用 CRC 码在发送端和接收端根据事先约定好的生成多项式 $G(x)$ 达到检验的目的。理论证明，循环冗余检验码能够检验出：

(1) 全部奇数位错。

(2) 全部偶数位错。

(3) 全部小于、等于冗余位数的突发性错误。

因此可以看出，只要选择足够的冗余位，就可以使得漏检串减到任意小的程度。

目前广泛使用的生成码多项式主要有以下 4 种：

$$CRC_{12} = x^{12} + x^{11} + x^3 + x^2 + 1$$
$$CRC_{16} = x^{16} + x^{15} + x^2 + 1 (\text{IBM公司})$$
$$CRC_{16} = x^{16} + x^{12} + x^5 + 1 (\text{ITU} - \text{T})$$
$$CRC_{32} = x^{32} + x^{26} + x^{23} + x^{22} + x^{16} + x^{12} + x^{11} + x^{10} + x^8 + x^7 + x^5 + x^4 + x^2 + x + 1$$

【思考练习】

(1) 理解数据、信息和信号的概念，举例说明它们之间的联系和区别。

(2) 理解数据通信、数字通信和模拟通信的概念。它们之间有何区别和联系？拨号上网采用哪种通信技术？

(3) 从不同的角度区分，数据通信方式可分为哪些不同种类？

(4) 什么是基带传输、频带传输和宽带传输？

(5) 串行通信和并行通信各有哪些特点？各使用在什么场合？

(6) 什么是单工通信、半双工通信和全双工通信？它们各有什么特点？

(7) 数据通信有哪几个过程？

(8) 数据传输速率的概念是什么？如何表示？

(9) 电视信道的带宽为 6MHz，理想情况下如果数字信号取 4 种离散值，那么可获得的最大传输速率是多少？

(10) 设码元速率为 800Baud，采用 8 相 PM 调制，其数据速率为多少？

(11) 数据在信道中传输时为什么要先进行编码？有哪几种编码方法？

(12) 画出比特流 01101100 的曼彻斯特编码和差分曼彻斯特编码波形图。

(13) 数据通信中有哪些同步方式？异步传输和同步传输的特点和主要区别是什么？

(14) 在什么情况下使用调制解调技术？调制解调的方式有哪些？各有什么特点？

(15) PCM 调制的作用和工作过程是什么？

(16) 什么是多路复用？常用的多路复用有哪些？

(17) 若传输介质带宽为 20MHz，信号带宽为 1 最多可复用多少路信号？各用于什么场合？

(18) 有一个 1500 字节的数据要传输，在采用同步方式传输时，则要加 1 字节的块头和 1 字节的块尾做标识，问这种传输方式的额外开销是多少？若采用异步传输方式传输，设每字

节数据为 8 位，起始位、停止位和校验位各为 1 位，则额外开销又是多少？

(19) 常用的数据交换方式有哪些？各有什么特点和适用于什么场合？

(20) 什么是差错？什么原因引起差错？

(21) 通信中常使用哪些差错控制方式？它们各有什么特点？

(22) 为什么要进行差错控制编码？常用的差错控制编码有哪些？

新世纪高职高专规划教材

模块三

网络体系结构与协议

【学习任务分析】

计算机网络的体系结构就是为不同的计算机之间互连和互操作提供相应的规范和标准。首先必须解决数据传输问题，包括数据传输方式、数据传输中的误差与出错、传输网络的资源管理、通信地址以及文件格式等问题。解决这些问题需要互相通信的计算机之间以及计算机与通信网之间进行频繁的协商与调整，这些协商与调整以及信息的发送与接收可以用不同的方法设计与实现。

计算机网络系统是由各个节点相互连接而成的，节点就是具有通信功能的计算机系统，目的是实现各个节点间的相互通信和资源共享。那么，怎样构造计算机系统的通信功能，才能实现这些计算机系统之间，尤其是异种计算机系统之间的相互通信呢？这就是网络体系结构要解决的问题。网络体系结构通常采用层次化结构，定义计算机网络系统的组成方法、系统的功能和提供的服务。

网络体系结构与网络协议是网络技术中两个最基本的概念，也是初学者比较难以理解的概念。本模块从最基本、最普通的数据传输过程分析中引出层次、功能、协议与接口的基本概念，并分析参考模型及其各层的主要功能，以便读者循序渐进地学习与掌握基本内容。

从分析结果来看，计算机网络体系结构是必须学习和掌握的知识点，是计算机网络基础的核心内容，是计算机网络互连、互通、互操作的基础。

【学习任务分解】

本模块中，学习任务有以下几个方面：

➢ 网络体系结构的基本概念。

➢ OSI 参考模型及各层功能。

➢ TCP/IP 参考模型及各层功能和协议。

➢ OSI 参考模型与 TCP/IP 模型比较。

任务一　层次结构和 OSI 参考模型

(一) 问题的提出

计算机网络层次结构问题的提出主要有 3 个方面因素：

(1) 计算机网络是由数台、数十台乃至上千台计算机系统通过通信网络连接而成的一个非常复杂的系统。在这样的系统中，中间节点是通信线路与各有关设备的结合点，而端节点都要通过通信线路与中间节点相连。如果网络中的两个端节点相互通信，在网络中就要经过许多复杂的过程。如果网络中同时有多对端节点相互通信，则网络中的关系和信息传输的过程就更复杂了。

(2) 由于计算机网络系统综合了计算机、通信、材料及众多应用领域的知识和技术，如何使这些知识和技术共存于不同的软硬件系统、不同的通信网络以及各种外部辅助设备构成的系统中，是计算机网络设计者和研究者面临的主要难题。

(3) 为了简化对复杂的计算机网络的研究、设计和分析工作，同时也为了能使网络中不同的计算机系统、不同的通信系统和不同的应用能够互相连接(互连)和互相操作(互操作)，人们想过许多种方法，其中一种基本的方法就是针对计算机网络所执行的各种功能，设计出一种网络体系结构模型，从而可使网络的研究工作摆脱一些繁琐的具体事物，使问题抽象化、形象化，使复杂问题得到简化，同时也为不同的计算机系统之间的互连和互操作提供相应的规范和标准。

(二) 层次划分的原则

分层是处理复杂问题的一种有效方法，但要做到正确分层却是一件非常困难的事情，目前很难总结一套最佳的分层方法。一般来说，分层应遵循以下主要原则：

(1) 根据不同层次抽象分层。

(2) 每层应当实现一个明确的功能。每一层使用下一层提供的服务，并对上一层提供服务。

(3) 每层功能的选择应该有助于制定网络协议的国际标准。

(4) 层间接口要清晰。选择层间边界时，应尽量使通过界面的信息流量最少。相邻层之间通过接口，按照接口协议进行通信。

(5) 层的数目要适当，不能太少也不能太多。层数太少，可能引起层间功能划分不够明确，造成个别层次的协议太复杂。而层数太多，对完成和描述各层的拆装任务将增加不少的困难。

(6) 网络中各节点都划分为相同的层次结构。

(7) 不同节点的相同层次都有相同的功能，同层节点之间通过协议实现对等层之间的通信。

(8) 各层功能相对独立，不能因为某一层功能变化而影响整个网络体系结构。

(三) 层次划分的优点

计算机网络采取层次结构具有如下优点：

(1) 灵活性好。当其中任何一层变化时，如更新改造实现技术变化，只要接口保持不变，就不会对上一层或者下一层产生影响。另外，当某一层提供服务不再需要时，甚至可以取消。

(2) 有利于促进标准化。这是因为每层的功能与所提供服务已有明确的说明。

(3) 各层都采用最合适的技术来实现，各层实现技术的改变不影响其他层。

(4) 各层之间相对独立，高层不知道低层如何实现，而只知道该层通过层间的接口所提供的服务。

(5) 易于实现和维护。由于整个系统已被分解为若干个易于处理的部分，这种结构使得庞大而复杂系统的实现和维护变得容易。

(四) 网络层次结构的基本概念

1. 网络层次结构

基本的网络体系结构模型就是层次结构模型，如图 3-1 所示。所谓层次结构就是指把一个复杂的系统设计问题分解成多个层次分明的局部问题，并规定每一层次所必须完成的功能。层次结构提供了一种按层次来观察网络的方法，它描述了网络中任意两个节点间的逻辑连接和信息传输。

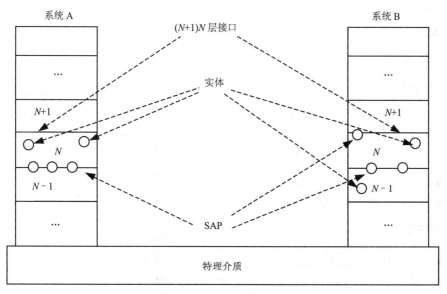

图 3-1 层次结构模型

同一系统体系结构中的各相邻层间的关系如下：

(1) 下层为上层提供服务，上层利用下层提供的服务完成自己的功能，同时再向更上一层提供服务。因此，上层可看成是下层的用户，下层是上层的服务提供者。

(2) 不同系统的相同层称为同等层(或对等层)，如系统 A 的第 N 层和系统 B 的第 N 层是同等层。不同系统同等层之间存在的通信称为同等层通信。不同系统同等层上的两个通信实体称为同等层实体。

(3) 系统中的各层上都存在一些实体。实体是指除一些实际存在的物体和设备外，还有客观存在的与某一应用有关的事物，如含有一个或多个程序、进程或作业之类的成分。实体既可以是软件实体，也可以是硬件实体。

(4) 系统的顶层执行用户要求做的工作，直接与用户接触，可以是用户编写的程序或发出的命令。除顶层外，各层都能支持其上一层的实体进行工作，这就是服务。系统的低层直接与物理介质相接触，通过物理介质使不同的系统、不同的进程沟通。

(5) 同一系统相邻层之间都有一个接口，接口定义了下层向上层提供的原语操作和服务。同一系统相邻两层实体交换信息的地方称为服务访问点(SAP)，它是相邻两层实体的逻辑接口，也可说 N 层 SAP 就是 $N+1$ 层可以访问 N 层的地方。每个 SAP 都有一个唯一的地址，供服务用户间建立连接之用。相邻层之间要交换信息，对接口必须有一个一致遵守的规则，这就是接口协议；从一个层过渡到相邻层所做的工作，就是两层之间的接口问题，在任何两相邻层间都存在接口问题。

2. 网络协议

计算机网络的协议主要由语义、语法和语序 3 要素构成，协议是用来描述两个进程之间信息交换规则的术语集合。语义规定通信双方彼此"讲什么"，即确定协议元素的类型，如规定通信双方要发出的控制信息、执行的动作和返回的应答等。语法规定通信双方彼此"如何讲"，即确定协议元素的格式，如数据和控制信息的格式。语序(也称变化规则、定时或同步)规定通信双方彼此之间的"讲的顺序"，即通信过程中的应答关系和状态变化关系。

3. 网络体系结构

网络体系结构(Network Architecture)是计算机网络的分层、各层协议、功能和层间接口的集合。不同的计算机网络具有不同的体系结构，分层的数量、各层的名称、内容和功能以及各相邻层之间的接口都不一样。然而，在任何网络中，每一层都是为了向它的相邻上层提供一定的服务而设置的，而且每一层都对上层屏蔽如何实现协议的具体细节。这样，网络体系结构就能做到与具体的物理实现无关，哪怕连接到网络中的主机和终端的型号及性能各不相同，只要它们共同遵守相同的协议就可以实现互通信和互操作。

4. 服务形式

层间的服务有两种形式：面向连接的服务和面向无连接的服务。

面向连接的服务思想来源于电话传输系统。即在计算机开始通信之前，两台计算机必须通过通信网络建立连接，然后开始传输数据，待数据传输结束后，再拆除这个连接。因此，面向连接服务的通信过程可分为建立连接、传输数据和拆除连接 3 部分。

面向无连接服务的工作方式就像邮政系统。无论何时，计算机都可以向网络发送想要发送的数据，在两个通信计算机之间无须事先建立连接。与面向连接服务不同的是，以无连接服务方式传输的每个数据分组中必须包括目的地址，同时由于无连接方式不需要接收方的回答和确认，因此可能会出现分组丢失、重复或失序等错误。

5. 接口

接口是同一节点内、相邻层之间交换信息的连接点。同一节点内的各个相邻层之间都有明确的接口，高层通过接口向低层提出服务请求，低层通过接口向高层提供服务。

6. 实体

在网络分层体系结构中，每一层都由一些实体组成。这些实体抽象地表示了通信是软件元素或者硬件元素。因此所说的实体是通信时能够发送和接受信息的任何软硬件实体。

在网络层次结构中，人们提到"服务""功能"和"协议"这几个术语，它们有着完全不同的概念。"服务"是对高一层而言的，属于外观的表象；"功能"则是本层内部的活动，是为了实现对外服务而从事的活动；而"协议"则相当于一种工具，层次"内部"的功能和"对外"的服务都是在本层"协议"的支持下完成的。

(五) OSI 参考模型

在 20 世纪 70 年代，计算机网络发展很快，种类繁多。各个计算机公司先后发表了各自的网络体系结构，导致世界上相继出现了十多种网络体系结构，如 IBM 的 SNA、数字网络体系结构 DNA、传输控制协议/互联网协议 TCP/IP 等。而这些网络体系结构所构成的网络之间无法互通信和互操作。为了在更大范围内共享网络资源和相互通信，人们迫切需要一个共同的可以参照的标准，使得不同厂家的软硬件资源和设备能够互通信和互操作。为此，国际标准化组织 ISO(International Organization for Standardization) 于 1977 年公布了网络体系结构的七层参考模型 RM(Reference Model)，即著名的开放式系统互连 OSI 参考模型，简称 OSI/RM。在提出 OSI/RM 后，又分别为它的各层制定了协议标准，从而使 OSI 网络体系结构更为完善。OSI/RM 已被作为国际上通用的或标准的网络体系结构。

ISO 提出 OSI 参考模型的目的有以下几点：

(1) 使在各种终端设备之间、计算机之间、网络之间、操作系统之间以及人们之间互相交换信息的过程中，能够逐步实现标准化。

(2) 参照这种参考模型进行网络标准化的结果，就能使得各个系统之间都是"开放"的，而不是封闭的。

凡是遵守这一标准化的系统之间都可以互相连接使用。ISO 还希望能够用这种参考模型来解决不同系统之间的信息交换问题，使不同系统之间也能交互工作，以实现分布式处理。含有通信子网的 OSI 参考模型如图 3-2 所示。

新世纪高职高专规划教材

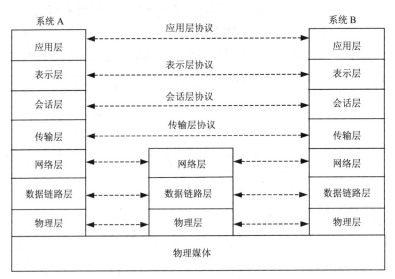

图 3-2　OSI 参考模型示意图

OSI 参考模型的七层自下而上分别称为物理层、数据链路层、网络层、传输层、会话层、表示层和应用层，用数字排序自下而上分别为第 1 层、第 2 层、……、第 7 层，用各层名称的英文缩写字母表示分别为 Ph 层、DL 层、N 层、T 层、S 层、Pr 层和 A 层。应用层由 OSI 环境下协调操作的应用实体组成，其下较低的层提供应用实体协同操作有关的服务。由下而上的第 1 层至第 6 层和 OSI 的物理介质一起，提供逐步增强的通信服务。

任务二　OSI 参考模型功能概述

(一) 物理层(Physical Layer)

物理层控制节点与信道的连接，提供物理通道和物理连接及同步，实现比特信息的传输，为它的上一层对等实体间提供建立、维持和拆除物理链路所必需的特性进行规定，这些特性是指机械、电气、功能和规程特性。如物理层协议规定"0"和"1"的电平是几伏，一个比特持续多长时间，数据终端设备(DTE)与数据线路设备(DCE)接口采用的接插件的形式等。物理层的功能是实现接通、断开和保持物理链路，对网络节点间通信线路的特性和标准及时钟同步作出规定。物理层是整个 OSI 七层协议的最低层，利用传输介质，完成在相邻节点之间的物理连接。该层的协议主要完成两个功能：

(1) 为一条链路上的 DTE(如一台计算机)与信道上的 DCE(如一个调制解调器)之间物理电路建立、维持、拆除电气连接，以及这种连接的控制和两端设备必须按预定规程同步完成。

(2) 在上述链路两端的设备接口上，通过物理接口规程实现接口之间的内部状态控制和数据比特的变换与传输。

物理层定义使所有厂家生产的计算机和通信设备都能从传输设备和接口上兼容，并使这些接口的定义独立于厂家生产的设备。这使物理层通过机械、电气、功能、规程 4 大特性在

DTE 与 DCE 之间实现物理连接。

1. 机械特性

机械特性也称物理特性，它规定了 DTE 和 DCE 之间的连接器形式，包括连接器的形状、几何尺寸、引线数目和排列方式、固定和锁定装置等。由于与 DTE 连接的 DCE 设备多种多样，所以连接器的标准有多种。常用的机械特性标准有 5 种：

(1) ISO 2110、25 针插头的 DTE-DCE 接口连接器，它与美国的 EIA-RS-232C、EIA-RS-366A 兼容，常用于串行和并行的音频调制解调器、公共数据网接口、自动呼叫设备接口等。

(2) ISO 2593、34 针插头的 DTE-DCE 接口连接器，用于 ITU-T V.35 建议的宽带调制解调器。

(3) ISO 4902、37 针插头的 DTE-DCE 接口连接器，它与美国的 EIA-RS-449 兼容，常用于串行音频调制解调器、宽带调制解调器。

(4) ISO 4903、15 针插头的 DTE-DCE 接口的连接器，常用于 ITU-T X.20、X.21、X.22 建议所规定的公共数据网接口。

(5) RJ-45、数据通信用 8 针 DTE-DCE 接口连接器，可用于 IEEE 802 局域网中的 10/100M Base-T 网络接口中。

2. 电气特性

在 DTE 和 DCE 之间有多条信号线，除了地线之外，每条信号线都有其发送器和接收器。电气特性规定了 DTE 与 DCE 之间多条信号线的连接方式、发送器和接收器的电气参数及其他有关电路的特征，包括信号源的输出阻抗、负载的输入阻抗、信号"1"和"0"的电压范围、传输速率、平衡特性和距离的限制等。DTE 与 DCE 接口的电气连接有非平衡方式、半平衡方式(差动接收的非平衡)和平衡方式 3 种。最常见的电气特性的技术标准有 ITU-T 的 V.30、V.11 和 V.28，与之兼容的分别是 EIA 的 RS-423A、RS-422A 和 RS232-C。

物理层采用的一些电气特性的标准如下：

(1) ITU-T V.10/X.26 建议。在数据通信中，通常与集成电路一起使用新型的非平衡式接口电路的电气特性。它与 EIA-RS-423A 兼容。

(2) ITU-T V.11/X.27 建议。在数据通信中，通常与集成电路一起使用新型的平衡式接口电路的电气特性。它与 EIA-RS-422A 兼容。

(3) ITU-T V.28 建议。非平衡式接口电路的电气特性。它与 IEA-RS-232C 兼容。

(4) ITU-T V.35 建议。平衡式接口电路的电气特性。

3. 功能特性

功能特性对接口各信号线的功能给出了确切的定义，说明某些连线上出现的某一电平的电压所表示的意义。与功能特性有关的国际标准主要有 ITU-T 的 V.24 和 X.24。接口信号线按其功能一般可分为接地线、数据线、控制线和定时线等几类。

物理层采用的一些功能特性的标准如下：

新世纪高职高专规划教材

(1) ITU-T V.24 建议。DTE-DCE 接口定义表提出了 100 系列接口和 200 系列接口。与 100 系列兼容的有 EIA RS-232C、RS-449，与 200 系列兼容的有 EIA-RS-366A。我国的国家标准 GB/T 3454—1982(现已被 GB/T 3454—2011 所取代)与 V.24 兼容。

(2) ITU-T X.24 建议。DTE-DCE 接口定义表是在 X.20、X.21 和 X.22 的基础上发展而成的，用于公共数据网。

4. 规程特性

规程特性规定了 DTE 和 DCE 之间各接口信号线实现数据传输的操作过程，也就是在物理连接的建立、维持和拆除时，DTE 和 DCE 双方在各电路上的动作顺序以及维护测试操作等。规程特性反映了在数据通信过程中，通信双方可能发生的各种可能事件。由于这些可能事件出现的先后顺序不尽相同，而且又有多种组合，因而规程特性往往比较复杂。常见的规程特性标准有 ITU-T 的 V.24、V.25、V.54、X.20、X.21 等。

ISO 物理层采用的一些规程特性的标准如下：

(1) ITU-T X.20 建议。公共数据网上起止式操作的 DIE-DCE 接口规程。

(2) ITU-T X.21 建议。公共数据网上同步工作的 DTE-DCE 接口规程。

(3) ITU-T X.22 建议。公共数据网上多路时分复用的 DTE-DCE 接口规程。

(4) ITU-T X.24 建议。交换电路之间建立起相互联系需要提供的标准规程性特性，它与 EIA-RS-232C 和 RS-449 具有相同的规程特性。

(5) ITU-T X.25 建议。在普通电话交换网上使用自动呼叫应答设备的线路接线控制规程。

(二) 数据链路层(Data Link Layer)

1. 数据链路层的概念

数据链路是构成逻辑信道的一段点到点式数据通路，是在一条物理链路基础上建立起来的、具有它自己的数据传输格式(帧)和传输控制功能的节点至节点间的逻辑连接。设立该层的目的是无论采用什么样的物理层，都能保证向上层提供一条无差错、高可靠的传输线路，从而保证数据在相邻节点之间正确传输，数据链路层协议保证数据块从数据链路的一端正确地传送到另一端，如使用差错控制技术来纠正传输差错，按一定格式组成帧。如果线路可以双向发送，就会出现 A 到 B 的应答帧和 B 到 A 的数据帧竞争问题，数据链路层的软件就能处理这个问题。总之，数据链路层的功能是在通信链路上传送二进制码，具体应完成如下主要功能：

(1) 完成对网络层数据包的组帧/拆帧。

(2) 实现以帧为传送单位的同步传输。

(3) 在多址公共信道的情况下，为端系统提供接入信道的控制功能。

(4) 对数据链路上的传输过程实施流量控制和差错控制等。

2. 数据链路层的主要协议

数据链路层面向字符型协议规定在链路上以字符为单位发送，在链路上传送的控制信息也必须由若干指定的控制字符构成。这种面向字符的数据链路控制规程，在计算机网络的发展过程中曾起到重要作用，但它存在通信线路利用率低、可靠性较差、不易扩展等缺点。而后来居上的面向比特型协议具有更大的灵活性和更高的效率，逐渐成为数据链路层的主要协议。

下面以典型的 HDLC 协议为例，介绍协议的特点及有关命令和响应，并举例说明 HDLC 的传输控制过程。

HDLC 协议是一种面向比特型的传输控制协议，其数据单位为帧，有一个固定的统一格式。在链路上传输信息采用连续发送方式，即发送一帧信息后，不用等到对方的应答就可以发送下一帧信息，直到接收端发出请求重发某一信息帧时才中断原来的发送。

(1) HDLC 的配置与数据传输模式

为了适应不同配置和不同数据传输模式，HDLC 定义了 3 种类型的站、2 种链路配置和3 种数据传输模式。

HDLC 定义的 3 种类型的站如下：

➤ 主站。主要功能是发出命令帧，接收响应帧，并负责整个链路的控制。

➤ 从站。主要功能是发出响应帧，接收主站的命令帧，并配合主站参与差错恢复等链路控制。

➤ 复合站。具有主站和从站的双重功能，既能发送又能接收命令帧和响应帧，并负责整个链路的控制等。

HDLC 定义的 2 种链路配置如下：

➤ 非平衡配置。适用于点对点或点对多点链路，这种配置是由一个主站和一个或多个从站组成，支持半双工或全双工通信。

➤ 平衡配置。只适用于点到点链路，由两个复合站组成，支持半双工或全双工通信。

HDLC 定义的 3 种数据传输模式如下：

➤ 正常响应模式(NRM)。这是一种不平衡配置的传输模式。只有主站才能启动数据传输，从站仅当收到主站的询问命令后才能发送数据。从站的响应信息可由一个或多个帧组成，并指出哪一个是最后一帧，从站发出最后的响应帧后将停止发送。在这种模式中，主站负责管理整个链路，负责对超时、重发和各类恢复操作的控制，并有查询从站和查询从站向从站发送信息的权利。

➤ 异步响应模式(ARM)。这也是一种不平衡配置的传输模式，但这种传输模式与正常响应模式的不同之处在于，从站不必确切地接收到来自主站的允许传输的命令就可开始传输。在传输帧中可包含信息帧，或是仅以控制为目的而发送的帧，由从站来控制超时或重发。异步传输可以是一帧，也可以是多帧。

➤ 异步平衡模式(ABM)。这是一种平衡配置的传输模式。它传输的可以是一帧或多帧，传输是在复合站之间进行的。在传输过程中，一个复合站不必接收到另一个复合站的允许就可以开始发送。

(2) HDLC 的帧格式

无论是信息报文，还是监控报文，都是以帧为单位传输的，有固定的帧格式。帧格式如图 3-3 所示，它由 F、A、C、I、FCS、F 这 6 个字段组成。

8 位	8 位	8 位	任意长	16 位	8 位
F	A	C	1	FCS	F

图 3-3　HDLC 帧格式

➢ 标志 F(Flag)字段：F 字段是由 8 位固定编码 01111110 组成，放在一个帧的开头和结尾处。由于帧长度可变，因此可用 F 标志一个帧的开始和结束。F 还可以用作帧的同步和定时信号：当连续发送数据时，前一帧的结束标志 F 又可以作为后一帧的开始标志；当不连续发送数据时，帧和帧之间可连续发送 F(帧间填充)。为了保证 F 编码不会在数据中出现，HDLC 采用了"0"比特插入和删除技术。其工作过程是：在发送时，发送端要监测两标志间的比特序列，当发现有 5 个连续的"1"时，就在第 5 个"1"后自动插入一个"0"比特。这样就保证了除标志字段外，帧内不出现多于连续 5 个"1"的比特序列，因此也就不能将其与标志字段相混。在接收时，接收端检查比特序列，当发现有连续 5 个"1"时，就将其后的"0"比特删除，使之恢复原信息比特序列。例如，当信源发出二进制序列 011111111001 时，发送端自动在连续的第 5 个"1"后插入一个"0"，使发送线路上的信息变为 0111110111001。在接收端，再将收到的信息中的第 5 个"1"后的"0"删除掉，即得原信息 011111111001。

➢ 地址 A(Address)字段：A 字段由 8 位码组成，用以指明从站的地址。对于命令帧，它指接收端(从站)的地址；对于响应帧，它指发送该响应帧的站点地址，即主站把从站的地址填入 A 字段中发送命令帧，从站则把本站的地址填入 A 字段中以返回响应帧。

➢ 控制 C(Control)字段：C 字段由 8 位组成，用以进行链路的监视和控制，它是 HDLC 协议的关键部分。该字段有 3 种不同的格式，将在下面介绍。

➢ 信息 I(Information)字段：I 字段用来填充要传输的数据、报表等信息。HDLC 协议对其长度无限制，但实际上受各方面条件(如纠错能力、误码率、接口缓冲空间大小等)限制。在我国，一般为 1～2KB。

➢ 帧校验序列 FCS (Frame Check Sequence)：FCS 是采用 16 位的 CRC 校验，以进行差错控制。它对两个标志字段之间的 A 字段、C 字段和 I 字段的内容进行校验。CRC 校验的生成多项式为：

$$G(x)=x^{16}+x^{12}+x^{5}+1$$

除了标志字段和自动插入的"0"以外，一帧中其他的所有信息都要参加 CRC 校验。

(3) HDLC 的帧类型

帧控制字段的 8 位中有 2 位表示帧的传输类型。HDLC 的传送帧有 3 类：信息帧(I 帧)、监控帧(S 帧)和无编号帧(U 帧)，如表 3-1 所示。C 字段的第 1 位为"0"时表示该帧为信息帧，第 1、2 位为"10"时表示该帧为监控帧，第 1、2 位为"11"时表示该帧为无编号帧。

信息帧中包括信息(I)字段，是用来传输用户数据的。C 字段中 N(S)为发送的帧序号，N(R)为希望接收的帧序号。 N(S)指明当前发送帧的编号，具有命令的含义；N(R)用于确定已正确接收 N(R)以前各信息帧，并希望接收第 N(R)帧，具有应答含义。N(S)和 N(R)字段均为 3 位，因此发送和接收的帧序号为 0～7。P/F 位为轮询/结束位，对于主站，P＝"1"时，表示主站请求从站响应，从站可传输信息帧；对于从站，F＝1 时，表示这是最后响应帧。

表 3-1　控制字段位格式

位 类	1	2	3	4	5	6	7	8
I 帧	0		N(S)		P/F		N(R)	
S 帧	1	0	S	S	P/F		N(R)	
U 帧	1	1	M	M	P/F	M	M	M

监控帧(S 帧)中没有 I 字段，用于完成链路的监控功能，监视链路上的常规操作。S 帧可告知发送方发送帧后接收方接收的情况及待接收的帧号。S 帧的 N(R)、P/F 的含义与 I 帧相同。S 帧 C 字段第 3、4 位可组合成 00、01、10、11 共 4 种情况，因此对应有 4 种不同的 S 帧。

> 00：表示接收准备好(RR)。该帧的功能是做好接收第 N(R)帧准备，期待接收第 N(R)帧，并表示第 N(R)－1 号帧及以前各帧均已正确接收。

> 01：表示接收未准备好(BNR)。该帧的功能是没有做好接收第 N(R)帧准备，告知对方暂停发送第 N(R)帧，并表示第 N(R)－1 号帧及以前各帧均已正确接收。

> 10：表示拒绝接收(REJ)。该帧的功能是做好接收第 N(R)帧准备，告知对方将第 N(R)帧及以后各帧重新发送，并表示第 N(R)－1 号帧及以前各帧均已正确接收。

> 11：表示选择拒绝(SREJ)。该帧的功能是做好接收第 N(R)帧准备，告知对方只将第 N(R)帧重新发送，并表示第 N(R)－1 号帧及以前各帧均已正确接收。

无编号帧(U 帧)本身不带编号，即无 N(S)和 N(R)，它使用 5 个位(控制字段的第 3、4、6、7、8 位)表示不同的 U 帧。U 帧用于链路的建立和拆除阶段。 U 帧由主站和从站来扩充链路控制功能。它可以在任何需要的时刻发出，而不影响带序号信息帧的交换顺序。

(三) 网络层(Network Layer)

1. 网络层的概念

网络层又称通信子网层，用于控制通信子网的运行，管理从发送节点到接收节点的虚电路(逻辑信道)。网络层协议规定网络节点和虚电路的一种标准接口，完成网络连接的建立、拆除和通信管理，是解决控制工作站间的报文组交换、路径选择和流量控制的有关问题。这一层功能的不同决定了一个通信子网向用户提供服务的不同，具体应完成如下主要功能：

(1) 接收从传输层递交的进网报文，为它选择合适和适当数目的虚电路。

(2) 对进网报文进行打包形成分组，对出网的分组则进行卸包并重装成报文。

(3) 对子网内部的数据流量和差错在进/出层上或虚电路上进行控制。

(4) 对进/出子网的业务流量进行统计，作为计费的基础。

新世纪高职高专规划教材

(5) 在上述功能的基础上，完成子网络之间互连的有关功能等。

2. 网络层协议

网络层协议规定了网络节点和虚电路的一种标准接口，完成虚电路的建立、维持和拆除。网络层有代表性的协议有 ITU-T 的 X.25 协议、3X(X.28，X.3，X.29)协议和 X.75 协议(网络互连协议)等。

X.25 协议适用于包交换(分组交换)通信，主要定义了数据是如何从数据终端设备发送到数据电路终端设备的。X.25 协议提供了点对点的面向连接的数据传输，而不是点对多点的无连接通信。X.25 最初引入时，其传输速率是被限制在 64kb/s，以后高达 2.048Mb/s。X.25 协议速率不高，但有以下优点：

(1) 全球性认可。

(2) 具有可靠性。

(3) 具有连接老式的 LAN 和 WAN 的能力。

(4) 具有将老式主机和微型机连接到 WAN 的能力。

3X 协议适用于非分组终端入网及组包拆包器(PAD)。X.3 协议是数据包拆装器，简写为PAD，是一种将数据打包成 X.25 格式并添加 X.25 地址信息设备；当包到达目标 LAN 时，可以删除 X.25 的格式信息。PAD 中的软件可以将数据格式化并提供广泛的差错控制功能。X.28 协议说明了 DTE 和 PAD 之间接口。X.29 协议说明了控制信息是如何在 DTE 和 PAD 之间发送的，以及控制信息发送的格式是怎样的。

X.75 协议也称网关协议，是将 X.25 网络连接到其他包交换网络的互联网协议，如帧中继网络等。X.121 协议是将 X.25 WAN 网络连接到其他 WAN 网络的互联网协议。

3. 网络层服务

网络层所提供的服务有两大类：面向连接的网络服务和无连接的网络服务。面向连接的网络服务是在数据交换之前，必须先建立连接，当数据交换结束后，再拆除这个连接。无连接的网络服务是两个实体之间的通信不需要先建立一个连接，通信所需的资源无须事先预定保留，而是在数据传输时动态地进行分配。

面向连接的网络服务是可靠的报文序列服务；无连接的服务却不能防止报文的丢失、重复或失序，但无连接服务灵活方便，速度快。在网络层中，面向连接的网络服务与无连接的网络服务的具体实现是虚电路服务和数据报服务。

(四) 传输层(Transport Layer)

传输层也称为传送层，又称为主机-主机层或端-端层，主要功能是为两个会晤实体建立、拆除和管理传送连接，最佳地使用网络所提供的通信服务。这种传输连接是从源主机的通信进程出发，穿过通信子网到另一主机端通信进程的一条虚拟通道，这条虚拟通道可能由一条或多条逻辑信道组成。在传输层以下的各层中，其协议是每台机器和它直接相邻机器的协议，而不是源机器与目标机器之间的协议，由于网络层向上提供的服务有的很强，有的较弱，传

输层的任务就是屏蔽这些通信细节, 使上层看到的是一个统一的通信环境。具体完成如下主要功能:

(1) 接收来自会话层的报文, 为它们赋予唯一的传送地址。

(2) 给传输的报文编号, 加报文标头数据。

(3) 为传输报文建立和拆除跨越网络的连接通路。

(4) 执行传输层上的流量控制等。

(五) 会话层(Session Layer)

会话层又称会晤层或会议层, 会话层、表示层和应用层统称为 OSI 的高层, 这 3 层不再关心通信细节, 面对的是有一定意义的用户信息。用户间的连接(从技术上讲指两个描述层处理之间的连接)称为会话, 会话层的目的是组织、协调参与通信的两个用户之间对话的逻辑连接, 是用户进网的接口, 着重解决面向用户的功能, 如会话建立时, 双方必须核实对方是否有权参加会话, 由哪一方支付通信费用, 在各种选择功能方面取得一致。会话层的功能是实现各进程间的会话, 即网络中节点交换信息。具体完成如下主要功能:

(1) 为应用实体建立、维持和终结会话关系, 包括对实体身份的鉴别(如核对密码), 选择对话所需的设备和操作方式(如半双工或全双工)。一旦建立了会话关系, 实体间的所有对话业务即可按规定方式完成对话过程。

(2) 对会话中的"对话"进行管理和控制, 例如, 对话数据交换控制、报文定界、操作同步等。目的是保证对话数据能完全可靠地传输, 以及保证在传输连接意外中断过后仍能重新恢复对话等。

(六) 表示层(Presentation Layer)

表示层又称描述层, 主要解决用户信息的语法问题, 解决两个通信器中数据格式表示不一致的问题, 规定数据加密解密、数据的压缩收复等采用什么方法等, 能完成对一种功能的描述。表示层将数据从适合于某一用户的语法, 变换为适合于 OSI 系统内部使用的传送语法。这种功能描述是十分必要的, 它不是让用户编写详细的机器指令去解决哪个问题而是用功能描述(用户称之为实用子程序库)的方法去完成解题。当然, 这些子程序也可以放到操作系统中去, 但这会使操作系统变得十分庞大, 对于具体应用有合适的工作规模而言不是很恰当。表示层的功能是对各处理机、数据终端所交换信息格式予以编排和转换, 如定义虚拟终端、压缩数据和进行数据管理等。

(七) 应用层(Application Layer)

应用层又称用户层, 直接面向用户, 是利用应用进程为用户提供访问网络的手段。用户层的功能是采用用户语言, 执行应用程序, 如传送网络文件、数据库数据、通信服务及设备控制等。

新世纪高职高专规划教材

最后需要指出的是,OSI 是在普遍意义下考虑一般情况而推荐给国际上参考采用的模式,它提出了 3 个主要概念,即服务、接口和协议。但 OSI 也存在一些不足,如与会话层和表示层相比,数据链路层和网络层功能太多,会话层和表示层没有相应的国际标准等。到目前为止,还没有按此模型建网的先例。

任务三　TCP/IP 参考模型

(一) TCP/ IP 的基本概念

TCP/IP 协议是美国 DARPA 为 ARPANet 制定的协议,是一种异构网络互连的通信协议,目的在于通过它实现各种异构网络或异种机之间的互连通信。TCP/IP 同样适用在一个局域网中实现异种机的互连通信。TCP/IP 虽然不是国际标准,但已被世界广大用户和厂商所接受,成为当今计算机网络最成熟、应用最广的互联网协议。

在一个网络上,大大小小的计算机只要它们安装了 TCP/IP 就能相互连接和通信。运行 TCP/IP 的网络是一种采用包(或称分组)交换的网络。

TCP/IP 模型中似乎只包括了两个协议,即 TCP 和 IP,但事实上它是由约 200 多种协议组成的协议族。由于 TCP 和 IP 是其中两个非常重要的协议,因此就以它们命名。

TCP 和 IP 两个协议分别属于传输层和网络层,在 Internet 中起着不同的作用。简单地说,IP(Internet Protocol)提供数据报协议服务,负责网际主机间无连接、不纠错的网际寻址及数据报传输;TCP(Transmission Control Protocol)以建立虚电路方式提供信源与信宿机之间的可靠的面向连接的服务。

TCP/IP 协议族还包括一系列标准的协议和应用程序,如在应用层上有远程登录(Telnet)、文件传输(FTP)和电子邮件(SMTP)等,它们构成 TCP/IP 的基本应用程序。这些应用层协议为任何联网的单机或网络提供了互操作能力,提供了用户计算机入网共享资源所需的基本功能。

(二) TCP/IP 协议的特点

TCP/IP 协议能够迅速发展起来并成为事实上的标准,是它恰好适应了世界范围内数据通信的需要。它有以下特点:

(1) 协议标准是完全开放的,可以供用户免费使用,并且独立于特定的计算机硬件与操作系统。

(2) 独立于网络硬件系统,可以运行在广域网,更适合于互联网。

(3) 网络地址统一分配,网络中每一设备和终端都具有一个唯一地址。

(4) 高层协议标准化,可以提供多种多样可靠网络服务。

新世纪高职高专规划教材

(三) TCP/IP 模型的网络接口层

TCP/IP 参考模型网络体系结构是以 TCP/IP 为核心的协议族。TCP/IP 的网络体系结构与 OSI/RM 相比，结构更简单、层次更少。如图 3-4 所示，TCP/IP 分为 4 层，即网络接口层、网络层、传输层和应用层。

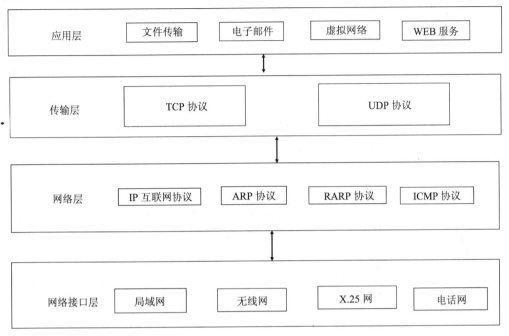

图 3-4　TCP/IP 结构图

在 TCP/IP 网络模型中，网络接口层是最低一层，负责通过网络发送和接收 IP 数据报。网络接口层与 OSI 模型中的数据链路层和物理层相对应。事实上，TCP/IP 本身并没有这两层，而是其他通信网上的数据链路层和物理层与 TCP/IP 的网络接口层进行链接。网络接口层负责接收 IP 数据报，并把这些数据报发送到指定网络中。

网络接口层无自己的协议，它指出计算机应用何种协议可以连接到网络中，是计算机接入网络的接口。如图 3-4 所示，计算机可以应用各种物理网协议，如局域网的 Ethernet、Token Ring 和分组交换网的 X.25 等。

(四) TCP/IP 模型的网络层

在 TCP/IP 模型中，网络层是第二层，相当于 OSI 模型网络层的无连接网络服务。网络层要解决主机到主机的通信问题。在发送端，网络层接受一个请求，将来自传输层的一个报文分组，与发送给宿主机的表示码一起发送出去；网络层把这个报文分组封装在一个 IP 数据报中，再填好数据报报头；使用路由选择算法，确定是将该数据报直接发送出去还是发送给一个网间连接器，然后把数据报传递给相应的网络接口再发送出去。在接收端，网络层还处理到来的数据报，校验数据报的有效性；删除报头，使用路由选择算法确定该数据报应当在本地处理还是转发出去等。从功能上来讲，与 OSI 参考模型的网络层功能相似。

新世纪高职高专规划教材

1．网络层的主要功能

网络层的主要功能如下：

(1) 处理来自传输层的分组发送请求。在收到数据发送请求后，将数据组装成 IP 数据包，通过路由选择算法选择一条最佳路径把数据包发送到输出端。

(2) 接收数据包处理。接收到其他主机发来数据包后，首先检查数据包中的地址，如果数据包中源地址与目的地址相同，则删除数据包中包头并将数据包交给传输层处理；如果数据包中的源地址与目的地址不同，选择一条最佳路径转发出去。

(3) 进行网络互连的路径选择、流量控制和拥塞控制，保证数据传输可靠性和正确性。

2．网络层的主要协议

网络层协议有 IP 协议、地址解析协议 ARP、逆向地址解析协议 RARP、网络控制报文协议 ICMP、网络分组管理协议 IGMP 等协议。

(1) 地址解析协议 ARP 和逆向地址解析协议 RARP

在局域网中，所有站点共享通信信道都是使用网络介质访问控制的 MAC 地址，来确定报文的发往目的地，而在 Internet 中目的地址是靠 IP 规定的地址来确定的。由于 MAC 地址与 IP 地址之间没有直接的关系，也就是说由 IP 地址不能算出 MAC 地址，因此需要通过 IP 协议集中的两个协议动态地发现 MAC 地址和 IP 地址的关系，这两个协议分别是地址解析协议 ARP(Address Resolution Protocol)和逆向地址解析协议 RARP(Reverse Address Resolution Protocol)。

> 地址解析协议 ARP：当一个主机向另一个主机发送报文时，只有知道与对方 IP 地址相应的物理地址之后，才能在物理网络上进行传输。对于具有广播能力的网络，比如各种类型的局域网，地址解析的一般方法是发送方发送附带接收方 IP 地址、本节点 IP 地址和物理地址的 ARP 请求，只有 IP 地址符合的节点(接收方节点)给予响应，返回接收方的物理地址，即完成了从 IP 地址向物理地址的转换，把远程网的 IP 地址映射到局域网的硬件地址，从而保证双方可以用物理地址在通信网中进行通信。另外，对于无广播能力的网络，比如 X.25 网络，必存在某个 Internet 网关，该网关记录了 X.25 网络中连入 Internet 的部分用户主机的 X.25 地址和 IP 地址的映射表，ARP 报文发往该网关，网关通过查询地址表，返回指定 IP 地址对应的 X.25 网络地址。

> 逆向地址解析协议 RARP：ARP 系统一个很突出的问题是如果某台设备不知道自身的 IP 地址，它就无法发出请求或做出应答。通常一台新入网的设备(通常为无盘工作站)会发生这种情况，它只知其物理地址(由网络接口开关或软件设置)。解决这个问题的一个简单方法是利用逆向地址解析协议 RARP。与 ARP 过程相反，它通过 RARP 发送广播式请求报文来请求自己的 IP 地址，而 RARP 服务器负责对该请求做出应答，从而完成物理地址向 IP 地址的转换。这样，不知道 IP 地址的主机可以通过 RARP 来获取自己的 IP 地址。

(2) 网络控制报文协议 ICMP

由于 IP 协议提供了无连接的数据报传输服务，在传送过程中若发生差错或意外情况，如数据报目的地址不可到达，数据报在网络中滞留时间超过生存期，中间节点或目的节点主机因缓冲区不足等原因无法处理数据报，这就需要一种通信机制来向源节点报告差错情况，以便源节点对此做出相应的处理。ICMP(Internet Control Message Protocol)就是一种面向连接的协议，用于传输错误报告控制信息。ICMP 是 IP 的有机组成部分，提供了一致、易懂的出错报文和不同版本信息。

大多数情况下，ICMP 发送的错误报文返回到发送原数据的设备，因为只有发送设备才是错误报文的逻辑接收者。发送设备随后可根据 ICMP 报文确定发生错误的类型，并确定如何才能更好地重发失败的数据报。ICMP 报文的格式如图 3-5 所示。

图 3-5 ICMP 报文格式

其中，类型(Type)是 1 字节，表示 ICMP 信息的类型。代码(Code)也是 1 字节，表示报文类型进一步的信息。校验和占双字节，提供对整个 ICMP 报文的校验。常用的 ICMP 消息类型及其含义如表 3-2 所示。

表 3-2 ICMP 消息类型及其含义

消 息 类 型	消 息 含 义
Destination Unreachable	目的地不可达
Time Exceeded	生存期变为 0，可能有路由循环
Parameter Problem	IP 包头的字段有错
Source Quench	抑制该类包的发送
Redirect	告诉发送者网络结构，可以采用更佳的路由
Echo Request	询问一台机器协议运行是否正常
Echo Reply	是正常工作的
Timestamp Request	和 Echo Request 一样，但要返回时间戳
Timestamp Reply	和 Echo Reply 一样，但带有时间戳

3. IP 协议

IP 协议是 Internet 中最关键的基础协议，由 IP 协议控制的单元称为 IP 数据报。IP 提供不可靠的、尽最大努力的、无连接的数据报传递服务。IP 的基本任务是通过互联网传输数据报，各个 IP 数据报独立传输。主机上的 IP 层基于数据链路层向传输层提供传输服务，IP 从源传输层实体获得数据，再通过物理网络传送给目的主机的 IP 层。IP 不保证传送的可靠性，在主机资源不足的情况下，它可能丢弃某些数据报，同时 IP 也不检查被数据链路层丢弃的报文。在传送时，高层协议将数据传给 IP，IP 将数据封装成 IP 数据报后通过网络接口发送出去。如目的主机直接连在本地网中，IP 将直接把数据报传送给本地网中的目的主机；如目的主机在远程网上，则 IP 将数据报传送给本地路由器，由本地路由器将数据报传送给下一个路

新世纪高职高专规划教材

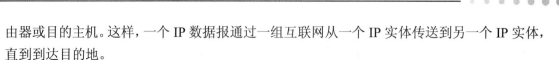

由器或目的主机。这样，一个 IP 数据报通过一组互联网从一个 IP 实体传送到另一个 IP 实体，直到到达目的地。

(1) IP 数据报格式

IP 数据报由报头和报文数据两部分组成，如图 3-6 所示。

4	4	8	16
版本	IHL	服务级别	报文长度
标　识		标志	分段偏移
生存期	上层协议号	报头校验和	
源 IP 地址			
目的 IP 地址			
任选项		填充域	
数据			

图 3-6　IP 数据报格式

IP 数据报中各个字段的含义简要说明如下。

➤ 版本：4 位，IP 的版本号，IP v4 版本值为 4。
➤ IP 报头长度(IHL)：4 位，以 32 位为单位的 IP 数据报的报头长度。
➤ 服务级别：8 位，用于规定优先级、传送速率、吞吐量和可靠性等参数。
➤ 报文长度：16 位，以字节为单位的数据报报头和数据两部分的总长度。
➤ 标识：16 位，它是数据报的唯一标识，用于数据报的分段和重装。
➤ 标志：3 位，数据报是否分段的标志。
➤ 分段偏移：13 位，以 64 位为单位表示的分段偏移。
➤ 生存期：8 位，允许数据报在互连的网中传输的存活时间。
➤ 上层协议号：8 位，指出发送数据报的上层协议。
➤ 报头校验和：16 位，用于对报头的正确性检查。
➤ 源 IP 地址：32 位，指出发送数据报的源主机 IP 地址。
➤ 目的 IP 地址：32 位，指出接收数据报的目的主机的 IP 地址。
➤ 任选项：可变长度，提供任选的服务，如时间戳、错误报告和特殊路由等。
➤ 填充：可变长度，保证 IP 报头以 32 位边界对齐。

(2) IP 数据报的分段与重装

① 数据报的分段：由于各类物理网中都有最大帧长的限制，因此为使较大的数据报能以适当的大小在物理网上传输，IP 首先要根据物理网所允许的最大帧，对上层协议提交的数据报进行长度检查，必要时把数据报分成若干段发送。在数据报分段时，每个段都要加上 IP 报头，形成 IP 数据报。

② 数据报重装：在互联网中，被分段的各个 IP 数据报进行独立的传输。它们在经过中间路由器转发时可能选择不同的路由。这样到达目的主机的 IP 数据报顺序与发送的顺序可能

不一致。因此，目的主机上的 IP 必须根据 IP 数据报中相关字段(标识、长度、偏移和标志等)将分段的各个 IP 数据报重新组装成完整的原始数据报，然后再提交给上层协议。

(3) IP 路由

IP 数据报的传输可能跨越多个子网，不同子网由 IP 地址中的网络标识表示。子网的划分保证每个子网限定在同一个物理网络，路由器或多穴主机实现不同子网间的互连。跨越子网的 IP 数据报由 IP 路由算法控制。IP 算法的思想是：IP 模块根据 IP 数据报中接收方 IP 地址来确定是否为本网投递。若为本网投递(即接收方与发送方具有相同的网络标识)，利用 ARP 取得对应 IP 地址的物理地址，形成数据帧(或分组)，IP 数据报填入数据，直接将帧(或分组)发往目的地，结束 IP 路由算法；若为跨网投递(即接收方和发送方具有不同的网络标识)，利用 ARP 取得 Internet 网关的 IP 地址所对应的物理地址，形成数据帧(或分组)，IP 数据报填入数据域，直接将帧(或分组)发往网关，网关软件取出 IP 数据报，并重复 IP 路由算法。

(五) TCP/IP 模型的传输层

在 TCP/IP 模型中，传输层是参考模型的第三层，它负责主机应用程序之间端口到端口的数据传输。传输层的基本任务是提供应用程序之间的通信，这种通信通常称为端到端通信。传输层对信息流有调节作用，也能提供可靠传送，确保数据到达无错，而且不颠倒顺序。为此，在接收端安排发回确认功能，并要求重发丢失报文的功能。传送软件把发送的数据流分成若干小段，有时把这些小段称为报文分组。把每个报文分组连同一个目标地址一并传递给下一层，以便发送。与 OSI 模型中传输层功能相同。

传输层的主要功能有以下几点：
- 实现端口到端口数据传输服务，提供在网络节点之间的预定通信和授权通信的能力，并可以将数据进行向上层或者向下层传输。
- 实现数据传输特殊响应要求，如数据传输速率、可靠性、吞吐量等。
- 实现面向连接传输服务和面向无连接传输服务。

TCP/IP 为传输层提供了两个主要的协议：传输控制协议 TCP 和用户数据报协议 UDP。

1. TCP 协议

TCP 是 TCP/IP 协议族中最关键、最主要的协议，但它有很大的独立性，它对下层网络协议只有基本的要求，很容易在不同的网络上应用，因而可以在众多的网络上工作。TCP 是在 IP 提供的服务基础上，支持面向连接的、可靠的、面向数据流的传输服务。TCP 将应用程序之间传输的数据视为无结构的字节流，面向流服务保证收发的字节顺序完全一致。数据流传输之前，TCP 收发模块之间需建立连接(类似虚电路)，其后的 TCP 报文在此连接基础上传输。TCP 连接报文通过 IP 数据报进行传输，由于 IP 数据报的传输导致 ARP 地址映射表的产生，从而保证后继的 TCP 报文可能具有相同的路径。发送方 TCP 模块在形成 TCP 报文的同时形成一个"累计核对"，它类似于校验和，随 TCP 报文一同传输。接收方 TCP 模块据此判断传输的正确性，若不正确，则接收方丢弃该 TCP 报文，否则进行应答。发送方若在规定时间内未获得应答，则自动重新传输。

(1) TCP/IP 的协议机制

两个使用 TCP 进行通信的对等实体间的一次通信，一般都要经历建立连接、数据传输(双向)和终止连接阶段。TCP 内部通过一套完整状态转换机制来保证各个阶段的正确执行，为上层应用程序提供双向、可靠、顺序及无重复的数据流传输服务。

在 TCP 中，建立连接要通过"三次握手"机制来完成。这种"三次握手"的机制既可以是由一方 TCP 发起同步握手过程而由另一方 TCP 响应该同步过程，也可以是由通信双方同时发起连接的同步握手。最常见的三次握手过程如下：

> TCP 实体 A 向 TCP 实体 B 发送一个同步 TCP 段请求建立连接。

> TCP 实体 B 将确认 TCP 实体 A 的请求，同时向 TCP 实体 A 发出同步请求。

> TCP 实体 A 将确认 TCP 实体 B 的请求，向 TCP 实体 B 发送确认 TCP 段。

在连接建立后，TCP 实体 A 在已建立的连接上开始传输 TCP 数据段。

此外，在建立连接过程中，对于出现的异常情况，如本地同步请求与过去遗留在网络中的同步连接请求序号相重复，因系统异常使通信双方处于非同步状态等，TCP 要通过使用复位(RST)TCP 段来加以恢复，即发现异常情况的一方发送复位 TCP 段，通知对方来处理异常。

由于 TCP 连接是一个全双工的数据通道，一个连接的关闭必须由通信双方共同完成。当通信的一方没有数据需要发送给对方时，可以使用拆除连接段(FIN)，向对方发送关闭连接请求。这时，它虽然不再发送数据，但并不排斥在这个连接上继续接收数据。只有当通信的对方也递交了关闭连接请求后，这个 TCP 连接才会完全关闭。关闭连接的请求，既可以由一方发起而另一方响应，也可以双方同时发起。TCP 连接的关闭过程同样也是一个"三次握手"的过程。

(2) TCP 端口和连接

TCP 模块以 IP 模块为传输基础，同时可以面向多种应用程序提供传输服务。使用 TCP 的网络应用程序可分为两大类：一类应用程序为其他主机提供服务，称为服务程序；另一类应用程序使用服务程序提供的服务，主动向服务程序发送连接请求，称为客户程序。为了能够区分出所对应的应用程序，引入了 TCP 端口的含义。对于客户程序，可以任意选择其通信端口的端口号，服务程序则使用较固定的端口号。

TCP 端口与一个 16 位的整数相对应，该整数值称为 TCP 端口号。需要服务的应用进程(应用程序的执行)与某个端口号进行连接，TCP 模块就可以通过该 TCP 端口与应用进程通信。例如，Telnet 的服务端使用 23 号端口，FTP 使用 21 号端口，SMTP 电子邮件使用 25 号端口等。

2. UDP 协议

(1) UDP 的功能

UDP(User Data Protocol)是 TCP/IP 协议族中与 TCP 同处于传输层的通信协议。它与 TCP 不同的是，UDP 是直接利用 IP 进行 UDP 数据报的传输，因此 UDP 提供的是无连接、不保证数据完整到达目的地的投递服务。由于在网络环境下的 C/S 模式应用常常采用简单的请求/响应通信方式，如 DNS 应用中域名系统的域名地址与 IP 地址的映射请求和应答采用 UDP 进行传输等，在这些应用中，若每次请求都建立连接，通信完成后再释放连接，额外的开销太大，这时无连接的 UDP 就比 TCP 显得更合适。总之，由于 UDP 比 TCP 简单得多，它又不使用很烦琐的流控制或错误恢复机制，只充当数据报的发送者和接收者，因此开销小，效率高，适合于高可靠性、短延迟的 LAN。在多媒体应用中，视频与音频数据流传输采用 UDP，在不需要 TCP 全部服务的情况下，可用 UDP 来替代 TCP。采用 UDP 的高层应用主要有网络文件系统 NFS 和简单网络管理协议 SNMP 等。

(2) UDP 的报文格式

一条 UDP 报文也称一条用户数据报，UDP 数据报格式如图 3-7 所示。

信源端口	信宿端口
长度	校验和
数据	

图 3-7　UDP 数据报格式

➢ 信源端口字段：标识发送应用程序的端口，该字段可选(不选时为 0)。
➢ 信宿端口字段：标识信宿主机上的接收应用程序。
➢ 长度字段：整个数据报长度，包括头标和数据。
➢ 校验和字段：对数据报的校验和，事实上这里使用一个伪头标用以保证数据的完整性，这一点与 TCP 一样。伪头标包括 IP 地址，并作为校验和计算的一部分。信宿主机对伪头标(还包括 UDP 数据报的其余部分)进行补码校验和操作，从而证实数据正确地到达信宿主机。

UDP 在 IP 之上，它对 IP 提供最大的扩充、提供、复用功能。在 UDP 报头中，也包括了源和目的应用程序的端口号，这样就可以区分在同一台主机内部的多个不同的应用。

(六) TCP/IP 模型的应用层

应用层为协议的最高层。应用程序与协议相互配合，发送或接收数据。TCP/IP 的应用层大致和 OSI 的会话层、表示层和应用层对应，但没有明确的划分。

1. 应用层的功能

应用层的功能主要有如下几点：
(1) 向用户提供调用网络和访问网络中各种应用程序的接口。
(2) 向用户提供各种标准的程序和相应协议。
(3) 支持用户自己根据需要建立的应用程序。

2. 应用层的主要协议

应用层的主要协议有多种，划分为如下几类。
(1) 依赖于面向连接的 TCP 协议的应用层协议有如下几种。

新世纪高职高专规划教材

> Telnet：远程登录服务协议，其使用默认端口号为 23。它允许用户登录到远程另一台主机，并在该主机进行工作，用户所在的主机就像远程主机的终端一样。

> SMTP：简单电子邮件传输协议，其使用默认端口号为 25。用户使用它可以进行电子邮件接收和发送，快速和便捷地传输信息。

> FTP：文件传输协议，其使用默认端口号为 21，它允许将文件从一台主机传输到另一台主机上，也可以从 FTP 服务器下载文件或者向 FTP 服务器上传文件。

(2) 依赖于面向无连接的 UDP 协议的应用层协议有如下几种。

> SNMP：简单网络管理协议，进行网络管理功能的协议，通过该协议提高网络性能。

> DNS：域名服务协议，进行网络域名与网络地址转换服务。

> RPC：远程过程调用协议，进行远程调用及远程登录。

(3) 既依赖于 TCP 协议又依赖于 UDP 协议的应用层协议有如下几种。

> HTTP：超文本文件传输协议，其使用默认端口号为 80，用于超文本文件和 Web 服务之间的数据传输、网页浏览。

> CMOT：通用管理信息协议，进行信息管理。

TCP/IP 网络应用层协议较多，可以为网络用户和应用程序提供各种服务和功能。后续章节还会涉及，这里不便做更多介绍。

任务四　OSI 参考模型与 TCP/IP 模型的比较

OSI 参考模型与 TCP/IP 参考模型有很多相似之处，它们都是基于独立的协议栈的概念，都有网络层、传输层和应用层，有些层的功能也大体相同。不同之处主要体现在以下几个方面：

(1) TCP/IP 模型虽然也分层，但层的数量不同，OSI 模型有 7 层，而 TCP/IP 模型只有 4 层，且层次之间的调用关系不像 OSI 参考模型那样严格。在 OSI/RM 模型中，两个 N 层实体之间的通信必须经过 $(N-1)$ 层。但 TCP/IP 模型可以越级调用更低层提供的服务，这样做可以减少一些不必要的开销，提高了数据的传输效率。

(2) TCP/IP 模型一开始就考虑到了异种网络的互连问题，并将互联网协议作为 TCP/IP 模型的重要组成部分，因此 TCP/IP 模型异种网络互连能力强。而 OSI 模型只考虑到用一种统一标准的公用数据网将各种不同的系统连在一起，根本未想到异种网络的存在，这是 OSI/RM 模型的一个很大的不足。

(3) TCP/IP 模型一开始就向用户提供可靠和不可靠的服务，而 OSI/RM 模型在开始时只考虑到向用户提供可靠服务。相对来说，TCP/IP 模型更注重于考虑提高网络的传输效率，而 OSI 模型更侧重考虑网络传输的可靠性。OSI/RM 模型在网络层支持无连接和面向连接的通信，但在传输层只有面向连接的服务。然而 TCP/ IP 模型在网络层仅有一种通信模式(无连接)，但在传输层支持两种模式，给了用户选择的机会。这种选择对简单的请求-应答协议是十分重要的。

(4) 系统中体现智能的位置不同。OSI/RM 模型认为，通信子网是提供传输服务的设施，因此，智能性问题如监视数据流量、控制网络访问、记账收费，甚至路径选择、流量控制等都由通信子网解决，这样留给主机的事情就不多了。相反，TCP/IP 模型则要求主机参与所有的智能性活动。因此，OSI/RM 网络可以连接比较简单的主机，运行 TCP/IP 的网络是一个相对简单的通信子网，对入网主机的要求比较高。

【思考练习】

(1) 网络协议的组成要素有哪些？各规定了什么？

(2) 层次结构中服务、功能和协议之间有什么区别和联系？

(3) 网络体系结构研究了什么？它与网络的实现有何区别？

(4) OSI 参考模型设置了哪些层次，各层次的名称是什么？层次间网络的交换节点在 OSI 参考模型中体现为几层？

(5) 各层间的数据的 PCI、SDU 和 PDU 之间有什么关系？

(6) DTE 和 DCE 是什么意思？它们对应于网络中的哪些设备？

(7) 物理层的任务、要解决的问题、传输的数据单位各是什么？

(8) 物理层的主要功能是什么？主要协议有哪些？

(9) 物理层有哪几个特性？各特性主要都规定了什么？

(10) 物理层的典型应用协议有哪些？

(11) 数据链路层的主要任务、传输的数据单位各是什么？

(12) 数据链路层的主要功能是什么？主要协议有哪些？

(13) 数据链路层有哪些数据链路控制规程？各有什么特点？代表性的规程是什么？

(14) HDLC 帧格式如何？各字段的含义是什么？如何保证信息传输的透明性？帧的类型有哪些？数据传输方式与 B5C 协议有何不同？设有一原始数据串 1000101111111110，将其在线路上传输该数据的形式如何？

(15) 网络层的主要任务、传输的数据单位各是什么？

(16) 网络层的主要功能是什么？

新世纪高职高专规划教材

模块四

计算机局域网技术

【学习任务分析】

局域网(Local Area Network，LAN)是一种在有限的地理范围内，将大量 PC 及各种设备互连在一起实现数据传输和资源共享的计算机网络。社会对信息资源的广泛需求及计算机技术的广泛普及，促进了局域网技术的迅猛发展。在当今的计算机网络技术中，局域网技术已经占据了十分重要的地位。

组成一个局域网，我们可以在它们之间共享程序、文档等各种资源，而不必再来回传递 U 盘；还可以通过网络使多台计算机共享同一硬件，如打印机、调制解调器等；同时也可以通过网络使用计算机发送和接收传真，方便、快捷而且经济。

【学习任务分解】

本模块中，学习任务有以下几个方面：

➤ 局域网的特点及类型。

➤ 局域网的体系结构。

➤ 介质访问控制技术。

➤ 以太网技术。

➤ 局域网的硬件。

➤ 局域网组建。

任务一　组建小型局域网

局域网是各种类型网络中的一大分支，有着非常广泛的应用。随着计算机的发展，人们越来越意识到网络的重要性，通过网络，人们拉近了彼此之间的距离。本来分散在各处的计算机被网络紧紧地联系在一起了。下面从硬件、软件、连接 3 个方面介绍局域网的组建。

(一) 硬件环境

组建小型局域网通常用的设备和工具有计算机、带有 RJ-45 接口的网卡、5 类非屏蔽双绞线、RJ-45 连接器(RJ-45 接头)、压线钳、通断测线器、Fluke 测试仪(可选)、集线器或交换机等。

由于目前很多网卡都支持即插即用的功能,对网卡进行手工配置的情况较少,因此,事先已将网卡安装到各台计算机中。

1. 制作网络电缆

(1) 制作两种网络电缆:一种用于连接计算机与集线器(或交换机),称为直通电缆;另一种用于集线器之间(或交换机之间)的连接,称为交叉电缆。

(2) 根据 8 根电缆的颜色标识,将每根电缆按照连线的顺序排列好,并插入到 RJ-45 连接头中(要注意每个 RJ-45 连接头编号为 1 的位置),并确认 8 根线是否完全插紧,然后使用压线钳将 RJ-45 头与线固定在一起。按照同样规则,制作相同电缆的另一端接头。在制作交叉线时,一定要注意电缆两端的连接顺序是不一样的,一个采用 568B 的连接顺序,另一个采用 568A 的连接顺序。

(3) 使用通断测线器测试直通电缆,查看是否该电缆的 8 根线全部直通。若经过测试,发现电缆不通时,可以再使用压线钳重新压线一次,再进行测试;若还不通,则剪断该电缆的一端,重新做线,直到测试通过。

(4) 使用通断测线器是最简单的测线方法,如果有实验环境,可以使用专用的双绞线测试仪,例如美国 Fluke 公司的 Fluke DP-100。使用专用的测线器不但可以测试线路的通断和交叉、电缆长度,而且可以测量每根线的衰减值。

(5) (可选)若有专用的测线仪,将做好的双绞线连接到测线仪上,在指导老师的协助下进行测试,并记录测试结果。测试内容包括线路的通断和交叉、电缆长度、传输延时、阻抗、传输衰减值和近端串扰等。

(6) 做两根电缆进行演示,其中一根电缆长度约 100m,另一根可以使用一箱 5 类非屏蔽双绞线做一根电缆(约 300m)。对这两根电缆进行测试,比较一下两种长度的电缆衰减值各有多大。

2. 识别网卡、集线器和交换机的工作状态

(1) 网络电缆测试完毕后,将做好的直通电缆一端连接到计算机上,另一端连接到集线器(或交换机)上。如果要将两台计算机通过网卡直接连接时,要使用交叉电缆。

(2) 通常,连接两个集线器时也要使用交叉电缆,但需要说明一点,一些早期的集线器提供了专用的级联端口,使用这种端口连接集线器时,仍然需要使用直通电缆。目前很多的交换机都支持自动识别的功能,当两个交换机通过直通线级联时,交换机可以自动在内部进行交叉交换。(至于本任务使用的是何种集线器或交换机,可向指导老师询问)

(3) 通常,集线器和交换机上的每个端口上都带有几个状态指示灯:链路状态指示灯,当与集线器相连的计算机开机后,若线路连接正确,该指示灯就会"点亮",表示双方的链

路已接通；冲突指示灯，当链路出现冲突后，该指示灯就会被"点亮"。不同厂家的集线器或交换机的指示灯也各不相同。另外，目前很多交换机上的端口通常是 10/100Mb/s 自适应端口，并以半双工或全双工方式工作，因此，在这些交换机上也会设有相关的指示灯，用以表示相应的信息。例如，当某台计算机连接到交换机的某个端口时，通过交换机上的指示灯就能很清楚地识别出该计算机的连接速率(10Mb/s 或 100Mb/s)和工作方式(全双工或半双工)。通常使用两个双色发光二极管：一个二极管表示速率，另一个二极管表示工作方式。例如，采用 10Mb/s 速率连接时，二极管显示颜色为淡黄色；采用 100Mb/s 速率连接时，显示为绿色。对于不同厂家的产品，方式各有不同。

(4) 一般来说，网卡上也包括几个指示灯，但其中至少有一个链路状态指示灯，其目的与上面所说的相同，都是用于检测线路连接是否正确。

(5) 观察本任务使用的集线器或交换机的工作状态，以及本地计算机上网卡的工作状态。

(6) 将计算机、集线器或交换机加电，观察集线器或交换机各端口的链路状态显示。

实际上，组建一个局域网非常简单，但制作网络电缆是整个过程中最关键的因素之一，有很多网络的故障通常是来自网络的物理连接。因此，网络电缆与接口的好坏直接影响着一个网络是否能够正常工作。

(二) 软件环境

组建小型局域网可以使用 Windows 2000 Professional/XP 操作系统。并需要对 TCP/IP 参数进行配置。例如，可以设置一个 IP 地址段，如 192.168.1.1 到 192.168.1.40，子网掩码为 255.255.255.0。

手工配置 TCP/IP 参数的方法如下：

(1) 要实现对等网中各台计算机能够连接到网络中，除了硬件连接外，还必须安装软件系统，如网络协议软件。本实验使用典型的 TCP/IP 软件。在 Windows 2000 Professional/XP 操作系统中，由于 TCP/IP 默认已安装在系统中，所以可以直接配置 TCP/IP 参数。

(2) 在设计和组建一个网络时，必须要对网络进行规划，其中也包括对网络地址的规划和使用。例如，使用哪一类 IP 地址；需要为多少台计算机分配 IP 地址；每台计算机是自动获取 IP 地址(动态 IP 地址，通过 DHCP 服务实现)，还是通过手工方式进行设置(静态 IP 地址)等。在本实验中，采用手工方式设置 IP 地址。

(3) 使用鼠标右击桌面上的"网上邻居"图标，从弹出的快捷菜单中选择"属性"命令，打开"网络连接"窗口。右击窗口中的"本地连接"图标，从弹出的快捷菜单中选择"属性"命令，打开"本地连接属性"对话框，如图 4-1 所示。然后选中"Internet 协议(TCP/IP)"复选框，并单击"属性"按钮，打开"Internet 协议(TCP/IP)属性"对话框，如图 4-2 所示。

新世纪高职高专规划教材

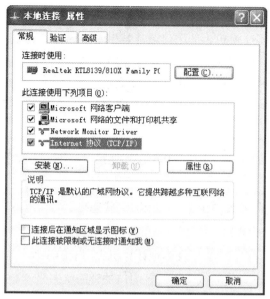
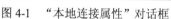
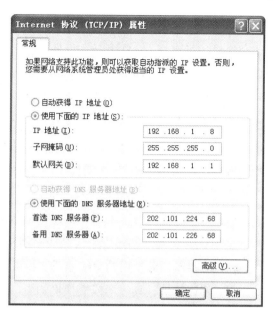

图 4-1　"本地连接属性"对话框　　　图 4-2　"Internet 协议(TCP/IP)属性"对话框

(4) 选择"使用下面的 IP 地址"单选按钮，在"IP 地址"文本框中输入相应的 IP 地址(向实验指导人员索取 IP 地址)，在"子网掩码"文本框中输入该类 IP 地址的子网掩码，单击"确定"按钮，将 IP 地址设置到本台计算机。

(5) 双击桌面上"网上邻居"图标，可以发现网络中的其他计算机，如果每台计算机中将资源都设置为共享，就可以实现小型网络的资源共享服务。

思考：

如果在步骤(3)中选择"自动获取 IP 地址"单选按钮，而且网络中没有 DHCP 服务器，每台计算机还可以连通吗？

完成网络 IP 地址规划后，为每台计算机手工配置 IP 地址和子网掩码，就可以将各台计算机连接到同一个网络中，并实现了资源的共享。如果网络中没有 DHCP 服务器，当每台计算机选择自动获取 IP 时，Windows 2000 Professional/XP 操作系统也提供了自动 IP 地址分配机制，它会自动为每台计算机分配一个在本地网络中具有唯一性的 IP 地址，从而实现了网络中各台计算机之间的相互访问。

(三) 网络连通测试

1. 网络连通测试程序 ping

在 TCP/IP 协议簇中，网络层 IP 是一个无连接的协议，使用 IP 传送数据包时，数据包可能会丢失、重复或乱序，因此，可以使用网络控制报文协议(ICMP)对 IP 提供差错报告。Ping 就是一个基于 ICMP 的实用程序，通过该程序，可以对源主机与目的主机之间的 IP 链路进行测试，测试的内容包括 IP 数据包能否到达目的主机，是否会丢失数据包，传输延时有多大，以及统计丢包率等数据。

　　选择"开始"|"所有程序"|"附件"命令，选择"命令提示符"命令，打开"命令提示符"窗口。在窗口命令行下，输入 ping 127.0.0.1，其中 127.0.0.1 是用于本地回路测试的 IP 地址(127.0.0.1 代表 Localhost，即本地主机)，按【Enter】键后，就会显示出测试结果(也称为"回波响应")，如图 4-3 所示。

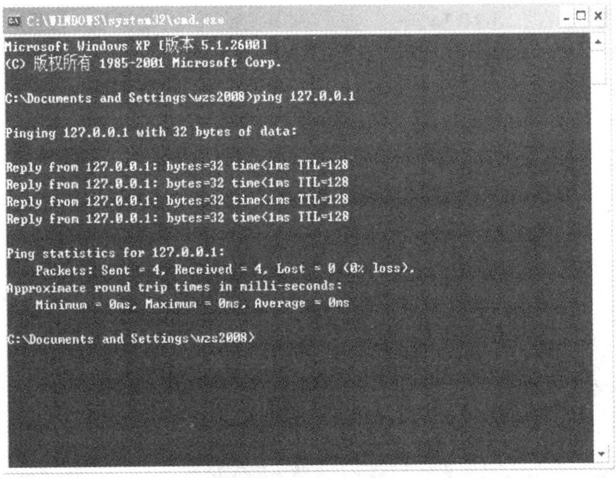

图 4-3　回波响应

　　当使用 ping 命令后，可以通过接收对方的应答信息，来判断源主机与目的主机之间的链路状况。若链路良好，则会接收到如下的应答信息，如图 4-4 所示。

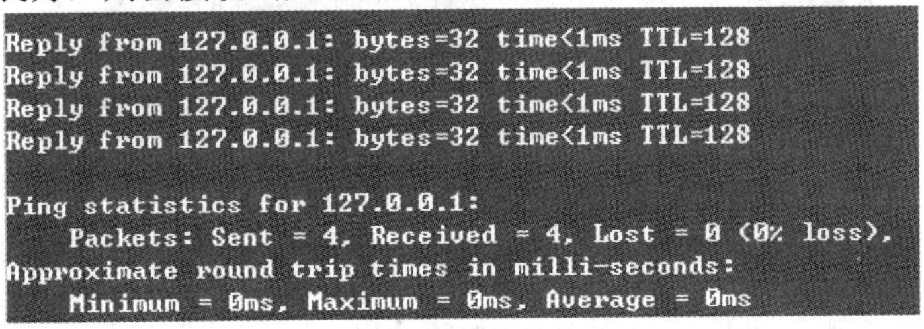

图 4-4　应答信息

　　其中，bytes 表示测试数据包的大小，time 表示数据包的延迟时间，TTL 表示数据包的生存期。统计数据结果为：总共发送 4 个测试数据包，实际接收应答数据包也是 4 个，丢包率为 0%，最大、最小和平均传输延时为 0ms(这个延时是数据包的往返时间)。

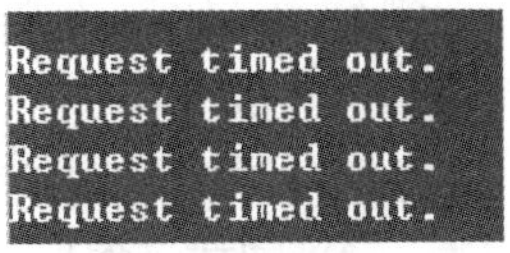

图 4-5　错误应答

　　如果收到如图 4-5 所示的应答信息，就表示数据包无法达到目的主机或数据包丢失。

　　在窗口命令行下，输入 ping 按【Enter】键，就会得到对 ping 命令的帮助提示。该命令有很多的开关参数设置，其中常用的有-t、-n、-l，其实际使用方法如下。

　　➢　-t：用于连续性测试链路，例如使用 ping X -t(X 表示目的主机的 IP 地址，如 192.168.1.10)，就可以不间断地测试源主机与目的主机之间的链路，直到用户使用中断退出(按【Ctrl+C】组合键)，而且在测试过程中，可以随时按【Ctrl+Break】组合键来查看统计结果。

> -n：表示发送测试数据包的数量，在不指定该参数时，其默认值为 4。若要发送 1000 个数据包测试链路，则可以使用 ping X -n 1000 命令。

> -l：表示发送测试数据包的大小，例如发送 100 个 1024 字节大小的数据包，就可以使用 ping X -n 100 -l 1024。

2. 测试网络的连通性

首先，先检查一下本机 TCP/IP 的配置情况。在"命令提示符"窗口下输入 ipconfig，按【Enter】键，显示本机 TCP/IP 的配置。若要进一步查看更为详细的信息，可以执行 ipconfig/all 命令，显示如图 4-6 所示的内容。

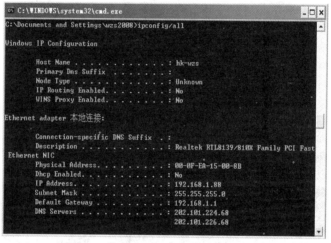

图 4-6　执行 ipconfig/all 命令结果显示

下面开始网络的测试：

(1) 在命令行中输入 ping 127.0.0.1，然后按【Enter】键，如果能接收到正确的应答响应且没有数据包丢失，则表示本机的 TCP/IP 工作正常。若应答响应不正确(数据包丢失或目的主机无法达到等)，则查看网络设置，确认本机是否安装了 TCP/IP。

(2) 输入 ping X，其中 X 就是 ipconfig 命令获取的地址，若记录的地址为 192.168.1.88，则输入 ping 192.168.1.88。按【Enter】键后，如果能接收到应答信息且没有数据包丢失，则表示本机 TCP/IP 的配置正确，且该计算机在网络上可以进行通信；否则，重新检查或设置本机的 TCP/IP 协议配置参数(很多时候都是因为 IP 地址或子网掩码输入错误造成)。

(3) 同样，输入 ping X，其中 X 代表另外一台已连通到网络上的计算机所使用的 IP 地址。按【Enter】键后，如果同样能够接收到对方正确的应答信息且没有数据包丢失，则表示本机与对方计算机之间可以互相通信，并正确地连接到网络上。如果不通，则检查网络电缆是否插好(包括本机一端和集线器一端)；若还出现问题，则重新测试或制作网络电缆；若还不能解决问题，则说明地址解析可能出现问题(ARP 工作不正常)，解决方法是将 TCP/IP 删除并重新安装。

(4) 将网络的硬件连接好，然后进行相应的软件和协议配置，当所有这些操作结束后，并不意味着网络就能够连通，或者说并非所有的计算机都能连接到网络上，其中可能会出现各种各样的问题。因此，我们通过网络连通的检测和测试，寻找出现问题的起源在哪里，并针对这些问题进行解决。

任务二　组建小型局域网的相关知识

(一) 局域网的特点及类型

1. 局域网的特点

(1) 地理分布范围较小，一般为数百米至数千米，可覆盖一幢大楼、一所校园或一个企业。

(2) 数据传输速率高，一般为 0.1～100Mb/s，目前已出现速率高达 1000Mb/s 的局域网。可交换各类数字和非数字(如语音、图像、视频等)信息。

(3) 误码率低，一般在 10^{-11}～10^{-8} 以下。这是因为局域网通常采用短距离基带传输，可以使用高质量的传输媒体，从而提高了数据传输质量。

(4) 以 PC 为主体，包括终端及各种外设，网中一般不设中央主机系统。

(5) 一般包含 OSI 参考模型中的低三层功能，即涉及通信子网的内容。

(6) 协议简单，结构灵活，建网成本低，周期短，便于管理和扩充。

2. 局域网的拓扑结构

网络的拓扑结构是指网络中通信线路和站点(计算机或设备)相互连接的几何形式。按照拓扑结构的不同，可以将网络分为总线型网络、星型网络、环型网络 3 种基本类型。在这 3 种类型的网络结构基础上，可以组合出树型网、簇星型网等其他类型拓扑结构的网络，如图 4-7 所示。

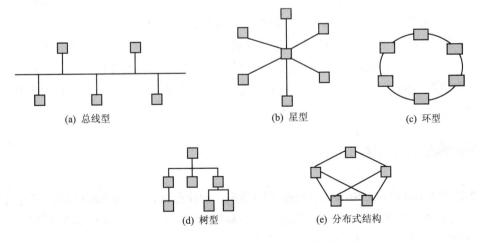

(a) 总线型　　　(b) 星型　　　(c) 环型

(d) 树型　　　(e) 分布式结构

图 4-7　拓扑结构

新世纪高职高专规划教材

3．局域网的传输介质

传输介质是网络连接设备间的中间介质，也是信号传输的媒体。常用传输介质有双绞线、同轴电缆、光纤。

(1) 双绞线

双绞线是现在最普通的传输介质，它由两根相互绝缘的铜线组成，典型直径为1mm。两根线绞接在一起是为了防止其电磁感应在邻近线对中产生干扰信号。外面再用塑料套套起来。

双绞线分为非屏蔽双绞线和屏蔽双绞线。非屏蔽双绞线无屏蔽层，一般由4对双绞线组成，最长100m，有较好的性价比，被广泛使用，分为1、2、3、4、5类。3类用于10Mb/s的传输，5类用于100Mb/s以上的网连接。

屏蔽双绞线具有一个金属甲套，一般由2对双绞线组成，最长为十几千米，抗干扰性好，性能高，成本高，没有被广泛使用。对电磁干扰具有较强的抵抗能力，适用于网络流量较大的高速网络协议应用。屏蔽双绞线可分为6、7类双绞线，分别可工作于200MHz和600MHz的频率带宽之上，且采用特殊设计的RJ-45插头(座)。

(2) 同轴电缆

同轴电缆由同轴的内外两条导线构成，内导线是一根金属线，外导线是一条网状空心圆柱导体，内外导线有一层绝缘材料，最外层是保护性塑料外套。金属屏蔽层能将磁场反射回中心导体，同时也使中心导体免受外界干扰，故同轴电缆比双绞线具有更高的带宽和更好的噪声抑制特性。

同轴电缆分为两类：一类为50Ω(指沿电缆导体各点的电磁电压对电流之比)同轴电缆，用于数字信号的传输，即基带同轴电缆；另一类为75Ω同轴电缆，用于宽带模拟信号的传输，即宽带同轴电缆，但需要安装附加信号，安装困难，适用于长途电话网、电视系统、宽带计算机网。

同轴电缆由于物理可靠性不好，易受干扰，常由双绞线替代。

(3) 光纤

光纤是软而细的、利用内部全反射原理来传导光束的传输介质，有单模和多模之分。单模光纤多用于通信业，多模光纤多用于网络布线系统。

光纤为圆柱状，由纤芯、包层和护套3个同心部分组成，每一路光纤包括两根，一根接收，另一根发送。与同轴电缆比较，光纤可提供极宽的频带且功率损耗小、传输距离长(2km以上)、传输速率高(可达数千Mb/s)、抗干扰性强(不会受到电子监听)，是构建安全性网络的理想选择。

(二) 局域网的体系结构

IEEE 802标准遵循OSI/RM参考模型的原则，解决最低两层(即物理层和数据链路层)的功能以及与网络层的接口服务、网际互连有关的高层功能。IEEE 802 LAN参考模型与OSI/RM参考模型的对应关系如图4-8所示。

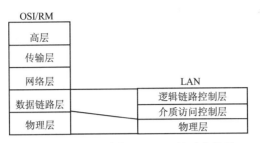

图 4-8　LAN 层次与 OSI/RM 的对应关系

1. IEEE 802 LAN 参考模型中的物理层

物理层实现比特流的传输与接收、数据的同步控制等。IEEE 802 规定了局域网物理层所使用的信号与编码、传输介质、拓扑结构和传输速率等规范。

(1) 采用基带信号传输。

(2) 数据的编码采用曼彻斯特编码。

(3) 传输介质可以是双绞线、同轴电缆和光缆等。

(4) 拓扑结构可以是总线型、树型、星型和环型。

(5) 传输速率有 10Mb/s、16Mb/s、100Mb/s、1000Mb/s。

2. IEEE 802 LAN 参考模型的数据链路层

LAN 的数据链路层分为逻辑链路控制子层(LLC)和介质访问控制子层(MAC)两个功能子层，它们的功能如下：

(1) 将数据组成帧，并对数据帧进行顺序控制、差错控制和流量控制，使不可靠的物理链路变为可靠的链路。

(2) LAN 可以支持多重访问，即实现数据帧的单播、广播和多播。

划分 LLC 和 MAC 子层的目的如下：

(1) OSI 模型中的数据链路层不具备局域网所需的介质访问控制功能。

(2) 局域网基本上采用共享介质环境，从而数据链路层必须考虑介质访问控制机制。

(3) 介质访问控制机制与物理介质、物理设备和物理拓扑等涉及硬件实现的部分直接有关。

(4) 分为两个子层，可保证层服务的透明性，在形式上保持与 OSI 模型的一致性。

(5) 使整个体系结构的可扩展性更好，以备将来接受新的介质与介质访问控制方法。

(三) 介质访问控制技术

介质访问控制方法控制网络节点何时能够发送数据。

IEEE 802 规定了局域网中最常用的介质访问控制方法。

➤　IEEE 802.3：载波监听多路访问/冲突检测(CSMA/CD)。

➤　IEEE 802.5：令牌环(Token Ring)。

➤　IEEE 802.4：令牌总线(Token Bus)。

新世纪高职高专规划教材

1. CSMA/CD 介质访问控制技术

总线型 LAN 中，所有的节点对信道的访问是以多路访问方式进行的。任一节点都可以将数据帧发送到总线上，所有连接在信道上的节点都能检测到该帧。

CSMA/CD 是在 CSMA 基础上发展起来的一种随机访问控制技术。简言之，CSMA/CD 可以概括为先听后发、边听边发、冲突停止、延时重发，工作流程如图 4-9 所示。

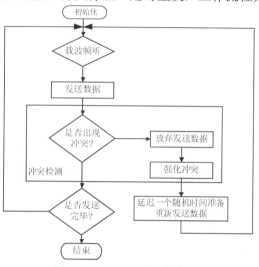

图 4-9　CSMA/CD 工作流程

CSMA/CD 协议的特点如下：

(1) 在采用 CSMA/CD 协议的总线 LAN 中，各节点通过竞争的方法强占对媒体的访问权利，出现冲突后，必须延迟重发。因此，节点从准备发送数据到成功发送数据的时间是不能确定的，它不适合传输对时延要求较高的实时性数据。

(2) 结构简单，网络维护方便，增删节点容易，网络在轻负载(节点数较少)的情况下效率较高。但是随着网络中节点数量的增加，传递信息量增大，即在重负载时，冲突概率增加，总线 LAN 的性能就会明显下降。

2. 令牌环介质访问控制技术

在令牌环介质访问控制方法中，使用了一个沿着环路循环的令牌。网络中的节点只有截获令牌时才能发送数据，没有获取令牌的节点不能发送数据，因此，使用令牌环的 LAN 中不会产生冲突，如图 4-10 所示。

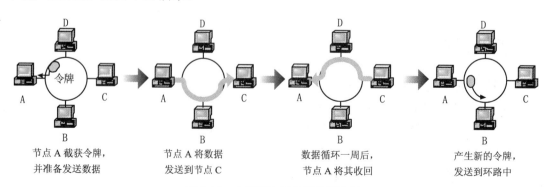

| 节点 A 截获令牌，
并准备发送数据 | 节点 A 将数据
发送到节点 C | 数据循环一周后，
节点 A 将其收回 | 产生新的令牌，
发送到环路中 |

图 4-10　令牌环介质访问控制方法

令牌环的基本工作原理是：当环启动时，一个"自由"令牌或空令牌沿环信息流方向转圈，想要发送信息的站点接收到此空令牌后，将它变成忙令牌(将令牌包中的令牌位置 1)，即可将信息包尾随在忙令牌后面进行发送。该信息包被环中的每个站点接收和转发，目的站点接收到信息包后经过差错检测后将它复制传送给站主机，并将帧中的地址识别位和帧复制位置为 1 后再转发。当原信息包绕环一周返回发送站点后，发送站检测地址识别位和帧复制位是否已经为 1，如是则将该数据帧从环上撤消，并向环插入一个新的空令牌，以继续重复上述过程，如图 4-11 所示。

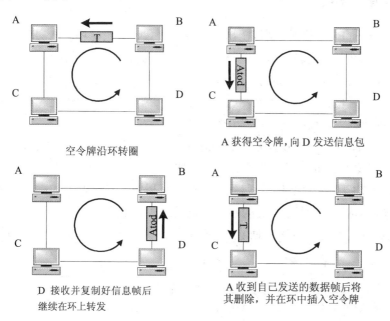

图 4-11　令牌环工作示例

令牌环工作过程如图 4-12 所示。

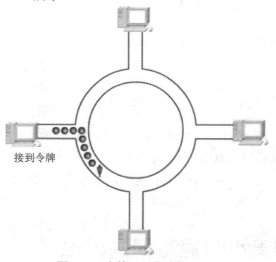

图 4-12　令牌环工作过程

令牌环的特点如下：

(1) 由于每个节点不是随机的争用信道，不会出现冲突，因此称它是一种确定型的介质访问控制方法，而且每个节点发送数据的延迟时间可以确定。在轻负载时，由于存在等待令牌的时间，效率较低；在重负载时，对各节点公平，且效率高。

(2) 采用令牌环的局域网还可以对各节点设置不同的优先级，具有高优先级的节点可以先发送数据，比如某个节点需要传输实时性的数据，就可以申请高优先级。

3．令牌总线介质访问控制技术

令牌总线(Token Bus)访问控制是在物理总线上建立一个逻辑环。从物理连接上看，它是总线型结构的局域网；但逻辑上看，它是环型拓扑结构。

连接到总线上的所有节点组成了一个逻辑环，每个节点被赋予一个顺序的逻辑位置。和令牌环一样，节点只有取得令牌才能发送帧，令牌在逻辑环上依次传递。在正常运行时，当某个节点发送完数据后，就要将令牌传送给下一个节点。

令牌总线(Token Bus)工作过程是：令牌总线在物理上是一根线形或树形的电缆，其上连接各个站点；在逻辑上，所有站点构成一个环，如图4-13所示。每个站点知道自己左边和右边站点的地址。逻辑环初始化后，站号最大的站点可以发送第一帧。此后，该站点通过发送令牌(一种特殊的控制帧)给紧接其后的邻站，把发送权转给它。令牌绕逻辑环传送，只有令牌持有者才能够发送帧。因为任一时刻只有一个站点拥有令牌，所以不会产生冲突。

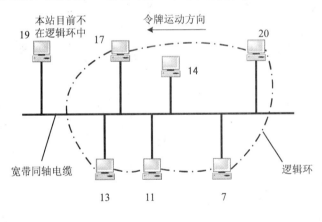

图 4-13 令牌总线

令牌总线的特点是：第一，令牌总线适用于重负载的网络中，数据发送的延迟时间确定，适合实时性的数据传输等；第二，网络管理较为复杂，网络必须有初始化的功能，以生成一个顺序访问的次序；第三，令牌总线访问控制的复杂性高，网络中的令牌丢失，出现多个令牌、将新节点加入到环中，从环中删除不工作的节点等。

任务三 组建小型局域网的标准

IEEE 在 1980 年 2 月成立了局域网标准化委员会(简称 IEEE 802 委员会)，专门从事局域网的协议制定，形成了一系列的标准，称为 IEEE 802 标准。该标准已被国际标准化组织 ISO 采纳，作为局域网的国际标准系列，称为 ISO 802 标准。在这些标准中，根据局域网的多种类型，规定了各自的拓扑结构、媒体访问控制方法、帧和格式等内容。IEEE 802 标准系列中各子标准如下。

- 802.1A：体系结构、网络管理和性能测量。
- 802.1B：寻址、网间互连以及网络管理。
- 802.2：逻辑链路控制协议。
- 802.3：总线网介质访问控制协议 CSMA/CD 以及物理层技术规范。
- 802.3i：10Base-T 访问控制方法和物理层技术规范。
- 802.3u：100Base-T 访问控制方法和物理层技术规范。
- 802.4：令牌总线网介质访问控制方法和物理层技术规范。
- 802.5：令牌环网介质访问控制方法和物理层技术规范。
- 802.6：城域网介质访问控制方法和物理层技术规范。
- 802.7：宽带网介质访问控制方法和物理层技术规范。
- 802.8：FDDI 介质访问控制方法和物理层技术规范。
- 802.9：综合数据/话音网络。
- 802.10：局域网安全技术标准。
- 802.11：无线局域网的介质访问控制方法和物理层技术规范。

任务四 以太网技术

以太网(Ethernet)是一种局域网通信协议，是当今现有局域网采用的最通用的标准，以太网标准形成于 20 世纪 70 年代早期。以太网是一种传输速率为 10Mb/s 的常用局域网(LAN)标准。在以太网中，所有计算机连接在一条同轴电缆上，采用具有冲突检测的载波监听多路访问(CSMA/CD)方法，采用竞争机制和总线拓扑结构。基本上，以太网由共享传输媒体，如双绞线电缆或同轴电缆和多端口集线器、网桥或交换机构成。在星型或总线型配置结构中，集线器、交换机、网桥通过电缆使得计算机、打印机和工作站彼此之间相互连接。

IEEE 802.3 标准中提供了以太帧结构。当前以太网支持光纤和双绞线媒体支持下的 4 种传输速率。

- 10Mb/s：10Base-T Ethernet(802.3)。
- 100Mb/s：Fast Ethernet(802.3u)。
- 1000Mb/s：Gigabit Ethernet(802.3z)。
- 10Gb/s Ethernet：IEEE 802.3ae。

(一) 传统以太网技术

传统以太网只有 10Mb/s 的传输速率，使用的是带有冲突检测的载波监听多路访问

新世纪高职高专规划教材

(Carrier Sense Multiple Access/Collision Detection，CSMA/CD)控制方法，这种早期的 10Mb/s 以太网称为标准以太网。以太网可以使用粗同轴电缆、细同轴电缆、非屏蔽双绞线、屏蔽双绞线和光纤等多种传输介质进行连接，并且在 IEEE 802.3 标准中，为不同的传输介质制定了不同的物理层标准。在这些标准中前面的数字表示传输速度，单位是 Mb/s；最后的一个数字表示单段网线长度(基准单位是 100m)；Base 表示"基带"的意思；Broad 代表"宽带"。传统以太网标准比较如表 4-1 所示。

表 4-1　传统以太网标准比较

特　　　性	10Base-5	10Base-2	10Base-T	10Base-F
数据速率(Mb/s)	10	10	10	10
信号传输方法	基带	基带	基带	基带
最大网段长度	500m	185m	100m	2000m
网络介质	50Ω粗同轴电缆	50Ω细同轴电缆	UTP	光缆
拓扑结构	总线型	总线型	星型	点对点

> 10Base-5：使用直径为 0.4in(英寸)、阻抗为 50Ω 的粗同轴电缆，也称粗缆以太网，最大网段长度为 500m，基带传输方法，拓扑结构为总线型；10Base-5 组网主要硬件设备有粗同轴电缆、带有 AUI 插口的以太网卡、中继器、收发器、收发器电缆、终结器等。

> 10Base-2：使用直径为 0.2in(英寸)、阻抗为 50Ω 的细同轴电缆，也称细缆以太网，最大网段长度为 185m，基带传输方法，拓扑结构为总线型；10Base-2 组网主要硬件设备有细同轴电缆、带有 BNC 插口的以太网卡、中继器、T 型连接器、终结器等。

> 10Base-T：使用双绞线电缆，最大网段长度为 100m，拓扑结构为星型；10Base-T 组网主要硬件设备有 3 类或 5 类非屏蔽双绞线、带有 RJ-45 插口的以太网卡、集线器、交换机、RJ-45 插头等。

> 10Base-F：使用光纤传输介质，传输速率为 10Mb/s。

(二) 快速以太网技术

随着网络的发展，传统标准的以太网技术已难以满足日益增长的网络数据流量速度需求。在 1993 年 10 月以前，对于要求 10Mb/s 以上数据流量的 LAN 应用，只有光纤分布式数据接口(FDDI)可供选择，但它是一种价格非常昂贵的、基于 100Mb/s 光缆的 LAN。

快速以太网是指任何一个速率达到 100Mb/s 的以太网。快速以太网在保持帧格式、MAC(介质存取控制)机制和 MTU(最大传送单元)质量的前提下，其速率比 10Base-T 的以太网增加了 10 倍。二者之间的相似性使得 10Base-T 以太网上现有的应用程序和网络管理工具能够在快速以太网上使用。快速以太网基于扩充的 IEEE 802.3 标准。

快速以太网可以满足日益增长的网络数据流量速度需求。100Mb/s 快速以太网标准分为 100Base-TX、100Base-FX、100Base-T4 三个子类。快速以太网技术可以有效地保障用户在布线基础实施上的投资，它支持 3、4、5 类双绞线以及光纤的连接，能有效地利用现有的设施。

- ➤ 100Base-TX：一种使用 5 类非屏蔽双绞线或屏蔽双绞线的快速以太网技术。它使用两对双绞线：一对用于发送数据，另一对用于接收数据。在传输中使用 4B/5B 编码方式，信号频率为 125MHz。符合 EIA-586 的 5 类布线标准和 IBM 的 SPT 1 类布线标准。使用同 10Base-T 相同的 RJ-45 连接器。它的最大网段长度为 100m，支持全双工的数据传输。

- ➤ 100Base-FX：一种使用光缆的快速以太网技术，可使用单模和多模光纤(62.5μm 和 125μm)。多模光纤连接的最大距离为 550m，单模光纤连接的最大距离为 3000m。在传输中使用 4B/5B 编码方式，信号频率为 125MHz。100Base-FX 以太网使用 MIC/FDDI 连接器、ST 连接器或 SC 连接器。它的最大网段长度为 150m、412m、2000m 或更长至 10km，这与所使用的光纤类型和工作模式有关，它支持全双工的数据传输。100Base-FX 特别适合于有电气干扰的环境、较大距离连接或高保密环境等情况下。

- ➤ 100Base-T4：一种可使用 3、4、5 类非屏蔽双绞线或屏蔽双绞线的快速以太网技术。它使用 4 对双绞线，3 对用于传送数据，1 对用于检测冲突信号。在传输中使用 8B/6T 编码方式，信号频率为 25MHz，符合 EIA-586 结构化布线标准。它使用与 10Base-T 相同的 RJ-45 连接器，最大网段长度为 100m。

(三) 高速以太网技术

千兆位以太网是一种新型高速局域网，可以提供 1Gb/s 的通信带宽，采用和传统 10/100Mb/s 以太网同样的 CSMA/CD 协议、帧格式和帧长，因此可以实现在原有低速以太网基础上平滑、连续性的网络升级，从而能最大限度地保护用户以前的投资。以太网技术是当今应用最为广泛的网络技术。然而随着网络通信流量的不断增加，传统 10Mb/s 以太网在 C/S 计算环境中已很不适应。

从目前的发展看，最合适的解决方案是千兆以太网。千兆以太网可以为园区网络提供 1Gb/s 的通信带宽，而且具有以太网的简易性，以及和其他类似速率的通信技术相比具有价格低廉的特点。千兆以太网在当前以太网基础之上平滑过渡，综合平衡了现有的端点工作站、管理工具和培训基础等各种因素，如图 4-14 所示。千兆以太网采用同样的 CSMA/CD 协议、帧格式和帧长。对于广大的网络用户来说，这就意味着现有的投资可以在合理的初始开销上延续到千兆以太网，不需要对技术支持人员和用户进行重新培训，不需要做另外的协议和中间件的投资，使用户的总体开销较低。

新世纪高职高专规划教材

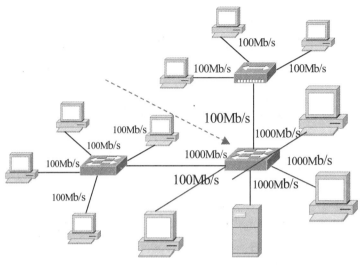

图 4-14 快速以太网向千兆以太网迁移

任务五　组建小型局域网的硬件

组建局域网包括以下硬件：网络服务器；网络工作站；网络适配器，也称网络接口卡或网卡；通信线路，即"传输介质"，主要是电缆或双绞线，还有不常用的光纤。我们把这些硬件连接起来，再安装上专门用来支持网络动作的软件，包括系统软件和应用软件，那么一个能够满足工作或生活需求的局域网也就形成了。

一般意义上的网络服务器是指文件服务器。文件服务器是网络中最重要的硬件设备，其中装有 NOS(网络操作系统)、系统管理工具和各种应用程序等，是组建一个客户机/服务器局域网所必需的基本配置。对于对等网，每台计算机既是服务器也是工作站。

(一) 网卡

网卡(Network Interface Card，NIC)是计算机等设备接入网络的必要设备，是用户使用网络的硬件接口与低层接口，是将介质与网络设备连接在一起的硬件设备。主要任务是实现网络的物理层与数据链路层协议，是数据通信的基础设备。

网卡包括硬件和固件程序(只读存储器中的软件例程)。硬件有网卡的控制芯片、晶体振荡器、BOOTROM 插槽、启动芯片、EPROM、内接式转换器、RJ-45 或 BNC 接头、信号指示灯等。固件程序实现逻辑链路控制和媒体访问控制的功能，还记录唯一的硬件地址，即MAC 地址，网卡上一般设有缓存。

网卡根据频宽分为 10Mb/s、100Mb/s 和 1000Mb/s 三种频宽，目前常见的 3 种架构有10Base-T、100Base-TX 与 10Base-2，前两者是以双绞线为传输媒介，频宽分别有 10Mb/s 和100Mb/s。网卡根据接口类型分为 ISA 接口、PCI 接口、USB 接口和笔记本电脑专用的 Pcmcia接口。网卡根据全双工/半双工分为半双工(Half Duplex)和全双工(Full Duplex)。半双工网卡无法同一时间内完成接收与传送数据的动作，如 10Base-2 使用细同轴电缆的网络架构就是半双工网络，同一时间内只能进行传送或接收数据工作，效率较低。使用全双工的网络就必须使用双绞线作为传输线才能达到，并且也要搭配使用全双工的集线器，使用 10Base-T 或 100Base-TX 的网络架构，网卡当然也要是全双工的产品。网卡根据网络物理缆线接头分为 RJ-45 与 BNC 两种，有的网卡同时具有两种接头，可适用于两种网络线，但无法两个接头同时使用。另外还有光纤接口的网卡，通常带宽在 1000Mb/s。

在选择网卡时，必须了解网卡的芯片、网卡的材质和制作工艺，以及网卡的主要性能指标等，才能选择一款性价比高、经济、实惠的网卡。

(二) 通信介质

通信介质(传输介质)即网络通信的线路，有双绞线、同轴电缆和光纤 3 种缆线，还有无线电波。

1．双绞线连线制作

在动手制作双绞线跳线时，应该准备好双绞线和 RJ-45 接头。

在将双绞线剪断前一定要计算好所需的长度。如果剪断后线比实际长度还短，将不能再接长。RJ-45 接头即水晶头，每条网线的两端各需要一个水晶头。水晶头质量的优劣不仅是网线能够制作成功的关键之一，也在很大程度上影响着网络的传输速率，推荐选择 AMP 水晶头。假的水晶头的铜片容易生锈，对网络传输速率影响特别大。

制作过程可简单归纳为"剥""理""查""压" 4 个字，具体方法如下：

(1) 准备好 5 类双绞线、RJ-45 接头和一把专用的压线钳，如图 4-15 所示。

图 4-15　步骤 1

(2) 用压线钳的剥线刀口将 5 类双绞线的外保护套管划开(小心不要将里面的双绞线的绝缘层划破)，刀口距 5 类双绞线的端头至少 2cm，如图 4-16 所示。

图 4-16　步骤 2

(3) 将划开的外保护套管剥去(旋转、向外抽)，如图 4-17 所示。

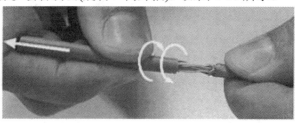

图 4-17　步骤 3

(4) 露出 5 类线电缆中的 4 对双绞线，如图 4-18 所示。

图 4-18　步骤 4

(5) 按照 EIA/TIA-568B 标准(橙白、橙、绿白、蓝、蓝白、绿、棕白、棕)和导线颜色，将导线按规定的序号排好，如图 4-19 所示。

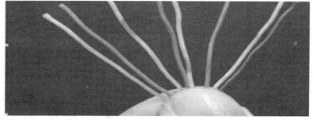

图 4-19　步骤 5

(6) 将 8 根导线平坦整齐地平行排列，导线间不留空隙，如图 4-20 所示。

(7) 准备用压线钳的剪线刀口将 8 根导线剪断，如图 4-21 所示。

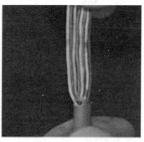

图 4-20　步骤 6

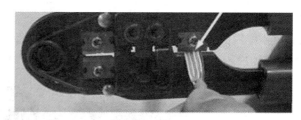

图 4-21　步骤 7

(8) 剪断电缆线。注意，一定要剪得很整齐。剥开的导线长度不可太短，可以先留长一些。不要剥开每根导线的绝缘外层，如图 4-22 所示。

(9) 将剪断的电缆线放入 RJ-45 接头试试长短(要插到底)，电缆线的外保护层最后应能够在 RJ-45 接头内的凹陷处被压实。反复进行调整，如图 4-23 所示。

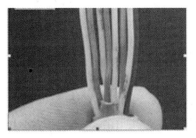

图 4-22　步骤 8

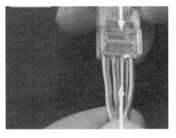
图 4-23　步骤 9

(10) 在确认一切都正确后(特别要注意不要将导线的顺序排列反了)，将 RJ-45 接头放入压线钳的压头槽内，准备最后的压实，如图 4-24 所示。

图 4-24　步骤 10

(11) 双手紧握压线钳的手柄，用力压紧，如图 4-25 所示。注意，在这一步骤完成后，插头的 8 个针脚接触点就穿过导线的绝缘外层，分别和 8 根导线紧紧地压接在一起。

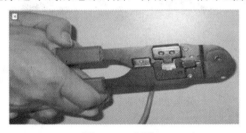
图 4-25　步骤 11

(12) 完成后如图 4-26 所示。

图 4-26　步骤 12

现在已经完成了线缆一端水晶头的制作，然后按照上面介绍的方法制作另一端的水晶头。

2．双绞线连线制作工艺要求

双绞线连接的标准有 T568A 和 T568B，8 根线要根据标准插入到插头中。T568A/T568B 二者没有本质的区别，只是颜色上的区别，本质的问题是要保证：

➢　1、2 线对是一个绕对。

> ➢ 3、6 线对是一个绕对。

> ➢ 4、5 线对是一个绕对。

> ➢ 7、8 线对是一个绕对。

注意，不要在电缆一端用 T568A，另一端用 T568B。T568A/T568B 的混用是跨接线的特殊接线方法，工程中使用比较多的是 T568B 接线方法。在 10Base-T 或 100Base-TX 网络中常用的是非屏蔽 5 类和超 5 类双绞线。

3．双绞线连线制作测试

制作完成双绞线后，下一步需要检测它的连通性，以确定是否有连接故障。通常使用电缆测试仪进行检测。建议使用专门的测试工具(如 Fluke DSP 4000 等)进行测试；也可以购买网线测试仪，如常用的上海三北的"能手"网络电缆测试仪。测试时将双绞线两端的水晶头分别插入主测试仪和远程测试端的 RJ-45 端口，将开关开至 ON(S 为慢速档)，主机指示灯从 1 至 8 逐个顺序闪亮，如图 4-27 所示。

图 4-27　测试仪和远程测试

若连接不正常，按下述情况显示：

(1) 当有一根导线断路，则主测试仪和远程测试端对应线号的灯都不亮。

(2) 当有几条导线断路，则几条线相对应的灯都不亮；当导线少于 2 根线联通时，灯都不亮。

(3) 当两头网线乱序，则与主测试仪连通的远程测试端对应线号的灯亮。

(4) 当导线有 2 根短路时，则主测试器显示不变，而远程测试端显示短路的两根线灯都亮。若有 3 根以上(含 3 根)线短路时，则所有短路的几条线对应的灯都不亮。

(5) 如果出现红灯或黄灯，就说明存在接触不良等现象，此时最好先用压线钳压制两端水晶头一次，再测；如果故障依旧存在，就得检查一下芯线的排列顺序是否正确。如果芯线顺序错误，那么就应重新进行制作。

4. 双绞线连线制作使用

➢ Straight-Through Cable(直通线)：直通线应用在 PC 与交换机、集线器、路由器的连接中。双绞线线缆的两端使用同一种标准，即同时采用 T568B 标准。在 10/100Mb/s 以太网中 8 芯只使用 4 芯，在 1000Mb/s 以太网中 8 芯全部使用。

➢ Crossover Cable(交叉线)：交叉线用于 PC 与 PC、路由器与路由器、交换机与交换机、交换机与集线器、集线器与集线器之间的线路连接中。双绞线在制作时一端采用 T568B 标准，另一端采用 T568A 标准。

➢ Rollover Cable(反转线)：反转线应用于连接工作站和 Cisco 网络设备 Console(控制口)，以此对网络设备进行配置。反转线线缆长度一般为 3～7.5m。反转线两端用 RJ-45 连接器连接。使用时，RJ-45 连接器直接插入网络设备的 Console 口，另一端通过 RJ-45-to-DB9 terminal adapter 接入工作站的 COM 口，或者通过 DB25 terminal adapter 接入工作站的并行口。 制作时一端采用 T568B 标准，另一端采用与之完全相反的线序，所以称为反转线。例如，一端采用 T568B 标准线序为白橙、橙、白绿、蓝、白蓝、绿、白棕、棕，那么另一端就为棕、白棕、绿、白蓝、蓝、白绿、橙、白橙。

(三) 集线器

集线器的英文名为 Hub，主要功能是对接收到的信号进行再生整形放大，以扩大网络的传输距离，同时把所有节点集中在以它为中心的节点上。集线器工作于 OSI(开放式系统互连)参考模型的第一层，即"物理层"。集线器与网卡、网线等传输介质一样，属于局域网中的基础设备，采用 CSMA/CD 访问方式。

1. 集线器的特点

(1) 共享带宽

集线器的带宽是指它通信时能够达到的最大速度。10Mb/s 带宽的集线器的传输速度最大为 10Mb/s，即使与它连接的计算机使用的是 100Mb/s 网卡，在传输数据时速度仍然只有 10Mb/s。10/100Mb/s 自适应集线器能够根据与端口相连的网卡速度自动调整带宽，当与 10Mb/s 的网卡相连时，其带宽为 10Mb/s；与 100Mb/s 的网卡相连时，其带宽为 100Mb/s，因此这种集线器也称"双速集线器"。

集线器是一种"共享"设备，集线器本身不能识别目的地址，当同一局域网内的 A 主机给 B 主机传输数据时，数据包在以集线器为架构的网络上是以广播方式传输的，由每一台终端通过验证数据包头的地址信息来确定是否接收。

由于集线器在一个时钟周期中只能传输一组信息，如果一台集线器连接的机器数目较多，并且多台机器经常需要同时通信时，将导致集线器的工作效率很差，如发生信息堵塞、碰撞等。

可见，集线器上每个端口的真实速度除了与集线器的带宽有关外，与同时工作的设备数量也有关。比如说一个带宽为 10Mb/s 的集线器上连接了 8 台计算机，当这 8 台计算机同时工作时，则每台计算机真正所拥有的带宽是 10/8=1.25(Mb/s)。

(2) 半双工

半双工传送方式的设备，当其中一台设备在发送数据时，另一台只能接收，而不能同时将自己的数据发送出去。

由于集线器采取的是"广播"传输信息的方式，因此集线器传送数据时只能工作在半双工状态下，比如说计算机 1 与计算机 8 需要相互传送一些数据，当计算机 1 在发送数据时，计算机 8 只能接收计算机 1 发过来的数据，只有等计算机 1 停止发送并做好了接收准备，它才能将自己的信息发送给计算机 1 或其他计算机。

2. 集线器的分类

从局域网角度来区分，集线器可分为 5 种不同类型：

(1) 单中继网段集线器。它是最简单的集线器，是一类用于最简单的中继式 LAN 网段的集线器，与堆叠式以太网集线器或令牌环网多站访问部件(MAU)等类似。

(2) 多网段集线器。从单中继网段集线器直接派生而来，采用集线器背板，这种集线器带有多个中继网段。其主要优点是可以将用户分布于多个中继网段上，以减少每个网段的信息流量负载，网段之间的信息流量一般要求独立的网桥或路由器。

(3) 端口交换式集线器。该集线器是在多网段集线器基础上将用户端口和多个背板网段之间的连接过程自动化，并通过增加端口交换矩阵(PSM)来实现的。PSM 可提供一种自动工具，用于将任何外来用户端口连接到集线器背板上的任何中继网段上。端口交换式集线器的主要优点是，可实现移动、增加和修改的自动化特点。

(4) 网络互连集线器。端口交换式集线器注重端口交换，而网络互连集线器在背板的多个网段之间可提供一些类型的集成连接，该功能通过一台综合网桥、路由器或 LAN 交换机来完成。目前，这类集线器通常都采用机箱形式。

(5) 交换式集线器。目前，集线器和交换机之间的界限已变得模糊。交换式集线器有一个核心交换式背板，采用一个纯粹的交换系统代替传统的共享介质中继网段。此类产品已经上市，并且混合的(中继/交换)集线器很可能在以后几年控制这一市场。应该指出，这类集线器和交换机之间的特性几乎没有区别。

3. 集线器的选择

目前，集线器主要应用于一些中小型网络或大中型网络的边缘部分。集线器的选择，主要决定于以下 3 个因素：

(1) 上连设备带宽。如果上连设备允许传输 100Mb/s，自然可购买 100Mb/s 集线器；否则 10Mb/s 集线器应是理想选择，尤其是对于网络连接设备数较少，而且通信流量不是很大的网络来说，10Mb/s 集线器就可以满足应用需要。

(2) 提供的连接端口数。由于连接在集线器上的所有站点均争用同一个上行总线，所以连接的端口数目越多，就越容易造成冲突。同时，发往集线器任一端口的数据将被发送至与集线器相连的所有端口上，端口数过多将降低设备有效利用率。依据实践经验，一个 10Mb/s 集线器所管理的计算机数不宜超过 15 个，100Mb/s 的不宜超过 25 个。如果超过，应使用交换机来代替集线器。

(3) 应用需求。传输的内容不涉及语音、图像，传输量相对较小时，选择 10Mb/s 即可。如果传输量较大，且有可能涉及多媒体应用(注意集线器不适于用来传输时间敏感性信号，如语音信号)时，应当选择 100Mb/s 或 10/100Mb/s 自适应集线器。10/100Mb/s 自适应集线器的价格一般要比 100Mb/s 集线器的价格高。

任务六 组建局域网的相关技术

(一) 交换机技术

1. 端口交换

端口交换技术最早出现在插槽式的集线器中，这类集线器的背板通常划分有多条以太网段(每条网段为一个广播域)，不用网桥或路由器连接，网络之间是互不相通的。以太网模块插入后通常被分配到某个背板的网段上，端口交换用于将以太网模块的端口在背板的多个网段之间进行分配、平衡。根据支持的程度，端口交换还可进行如下细分。

➢ 模块交换：将整个模块进行网段迁移。

➢ 端口组交换：通常模块上的端口被划分为若干组，每组端口允许进行网段迁移。

➢ 端口级交换：支持每个端口在不同网段之间进行迁移。这种交换技术是基于 OSI 第一层上完成的，具有灵活性和负载平衡能力等优点。如果配置得当，那么还可以在一定程度进行容错，但没有改变共享传输介质的特点，因而未能称为真正的交换。

2. 帧交换

帧交换是目前应用最广的局域网交换技术，它通过对传统传输媒介进行微分段，提供并行传送的机制，以减小冲突域，获得高的带宽。一般来讲，每个公司的产品的实现技术均会有差异，但对网络帧的处理方式一般有以下几种。

➢ 直通交换：提供快速处理能力，交换机只读出网络帧的前 14 字节，便将网络帧传送到相应的端口上。

➢ 存储转发：通过对网络帧的读取进行检错和控制。

前一种方法的交换速度非常快，但缺乏对网络帧进行更高级的控制，以及智能性和安全性，同时也无法支持具有不同速率的端口交换。因此，各厂商把后一种技术作为重点。

有的厂商甚至对网络帧进行分解，将帧分解成固定大小的信元，该信元处理极易用硬件

新世纪高职高专规划教材

实现，处理速度快，同时能够完成高级控制功能(如美国 MADGE 公司的 LET 集线器)，如优先级控制。

3. 信元交换

ATM 技术代表了网络和通信技术发展的未来方向，也是解决目前网络通信中众多难题的一剂"良药"。ATM 采用固定长度 53 字节的信元交换，由于长度固定，因而便于用硬件实现。ATM 采用专用的非差别连接，并行运行，可以通过一个交换机同时建立多个节点，但并不会影响每个节点之间的通信能力。ATM 还容许在源节点和目标节点建立多个虚拟链接，以保障足够的带宽和容错能力。ATM 采用了统计时分电路进行复用，因而能大大提高通道的利用率。ATM 的带宽可以达到 25Mb/s、155Mb/s、622Mb/s 甚至数 Gb/s 的传输能力。

(二) 路由技术

路由技术主要是指路由选择算法、因特网的路由选择协议的特点及分类。其中，路由选择算法可以分为静态路由选择算法和动态路由选择算法。因特网的路由选择协议的特点是：属于自适应的选择协议(即动态的)；是分布式路由选择协议；采用分层次的路由选择协议，即分自治系统内部和自治系统外部路由选择协议。因特网的路由选择协议划分为两大类：内部网关协议(IGP，具体的协议有 RIP 和 OSPF 等)和外部网关协议(EGP，目前使用最多的是 BGP)。

动态路由是指路由协议可以自动根据实际情况生成的路由表的方法。动态路由的主要优点是：如果存在到目的站点的多条路径，运行了路由选择协议(如 RIP 或 IGRP)之后，而正在进行数据传输的一条路径发生了中断的情况下，路由器可以自动地选择另外一条路径传输数据，这对于建立一个大型的网络是一个优点，如图 4-28 所示。

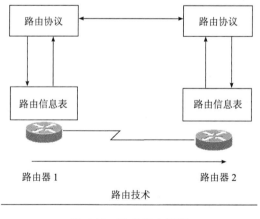

图 4-28　动态路由原理

(三) IP 地址管理

ICANN(互联网名称与数字地址分配机构)将部分 IP 地址分配给地区级的互联网注册机构 (Regional Internet Registry，RIR)，RIR 负责该地区的 IP 地址分配，登记注册。通常 RIR

会将地址进一步分配给区内大的本地级互联网注册机构或因特网服务供应商(LIR/ISP)，然后由他们做更进一步的分配。RIR 共有 3 个，分别为 ARIN、RIPE 和 APNIC，如图 4-29 所示。

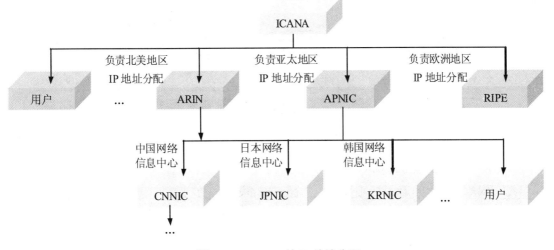

图 4-29 ICANN 的 IP 地址分配

> ARIN 主要负责北美地区 IP 地址的分配管理。
> RIPE 主要负责欧洲地区 IP 地址的分配管理。
> APNIC 主要负责亚太地区 IP 地址的分配管理。

1．IP 地址组成与类别

要分配的 IP 地址必须遵循 TCP/IP 协议规定。传统的 IP 地址是由 32 个二进制位组成的，由于二进制使用起来不方便，常用"点分十进制"方式来表示，即将 IP 地址分为 4 字节，每字节以十进制数 0～255 来表示，各个数之间以圆点来分隔。

IP 地址的格式是一共 4 段(4 字节，每字节占 8 位，共 32 位二进制数)、中间用小数点隔开。例如，218.91.234.210。

点分十进制就是把每字节二进制数值转换成十进制数，然后有点号将它们隔开。例如，11000000. 10101000.00000001.00000110 对应的十进制数为 192.168.1.6。

2．IP 地址的分类

为了区别不同的网络及网络中每台计算机的标识，IP 地址可以分为两部分：网络标识 NetID 和主机标识 HostID。

为了适应不同的网络规模，人们将 IP 地址划分为 A、B、C、D、E 五大类。划分的依据就是根据网络号和主机号所占分段数目的不同，如图 4-30 所示。

> A 类地址：第一段为网络号，其余段为主机号，适用于大型网络、网络数少、主机数很多的情况。
> B 类地址：前两段为网络号，后两段为主机号，适用于中型网络、网络数目中等、主机数目中等的情况。

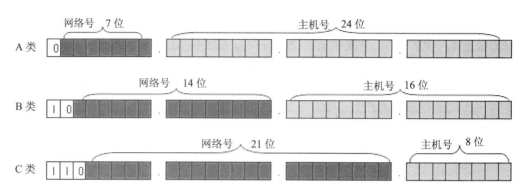

图 4-30 IP 地址分类

> C 类地址：前三段为网络号，最后一段为主机号，适用于小型网络、网络数量较多、网络中的主机数目较少的情况，如小型企业。

> D 类地址：组播地址。

> E 类地址：保留地址，准备留作今后使用。

各类 IP 地址对应的第一字节表示的十进制数的范围如表 4-2 所示。

表 4-2　各类 IP 地址对应十进制数的范围

IP 地址类型	第一字节表示的十进制数的范围
A 类	1～126
B 类	128～191
C 类	192～223
D 类	224～239
E 类	240～255

3. 子网与子网掩码

(1) 子网

一个网络上的所有主机都必须有相同的网络 ID，这是识别网络主机属于哪个网络的根本方法。但是当网络增大时，这种 IP 地址特性会引发问题。解决这个问题的办法是将规模较大的网络内部划分成多个部分，对外像一个单独网络一样动作，这在因特网上称为子网(Subnet)。

对于网络外部来说，子网是不可见的，因此分配一个新子网不必与 NIC 联系或改变程序外部数据库。比如第一个子网可能使用以 130.107.16.1 开始的 IP 地址，第二个子网可能使用 130.107.16.200 开始的 IP 地址，以此类推。

(2) 子网掩码

子网掩码(Subnet Mask)是可以从 IP 地址中识别出网络 ID 的二进制数，它能区分 IP 地址中的网络号与主机号。当 TCP/IP 网络上的主机相互通信时，就可利用子网掩码得知这些主机是否在相同的网络区段内。子网掩码的另一个用途就是可将网络分割为多个以 IP 路由器(IP Router)连接的子网。子网的划分是通过路由器来实现的。

例如，假设有 4 个分布于各地的局域网络，每个网络都各有约 15 台主机，而只向 NIC 申请了一个 C 类网络号，其为 203.66.77。正常情况下，C 类的子网掩码应该设为 255.255.255.0，但此时所有的计算机必须在同一个网络区段内，可是现在网络却是分布于 4 个地区，而只申请了一个网络号，该怎么办呢？

解决办法就是在子网掩码上动脑筋，假设此时将子网掩码设为 255.255.255.224。注意，最后 1 字节为 224，不是 0。224 的二进制值为 11100000，它用来表示原主机 ID 的最高 3 位是子网掩码，也就是说我们将主机 ID 中最高的 3 位拿来分割子网。

这 3 位共有 000、001、010、011、100、101、110、111 等 8 种组合，扣掉不可使用的 000(代表本身)与 111(代表广播)，还有 6 种组合，也就是它共可提供 6 个子网。

每个子网可提供的 IP 地址是什么呢？IP 地址的前 3 字节当然还是 203.66.77，而第 4 字节则是：

➢ 第一个子网为 00100001 到 00111110，也就是 33 到 62。
➢ 第二个子网为 01000001 到 01011110，也就是 65 到 94。
➢ 第三个子网为 01100001 到 01111110，也就是 97 到 126。
➢ 第四个子网为 10000001 到 10011110，也就是 129 到 158。
➢ 第五个子网为 10100001 到 10111110，也就是 161 到 190。
➢ 第六个子网为 11000001 到 11011110，也就是 193 到 222。

因此各子网提供的 IP 地址为：

➢ 第一个子网为 203.66.77.33 到 203.66.77.62。
➢ 第二个子网为 203.66.77.65 到 203.66.77.94。
➢ 第三个子网为 203.66.77.97 到 203.66.77.126。
➢ 第四个子网为 203.66.77.129 到 203.66.77.158。
➢ 第五个子网为 203.66.77.161 到 203.66.77.190。
➢ 第六个子网为 203.66.77.193 到 203.66.77.222。

每个子网都可各支持 30 台主机，足以应付 4 个子网各 15 台主机的需求。由这 6 个子网的 IP 地址可以发现，经过分割后，有一些 IP 地址就无法使用了，例如第一、二子网之间的 203.66.77.63 与 203.66.77.64 这两个地址。

4．域名系统

域名系统(Domain Name System，DNS)是因特网的一项核心服务，它作为可以将域名和 IP 地址相互映射的一个分布式数据库，能够使人更方便地访问互联网，而不用去记住能够被机器直接读取的 IP 数串。

跟我们一般人的姓名不同，域名和 IP 一样，每个域名必须对应一组 IP，而且是独一无二的，同样，域名也不可重复。

域名系统采用树型层次结构，按地理区域或机构区域进行分层。在书写时，采用圆点"."将各个层次域隔开。

域名的格式为：三级域名.二级域名.顶级域名。

最左边的一个字段为主机名。每一级域名由英文字母或阿拉伯数字组成，长度不超过 63

新世纪高职高专规划教材

个字符，字母不区分大小写。一个完整的域名的总字数不得超过 255 个字符。

5．Web 服务

Web 服务(Web Service)是基于XML和HTTPS的一种服务，其通信协议主要基于SOAP，服务的描述通过WSDL，通过UDDI来发现和获得服务的元数据。

Web 服务是一种新的重要的应用程序。Web 服务是一段可以用 XML 发现、描述和访问的代码。在这一领域有许多活动，但有 3 种主要的用于 Web 服务的 XML 标准。

➢ SOAP：简单对象访问协议(Simple Object Access Protocol)。SOAP 定义一个 XML 文档格式，该格式描述如何调用一段远程代码的方法。应用程序创建一个描述希望调用的方法的 XML 文档，并传递给它所有必需的参数，然后应用程序通过网络将该 XML 文档发送给那段代码。代码接收 XML 文档，解释它，调用请求的方法，然后发回一个描述结果的 XML 文档。SOAP 规范版本 1.1 位于 w3.org/TR/SOAP/。可访问 w3.org/TR/以了解 W3C 中 SOAP 相关的所有活动。

➢ WSDL：Web 服务描述语言(Web Services Description Language)。它是一个描述 Web 服务的 XML 词汇表。编写一段接收 WSDL 文档然后调用其以前从未用过的 Web 服务的代码，这是可能的。WSDL 文件中的信息定义 Web 服务的名称、它的方法的名称、这些方法的参数和其他详细信息。可以在 w3.org/TR/wsdl(结尾没有斜杠符号)找到最新的 WSDL 规范。

➢ UDDI：统一描述、发现和集成(Universal Description，Discovery and Integration)。该协议向 Web 服务注册中心定义 SOAP 接口。如果有一段代码希望作为 Web 服务部署，UDDI 规范定义如何将服务描述添加至注册中心；如果寻找一段提供某种功能的代码，UDDI 规范定义如何查询注册中心以找到需要的信息。有关 UDDI 的所有资料来源都可以在 uddi.org 上找到。

6．FTP 服务

FTP(File Transfer Protocol)是文件传输协议的简称。

FTP 的主要作用是让用户连接一个远程计算机(这些计算机上运行着 FTP 服务器程序)查看其有哪些文件，然后把文件从远程计算机上复制到本地计算机，或把本地计算机的文件传送到远程计算机去。

FTP 的工作原理是：当启动 FTP 从远程计算机复制文件时，事实上启动了两个程序——一个本地机上的 FTP 客户程序，它向 FTP 服务器提出复制文件的请求；另一个是启动在远程计算机上的 FTP 服务器程序，它响应请求把指定的文件传送到计算机中。FTP 采用"客户机/服务器"方式，用户端在自己的本地计算机上安装 FTP 客户程序。FTP 客户程序有字符界面和图形界面两种：字符界面的 FTP 的命令复杂、繁多；图形界面的 FTP 客户程序，操作上要简洁方便得多。

（四） 新一代网际协议 IPv6

1. 概述

目前的全球因特网所采用的协议族是 TCP/IP 协议族。IP 是 TCP/IP 协议族中网络层的协议，是 TCP/IP 协议族的核心协议。目前 IP 协议的版本号是 4(简称为 IPv4)，它的下一个版本就是 IPv6。IPv6 正处在不断发展和完善的过程中，它将逐步取代目前被广泛使用的 IPv4。IPv6 是 Internet Protocol Version 6 的缩写，其中 Internet Protocol 译为"互联网协议"。IPv6 是 IETF(Internet Engineering Task Force，互联网工程任务组)设计的用于替代现行版本 IP 协议 (IPv4)的下一代 IP 协议。

2.IPv6 地址

(1) IPv6 地址格式

IPv6 地址大小是 128 位元。IPv6 地址表示法为 x:x:x:x:x:x:x:x，其中每一个 x 都是十六进位值，共 8 个 16 位元地址片段。

(2) IPv6 地址分类

IPv6 地址可分为 3 种：

➤ 单播地址。单播地址标示一个网络接口，协议会把送往地址的分组投送给其接口。IPv6 的单播地址可以有一个代表特殊地址名字的范畴，如 link-local 地址和唯一区域地址(unique local address，ULA)。

➤ 任播地址。任播地址用于指定给一群接口，通常这些接口属于不同的节点。若分组被送到一个任播地址时，则会被转送到成员中的其中之一。通常会根据路由协议，选择"最近"的成员。任播地址通常无法轻易分别：它们拥有和正常单播地址一样的结构，只是会在路由协议中将多个节点加入网络中。

➤ 多播地址。多播地址也被指定到一群不同的接口，送到多播地址的分组会被传送到所有的地址。

(3) IPv6 地址分配

如果用户需要 IPv4 网络地址，通常必须和 ISP 协商方案，ISP 将按照 CIDR 类型地址集聚来分配地址块。IPv4 网络地址最终由 Internet 分配号码授权机构(IANA)来控制。但是，如果用户需要 IPv6 地址，事情就不是这样简单。正如在 RFC 1881(IPv6 地址分配管理)中的定义，IANA 将 IPv6 地址空间块指派给区域或其他类型的登记机构，这些机构再将较小块地址空间分配给网络供应商或其他子机构，然后子机构依次将地址分配给请求 IPv6 地址的商业公司、机构或个人。

3. IPv6 协议基本格式

IPv6 报文格式从简单性来看，比 IPv4 较简单，而且 IPv6 的基本头部的长度是固定的。相较于 IPv4，IPv6 去掉了一些头部，把这些头部全部弄到了后面的扩展头部中。IPv6 的报文格式如下：

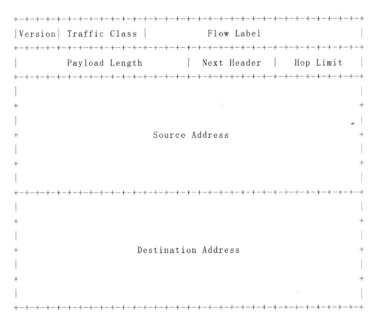

```
+-+-+-+-+-+-+-+-+-+-+-+-+-+-+-+-+-+-+-+-+-+-+-+-+-+-+-+-+-+-+-+-+
|Version| Traffic Class |              Flow Label              |
+-+-+-+-+-+-+-+-+-+-+-+-+-+-+-+-+-+-+-+-+-+-+-+-+-+-+-+-+-+-+-+-+
|          Payload Length        |  Next Header  |  Hop Limit  |
+-+-+-+-+-+-+-+-+-+-+-+-+-+-+-+-+-+-+-+-+-+-+-+-+-+-+-+-+-+-+-+-+
|                                                              |
+                                                              +
|                                                              |
+                                                              +
|                        Source Address                        +
+                                                              +
|                                                              |
+                                                              +
|                                                              |
+-+-+-+-+-+-+-+-+-+-+-+-+-+-+-+-+-+-+-+-+-+-+-+-+-+-+-+-+-+-+-+-+
|                                                              |
+                                                              +
|                                                              |
+                                                              +
|                     Destination Address                      +
+                                                              +
|                                                              |
+                                                              +
|                                                              |
+-+-+-+-+-+-+-+-+-+-+-+-+-+-+-+-+-+-+-+-+-+-+-+-+-+-+-+-+-+-+-+-+
```

4. IPv6 扩展首部

(1) IPv6 扩展首部概述

位于 IPv6 首部和上层协议首部之间的扩展首部被用来在数据包中携带一些与 IP 层相关的信息。IPv6 数据包可以有 0 个、1 个或多个扩展首部。IPv6 首部和扩展首部中的下一个首部字段用来指明当前首部后面是哪个扩展首部或上层协议首部。

(2) IPv6 扩展首部举例

下面是几个扩展首部的例子：

```
+----------------------+--------------------------------------
| ipv6 header | tcp header + data
| |
| next header = tcp |
| |
+----------------------+--------------------------------------
+----------------------+----------------------+---------------
-----
| ipv6 header | routing header | tcp header + data
| | |
| next header = | next header = tcp |
| routing | |
| | |
+----------------------+----------------------+---------------
--------
```

一般情况下(hop-by-hop 选项首部例外)，扩展首部在数据包的传递过程中，中间的任何节点不会检测和处理，一直到这个 IPv6 首部中目的地址所标识的那个节点。

特例：hop-by-hop 选项首部，携带了包的传送路径中的每个节点都必须检测和处理的信息，包括源节点和目的节点。如果 hop-by-hop 选项首部存在，就必须紧跟在 IPv6 首部后面。

5. ICMPv6

(1) ICMPv6 报文格式

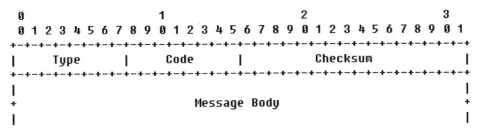

(2) ICMPv6 报文举例

移动 IPv6 规范定义了 4 种新的 ICMPv6 报文。

➢ 动态归属代理地址发现请求(Dynamic Home Agent Address Discovery Request)报文。移动节点有时需要请求其归属网络上最新的归属代理列表,当请求该列表时,移动节点发送动态归属代理地址发现请求报文,这是一种新定义的 ICMPv6 报文。

➢ 动态归属代理地址发现应答(Dynamic Home Agent Address Discovery Reply)报文:用作动态归属代理地址发现请求报文的应答报文。各个归属代理监听其他归属代理发出的路由器广告报文,并在必要时进行更新,以维护其归属网络中的归属代理列表。当归属代理接收到动态归属代理地址发现请求报文时,它就向移动节点回复一个动态归属代理地址发现应答报文,该报文包含最新的归属代理列表。

➢ 移动前缀请求(Mobile Prefix Solicitation)报文:一种新定义的 ICMPv6 报文。当移动节点想要得到归属网络的最新前缀信息时,它就会发送这种报文。在归属地址到期之前要延长其寿命的话,通常就是发送这种报文。

➢ 移动前缀广告(Mobile Prefix Advertisement)报文:一种新定义的 ICMPv6 报文。它用来向移动节点提供归属网络的前缀信息。这种报文用作从移动节点发出的移动前缀请求报文的响应报文。另外,归属代理可能向在它那里注册的所有移动节点发送这种报文,以告知这些移动节点归属网络的更新信息,即使这些节点并未明确请求该信息。

6. Internet 的域名机制

(1) 域名的基本概念

域名(Domain Name),是由一串用点分隔的名字组成的 Internet 上某一台计算机或计算机组的名称,用于在数据传输时标识计算机的电子方位(有时也指地理位置),一个域名地址,就是使用助记符表示的 IP 地址。域名是一个 IP 地址的助记符。一个域名的目的是便于记忆和沟通网络上的服务器的地址(网站、电子邮件、FTP 等)。域名作为通信地址,用来标识互联网参与者的名称,如计算机、网络和服务。

(2) Internet 的域名结构

现在的 Internet 采用了层次树状结构的命名方法。目前顶级域名 TLD(Top Level Domain)有 3 类。

> 国家顶级域名：采用 ISO 3166 规定。如，cn 表示中国，us 表示美国。

> 国际顶级域名：采用 int.国际性的组织可在 int 下注册。

> 通用顶级域名：根据 RFC1591 规定，最早的顶级域名共 6 个：com 公司企业，org 非营利性组织，edu 教育机构，gov 政府部门(美国专用)，mil 军事部门(美国专用)，int 国际组织。

(3) 我国的域名结构

根据《中国互联网络域名注册暂行管理办法》，在中国的国别顶级域名代码下，对应有 6 个二级类别域名代码和 34 个二级行政区域域名代码，前者分别为 ac(科研机构)、com(工、商、金融等企业)、edu(教育机构)、gov(政府部门)、net(互联网、接入网络的信息中心和运营中心)及 org(非营利组织)，后者则分别对应着 34 个省级行政区域单位，如 bj(北京)、sh(上海)、mo(澳门)等。

【思考练习】

(1) 在计算机网络中，主要使用的传输介质是什么？

(2) 常用计算机网络的拓扑结构有几种？

(3) 在选择传输介质时需考虑的主要因素是什么？

(4) 列举出 OSI 参考模型和 TCP/IP 协议的共同点及不同点。

(5) TCP/IP 分为几层？各层的作用是什么？

模块五

网 络 互 连

【学习任务分析】

网络互连是计算机网络通信技术迅速发展的结果，也是计算机网络应用范围不断扩大的自然要求。为了使一个网络上的用户能访问其他网络上的资源，并能使不同网络上用户互相通信、相互交换信息，我们需要很好地了解网络互连相关知识。

网络互连也称为网际互连，它是指两个以上的计算机网络通过一定的方法，用一种或多种通信处理设备互连起来，以构成更大的网络系统，实现更大范围的信息交换和资源共享。网络互连涉及很多知识点，比如网络互连概念、网络互连目的、网络互连分类等。

在现实世界中，单一的网络无法满足用户的多种需求。因此，我们经常使用的计算机网络往往由许多种不同类型的网络互连而成。通常在谈到"互连"时，就已暗示这些通过各种网络互相连接的计算机必须要在物理上是连通并能进行通信。那么，这些网络是通过哪些设备连接起来的呢？

网络互连时，必须解决如下问题：在物理上如何把两种网络连接起来；一种网络如何与另一种网络实现互访与通信；如何解决它们之间协议方面的差别；如何处理速率与带宽的差别；解决这些问题、协调转换机制的部件就是 Modem、中继器，网桥，路由器和网关等，那么如何选择呢？

本模块还将讨论如何将网络互连起来。网络互连旨在将几个物理上独立的网络连接成一个逻辑网络，使这个逻辑网络的行为看起来如同一个单独的物理网络。因此，本模块将着重探讨网络互连的原理、互连方式和互连设备。

【学习任务分解】

本模块中，学习任务有以下几个方面：

➢ 网络互连的基本概念。

➢ 网络形式。

➢ 网络互连的基本原理。

➢ 网络互连设备。

任务一　路由器的简单配置

随着网络的飞速发展，企事业单位接入 Internet 共享资源的方式越来越多。就大多数而言，专线以其性能稳定、扩充性好的优势成为普遍采用的方式。DDN 方式的连接在硬件的需求上是简单的，仅需要一台路由器(Router)、代理服务器(Proxy Server)即可，但在系统的配置上对许多的人员来讲是一个比较棘手的问题。下面以路由器为例介绍其配置方法。

(一) 环境构建

1．硬件设备

(1) 准备路由器 R2624 两台。

(2) 准备 PC 机两台。

(3) 准备两条直连线或双绞线、两条控制线和两条 V.35 线。

2．拓扑结构

路由器配置的拓扑结构如图 5-1 所示。

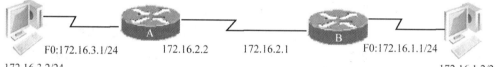

F0:172.16.3.1/24　　　　172.16.2.2　　　　172.16.2.1　　　　F0:172.16.1.1/24

172.16.3.2/24　　　　　　　　　　　　　　　　　　　　　　　172.16.1.2/24

图 5-1　路由器配置拓扑结构

(二) 操作步骤

1．路由器 A 的配置

(1) 配置路由器主机名

```
Red-Giant>enable(注：从用户模式进入特权模式)
Red-Giant#configure terminal(注：从特权模式进入全局配置模式)
Red-Giant(config)#hostname A(注：将主机名配置为 A)
A(config)#
```

(2) 配置路由器远程登录密码

```
A(config)# line vty 0 4 (注：进入路由器 vty0 至 vty4 虚拟终端线路模式)
A(config-line)#login
A(config-line)#password star(注：将路由器远程登录口令设置为 star)
```

(3) 配置路由器特权模式口令

A(config)#enable password star
或
A(config)#enable secret star
(注：将路由器特权模式口令配置为 star)

(4) 为路由器各接口分配 IP 地址

A(config)#interface serial 0
(注：进入路由器 serial 0 的接口配置模式，常见的路由器接口有 fastethernet 0，fastethernet 1，…，fastethernet n 或 serial 0，serial 1，…，serial n)
A(config-if)#ip address 172.16.2.2 255.255.255.0
(注：设置路由器 serial 0 的 IP 地址为 172.16.2.2，对应的子网掩码为 255.255.255.0)
A(config)#interface fastethernet 0
(注：进入路由器 fastethernet 0 的接口配置模式，常见的路由器接口有 fastethernet 0，fastethernet 1，…，fastethernet n 或 serial 0，serial 1，…，serial n)
A(config-if)#ip address 172.16.3.1 255.255.255.0
(注：设置路由器 fastethernet 0 的 IP 地址为 172.16.3.1，对应的子网掩码为 255.255.255.0)

(5) 配置接口时钟频率(DCE)

A(config)#interface serial 0
(注：进入路由器 serial 0 的接口配置模式，常见的路由器接口有 fastethernet 0，fastethernet 1，…，fastethernet n 或 serial 0，serial 1，…，serial n)
R2624(config-if)clock rate 64000
(注：设置接口物理时钟频率为 64kb/s)

2. 路由器 B 的配置

(1) 配置路由器主机名

Red-Giant>enable(注：从用户模式进入特权模式)
Red-Giant#configure terminal(注：从特权模式进入全局配置模式)
Red-Giant(config)#hostname B(注：将主机名配置为 B)
B(config)#

(2) 配置路由器远程登录密码

B(config)# line vty 0 4 (注：进入路由器 vty0 至 vty4 虚拟终端线路模式)
B(config-line)#login
B(config-line)#password star
(注：将路由器远程登录口令设置为 star)

(3) 配置路由器特权模式口令

B(config)#enable password star

新世纪高职高专规划教材

或

B(config)#enable secret star

(注：将路由器特权模式口令配置为 star)

(4) 为路由器各接口分配 IP 地址

B(config)#interface serial 0

(注：进入路由器 serial 0 的接口配置模式，常见的路由器接口有 fastethernet 0， fastethernet 1，…，fastethernet n 或 serial 0，serial 1，…，serial n)

B(config-if)#ip address 172.16.2.1 255.255.255.0

(注：设置路由器 serial 0 的 IP 地址为 172.16.2.1，对应的子网掩码为 255.255.255.0)

A(config)#interface fastethernet 0

(注：进入路由器 fastethernet 0 的接口配置模式，常见的路由器接口有 fastethernet 0, fastethernet 1，…，fastethernet n 或 serial 0，serial 1，…，serial n)

A(config-if)#ip address 172.16.1.1 255.255.255.0

(注：设置路由器 fastethernet 0 的 IP 地址为 172.16.1.1，对应的子网掩码为 255.255.255.0)

验证命令：

show run

show controllers s 0

show int

show ip int brief

ping

telnet

3. 测试结果

(1) 查看路由器端口为 up，up。

(2) 两台路由器互相 ping Serial 口的地址，应该为通。

(3) 两台主机分别 ping 与其直连的路由器的 Fastethernet 口，应为通。

(4) 从与路由器 A 相连的主机可以 telnet 到 A，与路由器 B 相连的主机可以 telnet 到 B。

通过本任务学会了路由器的简单配置，然而涉及网络互连的内容还很多。下面来学习网络互连的有关知识。

任务二 网络互连基础知识

(一) 网络互连的基本概念

(1) 互连(Interconnection)是指网络在物理上的连接，两个网络之间至少有一条在物理上连接的线路，它为两个网络的数据交换提供了物质基础和可能性，但并不能保证两个网络一定能够进行数据交换，这要取决于两个网络的通信协议是不是相互兼容。

新世纪高职高专规划教材

(2) 互联(Internetworking)是指网络在物理和逻辑上(尤其是逻辑上)的连接。

(3) 互通(Intercommunication)是指两个网络之间可以交换数据。

(4) 互操作(Interoperability)是指网络中不同计算机系统之间具有透明地访问对方资源的能力。

(二) 网络形式

网络互连可分为 LAN-LAN、LAN-WAN、 LAN-WAN-LAN、WAN-WAN 四种类型。

(1) LAN-LAN。LAN 互连又分为同种 LAN 互连和异种 LAN 互连。常用设备有中继器和网桥。LAN 互连如图 5-2 所示。

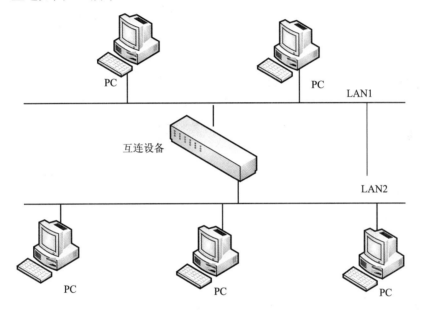

图 5-2　LAN-LAN

(2) LAN-WAN。用来连接的设备是路由器或网关，如图 5-3 所示。

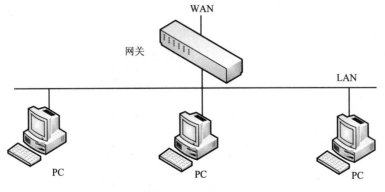

图 5-3　LAN-WAN

(3) LAN-WAN-LAN。这是将两个分布在不同地理位置的 LAN 通过 WAN 实现互连，连

新世纪高职高专规划教材

接设备主要有路由器和网关，如图 5-4 所示。

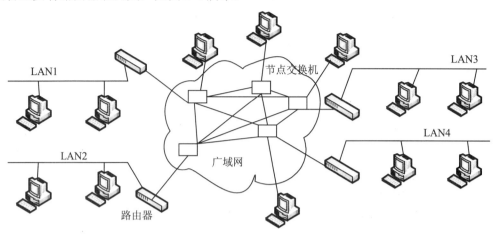

图 5-4　LAN-WAN-LAN

(4) WAN-WAN。通过路由器和网关将两个或多个广域网互连起来，可以使分别连入各个广域网的主机资源能够实现共享，如图 5-5 所示。

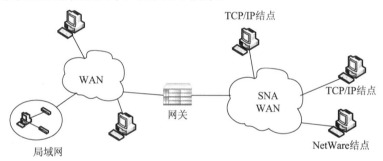

图 5-5　WAN-WAN

(三) 网络互连的基本原理

OSI 七层协议参考模型是网络互连的基本原理。

不同目的的网络互连可以在不同的网络分层中实现。由于网络间存在不同的差异，也就需要用不同的网络互连设备将各个网络连接起来。根据网络互连设备工作的层次及其所支持的协议，可以将网间设备分为中继器、网桥、路由器和网关，如图 5-6 所示。

应用层	—— 网　关 ——	应用层
表示层		表示层
会话层		会话层
传输层		传输层
网络层	—— 路由器 ——	网络层
数据链路层	—— 网　桥 ——	数据链路层
物理层	—— 中继器 ——	物理层

图 5-6　网络互连设备所处的层次

1. 物理层

物理层用于不同地理范围内网段的互连。通过互连，在不同的通信媒体中传送比特流，要求连接的各网络的数据传输速率和链路协议必须相同。

工作在物理层的网间设备主要是中继器，用于扩展网络传输的长度，实现两个相同的局域网段间的电气连接。它仅仅是将比特流从一个物理网段复制到另一个物理网段，而与网络所采用的网络协议(如 TCP/IP、IPX/SPX、NetBIOS 等)无关。物理层的互连协议最简单，互连标准主要由 EIA、ITU-T、IEEE 等机构制定。

2. 数据链路层

数据链路层用于互连两个或多个同一类型的局域网，传输帧。

工作在数据链路层的网间设备主要是桥接器(或桥)。桥可以连接两个或多个网段，如果信息不是发向桥所连接的网段，则桥可以过滤掉，避免了网络的瓶颈。局域网的连接实际上是 MAC 子层的互连，MAC 桥的标准由 IEEE 802 的各个分委员会开发。

3. 网络层

网络层主要用于广域网的互连中。网络层互连解决路由选择、阻塞控制、差错处理、分段等问题。

工作在网络层的网间设备主要是路由器。路由器提供各种网络间的网络层接口。路由器是主动的、智能的网络节点，它们参与网络管理，提供网间数据的路由选择，并对网络的资源进行动态控制等。路由器依赖于协议，它必须对某一种协议提供支持，如 IP、IPX 等。路由器及路由协议种类繁多，其标准主要由 ANSI 任务组 X3S3.3 和 ISO/IEC 工作组 TC1/SC6/WG2 制定。

4. 高层

高层用于在高层之间进行不同协议的转换，它也最为复杂。

工作在第三层以上的网间设备称为网关，它的作用是连接两个或多个不同的网络，使之能相互通信。这种"不同"常常是物理网络和高层协议都不一样，网关必须提供不同网络间协议的相互转换。最常见的是将某一特定种类的局域网或广域网与某个专用的网络体系结构相互连接起来。

任务三　网络互连设备

网络互连的核心是网络之间的硬件连接和网间互连的协议。网络的物理连接是通过网络互连设备和传输线路实现的，所以网络互连设备是极为重要的，它直接影响互联网的性能。网络互连设备主要有工作在物理层的中继器(Repeater)、工作在数据链路层的网桥(Bridge)和第二层交换机、工作在网络层的路由器(Router)和工作在常规层以上的网关(Gateway)。现在常用的还有第二层、第三层交换机。

新世纪高职高专规划教材

(一) 交换机

1. 交换机的特点

(1) 交换机作为网络设备和网络终端之间的纽带,是组建各种类型局域网都不可或缺的最为重要的设备。

(2) 交换机还最终决定着网络的传输速率、网络的稳定性、网络的安全性以及网络的可用性。

(3) 交换机工作于 OSI 参考模型的数据链路层。

2. 交换机和集线器的区别

从 OSI 体系结构来看,集线器属于 OSI 的第一层物理层设备,而交换机属于 OSI 的第二层数据链路层设备。这就意味着集线器只是对数据的传输起到同步、放大和整形的作用,对数据传输中的短帧、碎片等无法有效处理,不能保证数据传输的完整性和正确性。交换机不但可以对数据的传输做到同步、放大和整形,而且可以过滤短帧、碎片等。

从工作方式来看,集线器是一种广播模式,也就是说集线器的某个端口工作的时候其他所有端口都可以收听到信息,容易产生广播风暴。当网络较大的时候网络性能会受到很大的影响,那么用什么方法避免这种现象的发生呢?交换机就能够起到这种作用,当交换机工作的时候,只有发出请求的端口和目的端口之间相互响应而不影响其他端口,那么交换机就能够隔离冲突域和有效地抑制广播风暴的产生。

从带宽来看,集线器不管有多少个端口,所有端口都共享一条带宽,在同一时刻只能有两个端口传送数据,其他端口只能等待;同时集线器只能工作在半双工模式下。对于交换机而言,每个端口都有一条独占的带宽,当两个端口工作时并不影响其他端口的工作,同时,交换机不但可以工作在半双工模式下也可以工作在全双工模式下。

3. 交换机的分类

(1) 从覆盖范围划分为:广域网、局域网交换机。

(2) 根据传输介质和传输速度划分为:快速、千兆、万兆交换机。

(3) 根据应用层次划分为:核心层、汇聚层、接入层交换机。

(4) 根据交换机的结构划分为:固定、模块化交换机。

(5) 根据交换机工作的协议层划分为:二层、三层、四层交换机。

(二) 路由器

常见路由器实物如图 5-7 所示。

图 5-7　路由器

路由器工作在网络层，用于连接多个逻辑上分开的网络。为了给用户提供最佳的通信路径，路由器利用路由表为数据传输选择路径，路由表包含网络地址以及各地址之间距离的清单，路由器利用路由表查找数据包从当前位置到目的地址的正确路径。路由器使用最少时间算法或最优路径算法来调整信息传递的路径，如果某一网络路径发生故障或堵塞，路由器可选择另一条路径，以保证信息的正常传输。路由器可进行数据格式的转换，成为不同协议之间网络互连的必要设备。

路由器的工作过程如图 5-8 所示。局域网 1 中的源节点 101 生成了一个或多个分组，这些分组带有源地址与目的地址。如果局域网 1 中的 101 节点要向局域网 3 中的目的节点 105 发送数据，那么它只按正常工作方式将带有源地址与目的地址的分组装配成帧发送出去。连接在局域网 1 的路由器接收到来自源节点 101 的帧后，由路由器的网络层检查分组，根据分组的目的地址查询路由表，确定该分组输出路径。路由器确定该分组的目的节点在另一局域网，它就将该分组发送到目的节点所在的局域网中。

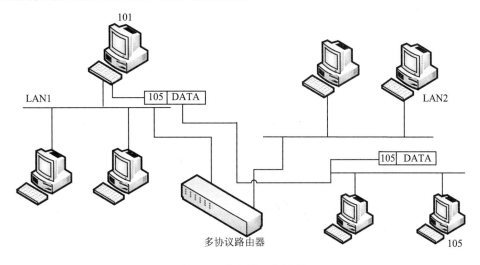

图 5-8　路由器工作过程

1．路由器的功能

(1) 路由选择。路由器中有一个路由表，当连接的一个网络上的数据分组到达路由器后，路由器根据数据分组中的目的地址，参照路由表，以最佳路径把分组转发出去。路由器还有路由表的维护能力，可根据网络拓扑结构的变化，自动调节路由表。

(2) 协议转换。路由器可对网络层和以下各层进行协议转换。

(3) 实现网络层的一些功能。因为不同网络的分组大小可能不同，路由器有必要对数据包进行分段、组装，调整分组大小，使之适合于下一个网络对分组的要求。

(4) 网络管理与安全。路由器是多个网络的交汇点，网间的信息流都要经过路由器，在路由器上可以进行信息流的监控和管理。它还可以进行地址过滤，阻止错误的数据进入，起到"防火墙"的作用。

(5) 多协议路由选择。路由器是与协议有关的设备，不同的路由器支持不同的网络层协议。多协议路由器支持多种协议，能为不同类型的协议建立和维护不同的路由表，连接运作

新世纪高职高专规划教材

不同协议的网络。

2．路由器与交换机的区别

传统交换机从网桥发展而来，属于 OSI 第二层(即数据链路层)设备，它根据 MAC 地址寻址，通过站表选择路由，站表的建立和维护由交换机自动进行。路由器属于 OSI 第三层(即网络层)设备，它根据 IP 地址进行寻址，通过路由表路由协议产生。交换机最大的好处是快速，由于交换机只需识别帧中 MAC 地址，直接根据 MAC 地址产生选择转发端口，算法简单，便于 ASIC 实现，因此转发速度极高。但交换机的工作机制也带来一些问题：

(1) 回路。根据交换机地址学习和站表建立算法，交换机之间不允许存在回路。一旦存在回路，必须启动生成树算法，阻塞掉产生回路的端口。而路由器的路由协议没有这个问题，路由器之间可以有多条通路来平衡负载，提高可靠性。

(2) 负载集中。交换机之间只能有一条通路，使得信息集中在一条通信链路上，不能进行动态分配，以平衡负载。而路由器的路由协议算法可以避免这一点，OSPF 路由协议算法不但能产生多条路由，而且能为不同的网络应用选择各自不同的最佳路由。

(3) 广播控制。交换机只能缩小冲突域，而不能缩小广播域。整个交换式网络就是一个大的广播域，广播报文散到整个交换式网络。而路由器可以隔离广播域，广播报文不能通过路由器继续进行广播。

(4) 子网划分。交换机只能识别 MAC 地址。MAC 地址是物理地址，而且采用平坦的地址结构，因此不能根据 MAC 地址来划分子网。而路由器识别 IP 地址，IP 地址由网络管理员分配，是逻辑地址，且 IP 地址具有层次结构，被划分成网络号和主机号，可以非常方便地用于划分子网，路由器的主要功能就是用于连接不同的网络。

(5) 保密问题。虽说交换机也可以根据帧的源 MAC 地址、目的 MAC 地址和其他帧中内容对帧实施过滤，但路由器根据报文的源 IP 地址、目的 IP 地址、TCP 端口地址等内容对报文实施过滤，更加直观方便。

(6) 介质相关。交换机作为桥接设备，也能完成不同链路层和物理层之间的转换，但这种转换过程比较复杂，不适合 ASIC 实现，势必降低交换机的转发速度。因此，目前交换机主要完成相同或相似物理介质和链路协议的网络互连，而不会用来在物理介质和链路层协议相差甚远的网络之间进行互连。路由器则不同，它主要用于不同网络之间互连，因此能连接不同物理介质、链路层协议和网络层协议的网络。路由器在功能上虽然占据了优势，但价格昂贵，报文转发速度低。

3．路由器的分类

(1) 按性能划分为：高端、中低端路由器。

(2) 按结构划分为：模块、非模块路由器。

(3) 按网络位置划分为：核心、汇聚、接入路由器。

(4) 按功能划分为：通用、专用路由器。

(5) 按传输性能划分为：线速、非线速路由器。

4．路由器的主要参数

(1) CPU

CPU 是路由器最核心的组成部分。不同系列、不同型号的路由器，其中的 CPU 也不尽相同。处理器的好坏直接影响路由器的吞吐量(路由表查找时间)和路由计算能力(影响网络路由收敛时间)。

一般来说，处理器主频在 100MHz 或以下的属于较低主频，这样的低端路由器适合普通家庭和 SOHO 用户的使用。100～200MHz 属于中等主频，200MHz 以上则属于较高主频，适合网吧、中小企业用户以及大型企业的分支机构使用。

(2) 内存

内存可以用 Byte(字节)做单位，也可以用 Bit(位)做单位，两者一音之差，容量却相差 8 倍(1Byte = 8Bit)。目前的路由器内存中，1～4MB 属于低等，8MB 属于中等，16MB 或以上就属于较大内存了。

(3) 吞吐量

网络中的数据是由一个个数据包组成，对每个数据包的处理都要耗费资源。吞吐量是指在不丢包的情况下单位时间内通过的数据包数量，也就是指设备整机数据包转发的能力，是设备性能的重要指标。路由器吞吐量表示的是路由器每秒能处理的数据量，是路由器性能的一个直观上的反映。

(4) 支持网络协议

就像人们说话用某种语言一样，在网络上的各台计算机之间也有语言，不同的计算机之间必须共同遵守一个相同的网络协议才能进行通信。常见的协议有 TCP/IP 协议、IPX/SPX 协议、NetBEUI 协议等。在局域网中用得比较多的是 IPX/SPX 协议。用户如果访问 Internet，就必须在网络协议中添加 TCP/IP 协议。

(5) 线速转发能力

所谓线速转发能力，就是指在达到端口最大速率时，路由器传输的数据没有丢包。路由器最基本且最重要的功能就是数据包转发，在同样端口速率下转发小包是对路由器包转发能力的最大考验，全双工线速转发能力是指以最小包长(以太网 64B、POS 口 40B)和最小包间隔(符合协议规定)在路由器端口上双向传输同时不引起丢包。

线速转发是路由器性能的一个重要指标。简单来说就是进来多大的流量，就出去多大的流量，不会因为设备处理能力的问题而造成吞吐量下降。

(6) 带机数量

带机数量很好理解，就是路由器能负载的计算机数量。在厂商介绍的性能参数表上经常可以看到标称自己的路由器能带 200 台 PC、300 台 PC 的，但是很多时候路由器的表现与标称的值都有很大的差别。这是因为路由器的带机数量直接受实际使用环境的网络繁忙程度影响，不同的网络环境带机数量相差很大。

比如在网吧里，几乎所有的人都同时在上网聊天、打游戏、看网络电影，这些数据都要通过 WAN 口，路由器的负载很重。而企业网上经常同一时间只有小部分人在使用网络，路由器负载很轻。因此，把一个能带 200 台 PC 的企业网中的路由器放到网吧可能连 50 台 PC

新世纪高职高专规划教材

都带不动。估算一个网络每台 PC 的平均数据流量也是不能做到精确的。

5．路由器的选购

作为局域网对外连接的设备，路由器这个名字大家已经再熟悉不过了。但对于大多数用户来说，要全面认识路由器，难度系数的确不低。事实上，同其他产品一样，科学选择路由器也是有章可循的。

(1) 低端路由器：适用于分级系统中最低一级的应用，或者中小企业的应用，产品档次应该相当于 Cisco 2600 系列以下的产品。至于具体选用哪个档次的路由器，应该根据自己的需求来决定，其中考虑的主要因素除了包交换能力外，端口数量也非常重要。

(2) 中端路由器：适用于大中型企业和 Internet 服务供应商，或者行业网络中地市级网点的应用，产品的档次应该相当于 Cisco 3600 系列，在 Cisco 7200 系列以下，选用的原则也是考虑端口支持能力和包交换能力。

(3) 高端路由器：主要应用在核心和骨干网络上，端口密度要求极高，产品的档次应该相当于 Cisco 7600 系列、12000 系列、CRS-1 的产品。选用高端路由器时，性能因素显得更加重要。

路由器选购是有原则的，对于用户来讲，要根据自己的实际使用情况，首先确定是选择接入级、企业级还是骨干级路由器，这是用户选择的大方向。然后，再根据路由器选择方面的基本原则，来确定产品的基本性能要求。具体来讲，应依据选型基本原则和可靠性要求进行选择。

可靠性是指故障恢复能力和负载承受能力，路由器的可靠性主要体现在接口故障和网络流量增大时的适应能力，保证这种适应能力的方式就是备份。

(三) 中继器

常见中继器外形如图 5-9 所示。

中继器工作于网络的物理层，用于互连两个相同类型的网段(例如两个以太网段)，它在物理层内实现透明的二进制比特复制，补偿信号衰减。即中继器接收从一个网段传来的所有信号，进行放大后发送到下一个网段。

图 5-9　中继器

中继器具有如下特性：

(1) 中继器仅作用于物理层。

(2) 只具有简单的放大、再生物理信号的功能。

(3) 由于中继器工作在物理层，在网络之间实现的是物理层连接，因此中继器只能连接相同的局域网。

(4) 中继器可以连接相同或不同传输介质的同类局域网。

(5) 中继器将多个独立的物理网连接起来，组成一个大的物理网络。

（6）由于中继器在物理层实现互连，所以它对物理层以上各层协议完全透明，也就是说，中继器支持数据链路及其以上各层的所有协议。

使用中继器时应注意两点：一是不能形成环路；二是考虑到网络的传输延迟和负载情况，不能无限制地连接中继器。

(四) 网桥

常见网桥实物如图 5-10 所示。

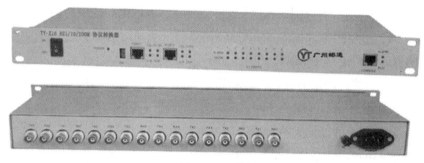

图 5-10　网桥

1. 网桥的工作原理

网桥是用于连接两个或两个以上具有相同通信协议、传输介质及寻址结构的局域网间的互连设备，能实现网段间或 LAN 与 LAN 之间互连，互连后成为一个逻辑网络。网桥也支持 LAN 与 WAN 之间的互连，其工作过程如图 5-11 所示。

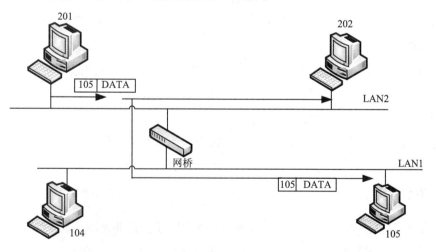

图 5-11　网桥的工作原理

如果 LAN2 中地址为 201 的计算机与同一局域网的 202 计算机通信，网桥就可以接收到发送帧，在进行地址过滤时，网桥会不转发并丢弃帧。如果要与不同局域网的计算机，例如同 LAN1 中的 105 通信，网桥检查帧的源地址和目标地址，目的地址和源地址不在同一个网

新世纪高职高专规划教材

络段上，就把帧转发到另一个网段上，这样计算机 105 就能接到信息。

2．网桥的功能

(1) 帧转发和过滤功能。网桥的帧过滤特性十分有用，当一个网络由于负载很重而性能下降时，网桥可以最大限度地缓解网络通信繁忙的程度，提高通信效率。

(2) 源地址跟踪。网桥接到一个帧以后，将帧中的源地址记录到它的转发表中。转发表包括了网桥所能见到的所有连接站点的地址。这个地址表是互联网所独有的，它指出了被接收帧的方向。

(3) 生成树的演绎。因为回路会使网络发生故障，所以扩展局域网的逻辑拓扑结构必须是无回路的。网桥可使用生成树(Spanning Tree)算法屏蔽掉网络中的回路。

(4) 透明性。网桥工作于 MAC 子层，对于它以上的协议都是透明的。

(5) 存储转发功能。网桥的存储转发功能用来解决穿越网桥的信息量临时超载的问题，即网桥可以解决数据传输不匹配的子网之间的互连问题。网桥的存储转发功能一方面可以增加网络带宽，另一方面可以扩大网络的地理覆盖范围。

(6) 管理监控功能。网桥的一项重要功能就是对扩展网络的状态进行监控，其目的就是为了更好地调整逻辑结构，有些网桥还可对转发和丢失的帧进行统计，以便进行系统维护。

3．网桥带来的问题

(1) 广播风暴。网桥要实现帧转发功能，必须要保存一张"端口-节点地址表"。随着网络规模的扩大与用户节点数的增加，实际的"端口-节点地址表"的存储能力有限，会不断出现"端口-节点地址表"中没有的节点地址信息。当带有这一类目的地址的数据帧出现时，网桥就将该数据帧从除输入端口之外的其他所有端口中广播出去。这种盲目发送数据帧的做法，就造成"广播风暴"。

(2) 增加网络时延。网桥在互连不同的局域网时，需要对接收到的帧进行重新格式化，以适合另一个局域网 MAC 子层的要求，还要重新对新的帧进行差错校验计算，这就造成了时延的增加。

(3) 帧丢失。当网络上的负荷很重时，网桥会因为缓存的存储空间不够而发生溢出，造成帧丢失。

4．网桥的分类

(1) 按路由算法的不同可分为透明网桥和源路由网桥。透明网桥亦称适应性网桥，工作在 MAC 子层，只能连接相同类型的局域网。源路由网桥也工作在 MAC 子层，所谓源路由是指源站事先知道或规定了到信宿站之间的中间网桥或路径，所以源路由网桥需要用户参与路径选择，可以选择最佳路径。

(2) 按连接的传输介质可分为内部网桥和外部网桥。内部网桥是文件服务的一部分，是通过文件服务器中的不同网卡连接起来的局域网，由文件服务器上运行的网络操作系统来管理。外部网桥安装在工作站上，实现两个相似或不同的网络之间的连接。外部网桥不运行在网络文件服务器上，而是运行在一台独立的工作站上。

(3) 按是否具有智能可分为智能网桥和非智能网桥。智能网桥在为信息包选择路由时，无须管理员给出路由信息，具有学习能力。非智能网桥则要求网络管理员提示路由信息。

(4) 按连接是本地网还是远程网可分为本地网桥和远程网桥。本地网桥指的是在传输介质允许长度范围内互连网络的网桥，远程网桥指的是连接的距离超过网络的常规范围时使用的网桥。本地网桥与远程网桥如图 5-12 所示。

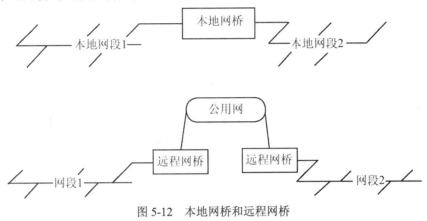

图 5-12 本地网桥和远程网桥

(五) 网关

1. 网关的工作原理

网关用于类型不同且差别较大的网络系统间的互连，如不同体系结构的网络或者局域网与主机系统的连接。在互连设备中，它最为复杂，一般只能进行一对一的转换，或是少数几种特定应用协议的转换。网关的概念模型如图 5-13 所示。

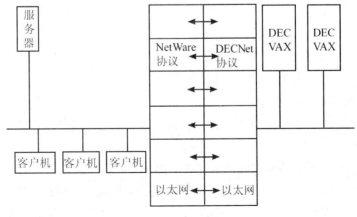

图 5-13 网关概念模型

新世纪高职高专规划教材

网关的工作原理如图 5-14 所示。如果一个 NetWare 节点要与 TCP/IP 的主机通信，因为 NetWare 和 TCP/IP 协议是不同的，所以局域网中的 NetWare 节点不能直接访问。它们之间的通信必须由网关来完成。网关的作用是为 NetWare 产生的报文加上必要的控制信息，将它转换成 TCP/IP 主机支持的报文格式。当需要反方向通信时，网关同样要完成 TCP/IP 报文格式到 NetWare 报文格式的转换。

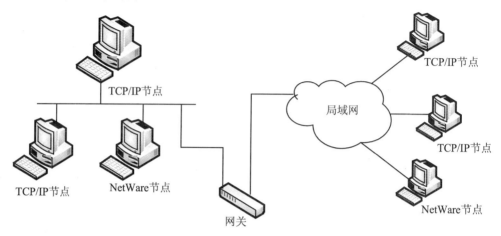

图 5-14　网关的工作过程

2．网关的主要变换项目

网络的主要变换项目包括信息格式变换、地址变换和协议变换等。

(1) 格式变换。格式变换是将信息的最大长度、文字代码、数据的表现形式等变换成适用于对方网络的格式。

(2) 地址变换。由于每个网络的地址构造不同，因而需要变换成对方网络所需的地址格式。

(3) 协议变换。把各层使用的控制信息变换成对方网络所需的控制信息，由此可以进行信息的分割/组合、数据流量控制、错误检测等。

3．网关的分类

网关按其功能可分为 3 种类型：协议网关、应用网关和安全网关。

(1) 协议网关。协议网关通常在使用不同协议的网络间做协议转换工作，这是网关最常见的功能。协议转换必须在数据链路层以上的所有协议层都运行，而且要对节点上使用这些协议层的进程透明。协议转换必须考虑两个协议之间特定的相似性和差异性，所以协议网关的功能十分复杂。

(2) 应用网关。应用网关是在应用层连接两部分应用程序的网关，是在不同数据格式间翻译数据的系统。这类网关一般只适合于某种特定的应用系统的协议转换。

(3) 安全网关。安全网关就是防火墙。与网桥一样，网关可以是本地的，也可以是远程的。另外，一个网关还可以由两个半网关构成。目前，网关已成为网络上每个用户都能访问大型主机的通用工具。

(六) 网络互连设备的比较

中继器、网桥、路由器和网关 4 种网间设备的主要特点和比较如表 5-1 所示。

表 5-1　中继器、网桥、路由器和网关的比较

互连设备	互连层次	适 用 场 合	功 能	优 点	缺 点
中继器	物理层	互连相同 LAN 的多个网段	信号放大，延长信号传输距离	互连简单，费用低，基本无延迟	互连规模有限，不能隔离不必要的流量，无法控制信息的传输
网桥	数据链路层	各种 LAN 互连	连接 LAN，改善 LAN 性能	互连简单，协议透明，隔离不必要的信号，交换效率高	可能产生数据风暴，不能完全隔离不必要的流量，管理控制能力有限，有延迟
路由器	网络层	LAN 与 LAN 互连、LAN 与 WAN 互连、WAN 与 WAN 互连	路由选择，过滤信息，网络管理	适用于大规模复杂网络互连，管理控制能力强，充分隔离不必要的流量，安全性好	网络设置复杂，费用较高，延迟大
网关	传输层、应用层	互连高层协议不同的网络	在高层转换协议	互连差异很大的网络，安全性好	通用性差，不易实现

【思考练习】

(1) 网络互连的目的是什么？

(2) 中继器有什么作用？有何限制？

(3) 集线器有哪些分类？

(4) 网桥有哪些功能？

(5) 源路由网桥是怎样进行路由选择的？

(6) 试叙述集线器与交换机的区别。

(7) 路由器在功能上和网桥相比有哪些相同，哪些不同？

模块六

无线局域网

【学习任务分析】

伴随着计算机有线网络的广泛应用，以快捷高效、组网灵活为优势的无线网络技术也在飞速发展。通常有线局域网组网的传输介质主要依赖铜缆或光缆，这在某些场合要受到限制，如布线、改线工程量大，线路容易损坏，网中的各节点不可移动，特别是当要把相离较远的节点连接起来时，铺设专用通信线路的布线施工难度大、费用高、耗时长，对正在迅速扩大的联网需求形成了严重的瓶颈阻塞。无线局域网的出现有效地解决了有线网络以上问题。无线局域网是计算机网络与无线通信技术相结合的产物。从专业角度讲，无线局域网利用了无线多址信道的一种有效方法来支持计算机之间的通信，并为通信的移动化、个性化和多媒体应用提供了可能。通俗地说，无线局域网(Wireless Local-Area Network，WLAN)就是在不采用传统线缆的同时，提供以太网或者令牌网络的功能。近几年来，无线网络的应用逐渐增加，在以下几个方面发展非常迅速：

(1) 定位业务。系统要具备对接入的终端进行详尽定位的能力，并提供位置数据采集和访问接口，以便于在后续的业务规划中去设计和实现基于 WLAN 之上的位置服务业务。

(2) 即拍即传业务。该业务主要是针对数码相机，在加装了 Wi-Fi 模块之后，可以接入到中国移动的 WLAN 网络，实现照片的实时或非实时传送。

(3) Wireless Info 业务。奥运 Info 业务是由一个基于无线网络接入、奥运 Info 系统和媒体信息服务平台三部分组成的综合平台来统一实现的。奥运 Info 业务不对公众开放，主要对制证媒体开放，同时可供 IOC、NOC、IF 等奥运大家庭成员访问。奥运 Wireless Info 系统成为科技奥运的亮点工程，该系统可使制证媒体在指定区域通过随时随地接入平台获取奥运会相关信息和资料，并通过短信/彩信等服务获得比赛成绩、重要事件通知，方便新闻的采、编、发工作。

从无线局域网应用来看，有些应用方面有线局域网无法达到，或者说有线网实现不了，只能由无线网完成，满足了人们实现移动办公的梦想，为我们创造了一个丰富多彩的自由天空。我们必须学习和掌握无线局域网的有关知识、组网技术、网络设备设置等方面，为无线局域网应用奠定基础。

【学习任务分解】

本模块中，学习任务有以下几个方面：

➢ 无线局域网的概念。

➢ 无线局域网的标准。

➢ 无线局域网的组成与拓扑结构。

➢ 无线局域网的通信介质和频道划分。

➢ 无线局域网的网络设备。

➢ 无线局域网的安全问题及安全技术。

➢ 无线局域网接入技术。

➢ 无线局域网网络实训。

任务一 组建家庭无线局域网

随着计算机技术及计算机网络应用的普及，一个家庭有多台计算机(台式机、笔记本电脑)想通过网络连接起来进行通信，同时又想摆脱线缆的束缚，以无线路由器为中心，其他计算机通过无线网卡和无线路由器进行通信，实现共享上网，这就组成了家庭无线局域网。

家庭无线网可以用于家庭、SOHO、小型办公室等场所，在现有的有线网络的交换机上连接AP，供几个安装有无线网卡的PC通过该AP接入网络，覆盖范围一般不超过50m。

下面通过一个实验介绍如何组建无线家庭网络。实验使用一个AP，使得台式机和笔记本电脑实现无线网络接入。

(一) 安装无线网卡和AP

1．硬件设备

(1) 局域网接口或ADSL路由器接口，可以连接RJ-45线路。

(2) 无线AP：这里使用D-Link DWL-900AP。

(3) 无线网卡：PCI DWL-520+，用于接入台式计算机；PCMCIA无线网卡 DWL-650+，用于接入笔记本电脑。

(4) 计算机的操作系统建议使用Windows 8，该系统已经包含了较强的无线网络功能。

2．安装无线网卡

(1) 为台式机安装无线网卡。安装无线网卡DWL-520+的方法和为计算机安装其他板卡的方法相同，台式机的无线网卡是PCI接口的，可以插入计算机主板上的任意一个PCI接口。

 提示
目前市面上出售的大多数笔记本电脑已经内置了无线网卡，不需要另外安装。

(2) 为笔记本电脑安装网卡。笔记本电脑的网卡是PCMCIA接口的，将网卡直接插入PCMCIA接口即可。

新世纪高职高专规划教材

(3) 安装网卡的驱动程序。网卡驱动程序安装成功后，在 Windows 任务栏上会出现一个无线网络标志，如图 6-1 所示。

图 6-1　任务栏上会出现一个无线网络标志

3. 安装 AP

(1) 测试有线线路网络连接正常。

(2) 将 AP 电源线接好，并使用网线把 AP 的 RJ-45 端口和有线网络的 RJ-45 端口连接起来。建议将 AP 安装在一个不容易被阻挡并且信号能覆盖屋内所有角落的位置。

本实验选用的无线 AP 是 D-Link 的 DWL-900。将 AP 自带的 USB 控制线一端连接在 AP 上，另一端连接在计算机的 USB 接口上。

(二) 无线网络调试

1. 安装 AP 的驱动程序

在计算机上插上 AP 后，计算机提示发现新硬件，此时装入 D-Link DWL-900 的驱动光盘，光盘开始自动播放(如无法自动播放，自行单击光盘里面的 Setup.exe 可执行文件)，出现设置起始界面，如图 6-2 所示。单击 Install Config Utilities 按钮，按照向导完成驱动程序安装。

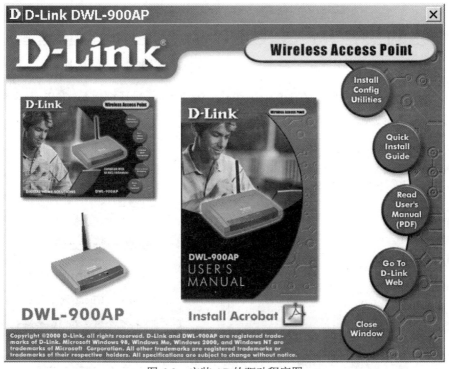

图 6-2　安装 AP 的驱动程序图

2. 设置 AP

(1) 选择"开始"|"所有程序"| D-Link Wireless Access Point | USB Configuration Utility 命令，进入 AP 设置。

(2) 系统提示输入管理员密码，默认密码是 public。输入密码后，可打开 AP 设置 USB Configuration Utility 对话框，如图 6-3 所示。在 System 选项卡中显示本 AP 的基本信息和 MAC 地址。

(3) 设置 AP 的 IP 地址。在 USB Configuration Utility 对话框中单击 IP Config 选项卡，将 DHCP Client(DHCP 客户端)设置为 Disable(禁止)，再在上面几个文本框中设置本地网络的 IP 地址、子网掩码、网关等地址，使得 AP 可以连通局域网。本实验设置 IP 地址为 192.168.0.117，子网掩码为 255.255.255.0，如图 6-4 所示。

 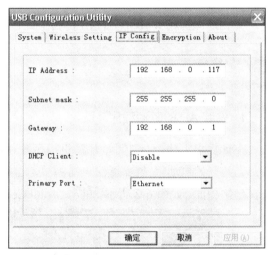

图 6-3 AP 设置　　　　　　　　　图 6-4 AP 的 IP 地址设置

(4) 设置无线传输方式。 在 USB Configuration Utility 对话框中单击 Wireless Setting 选项卡，可以进行无线传输方式设置，如图 6-5 所示。

图 6-5 无线传输设置

提示

　　如果本地有 DHCP 服务器，可以将 DHCP Client 设为 Enable(允许)，此时不用设置 IP 地址，AP 会自动获取 IP 地址。

新世纪高职高专规划教材

> 在 Access Point Name 文本框中输入 AP 的名字。需要为无线网络中的每个 AP 起不同的名字，以便管理。

> Wireless ESSID 是 AP 的标识字符，是作为接入此无线网络的验证标识(可以想象成在 Windows 文件共享环境中的工作组名)，在计算机检测无线网络时该名字可以自动显示在检测结果中。FSSID 可以有 32 位字符，且区分大小写，默认值为 default。

> 在 Wireless Channel 下拉列表框中设置信道。在同一区域中有多个 AP 覆盖时，每个 AP 的信道要不相同。

3. 设置客户机

如果无线网卡已正确安装，在桌面上右击"网上邻居"图标，打开"网络连接"窗口，在连接列表中将出现"无线网络连接"图标，如图 6-6 所示。

图 6-6 "无线网络连接"图标

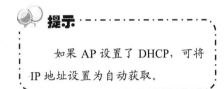

提示

如果 AP 设置了 DHCP，可将 IP 地址设置为自动获取。

(1) 在"无线网络连接"图标上右击，在弹出的快捷菜单中选择"属性"命令，打开"无线网络连接属性"对话框。在"常规"选项卡中设置网卡的 IP 地址，本实验设置和 AP 在同一网段的地址，如 192.168.0.119。

(2) 单击"无线网络配置"选项卡，可进行无线网络的设置，如图 6-7 所示。单击"查看无线网络"按钮打开"无线网络连接"对话框，可以清晰地看到当前使用的无线网络的状况，包括信号强度、安全机制等，还可以断开网络连接，如图 6-8 所示。

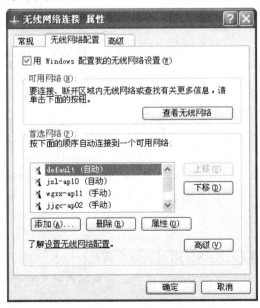

图 6-7 无线网络配置

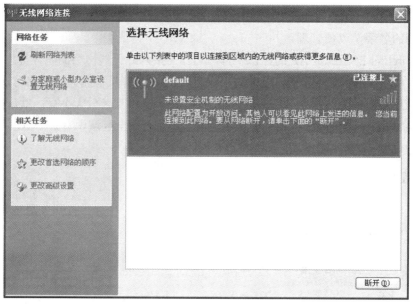

图 6-8　无线网络连接

(3) 在如图 6-7 所示的对话框中的"首选网络"选项组中，可以看到已经设置好的无线
网络连接的网络名(SSID)及其优先顺序，选中其
中的一个连接，单击"上移""下移"按钮，可
以调整这些连接的顺序。无线连接名字后面的"自
动""手动"是此连接密钥的获取方式。这里将
default 设为首选。

(4) 单击"添加"按钮，可打开"无线网络
属性"对话框，添加一个新的无线网络连接，如
图 6-9 所示。在"网络名(SSID)"文本框中输入
无线网络名字，在"数据加密"下拉列表框中选
择"已禁用"选项。单击"确定"按钮，完成配
置。

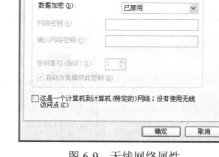

图 6-9　无线网络属性

完成配置后，每次开机系统都会检测所在的
区域是否有相应的无线网络覆盖，一旦检测到有无线网络，将自动连接到该网络。

4. 测试网络

打开浏览器，输入一个网址，测试网络是否已经连通。

5. 设置加密

按照以上方式设置的无线网络，附近只要有其他计算机安装了无线网卡，就可能通过这
个 AP 上网。为了保证无线网络的安全，有必要对网络进行加密。WEP 是 802.11b 无线网络
最常用的加密手段。

(1) 在 AP 中设置加密方式

在 USB Configuration Utility 对话框中单击 Encryption 选项卡，可以进行加密设置，如图 6-10 所示。

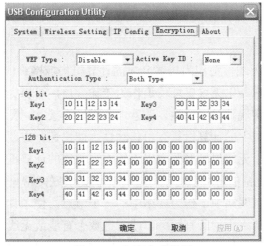

图 6-10 加密方式设置

加密类型可以为 WEP 64bit 或 WEP 128bit。在 64bit 和 128bit 选项组中可以分别输入加密字符串，在 Key1、Key2、Key3、Key4 中分别输入 4 个 WEP 密钥值。

在 Active Key ID 下拉列表框中可以选中一个 WEP 密钥值为激活密钥值。同一时刻，只能选择一条生效的密钥，但最多可以保存 4 条。加密位数越高，则通信的效率越低，也就是说连接速率会受到影响，建议在普通场所这种对安全不太敏感的环境中，不必选择过高的加密位数。

这里选择 WEP Type 为 WEP 64bit，选择 Active Key ID 为 Key1，在 64bit 的 Key1 中输入 10 11 12 13 14。

无线网络客户机上的 WEP 密钥值必须和 AP 中所设的密钥完全一致。

(2) 设置客户机加密功能

AP 设置加密并重新启动后，没有设置加密的计算机就无法正常连接了，需要修改无线网络连接属性。

打开图 6-7 所示的"无线网络连接属性"对话框，选中要修改的网络名 default，单击"属性"按钮，打开"default 属性"对话框，如图 6-11 所示。

将"数据加密"设为 WEP，取消选中"自动为我提供此密钥"复选框。

在"网络密钥"和"确认网络密钥"文本框中输入加密密钥，这里输入前面设置的 10 11 12 13 14。

单击"确定"按钮完成设置，就可以正常上网了，而其他没有正确设置密钥的计算机即使在 AP 的服务区中也不能正确连接。

图 6-11 "default 属性"对话框

新世纪高职高专规划教材

任务二　无线局域网相关知识

(一) 无线局域网概述

　　无线局域网是指以无线信道作为传输介质的计算机局域网络(WLAN)，结合最新的计算机网络技术和无线电技术，以无线多址信道作为传输介质，可以提供传统有线局域网的所有功能，能够使用户真正实现随时、随地、随意地宽带网络接入。无线局域网是在有线网的基础上发展起来的，它使网上的计算机具有可移动性，能快速、方便地解决有线方式不易实现的网络信道的连通问题。无线局域网要求以无线方式相连的计算机之间资源共享，具有现有网络操作系统(NOS)所支持的各种服务功能。计算机无线联网常见的形式是把远程计算机以无线方式连入一个计算机网络中，作为网络中的一个节点，使之具有有线网上工作站所具有的同样功能，从而获得网络上的所有服务，或者把数个有线或无线局域网连成一个区域网。当然，也可以用全无线方式构成一个局域网，或在一个局域网中混合使用有线与无线方式。此时，以无线方式入网的计算机将具有可移动性，可在一定的区域移动并随时与网络保持联系。

(二) 其他相关概念

1. 微单元和无线漫游

　　无线电波在传播过程中会不断衰减，导致 AP 的通信范围被限定在一定的范围之内，这个范围称为微单元。当网络环境存在多个 AP，且它们的微单元互相有一定范围内重合时，无线用户可以在整个无线局域网覆盖区内移动，无线网卡能够自动发现附近信号强度最大的 AP，并通过这个 AP 收发数据，保持不间断的网络连接，这就称为无线漫游。

2. 扩频

　　大多数的无线局域网产品都使用了扩频技术。扩频技术原先是军事通信领域中使用的宽带无线通信技术。使用扩频技术，能够使数据在无线传输中完整可靠，并且确保同时在不同频段传输的数据不会互相干扰。

3. 直序扩频

　　所谓直序扩频，就是使用具有高码率的扩频序列，在发射端扩展信号的频谱，而在接收端用相同的扩频码序列进行解扩，把展开的扩频信号还原成原来的信号。

4. 跳频扩频

　　跳频扩频技术与直序扩频技术完全不同，是另外一种扩频技术。跳频的载频受一个伪机码的控制，在其工作带宽范围内，其频率按随机规律不断改变频率。接收端的频率也按随机规律变化，并保持与发射端的变化规律一致。

　　跳频的高低直接反映跳频系统的性能，跳频越高，抗干扰的性能越好，军用的跳频系统可以达到每秒上万跳。实际上移动通信 GSM 系统也是跳频系统。出于成本的考虑，商用跳频系统跳速都较慢，一般在 50 跳/秒以下。由于慢跳跳频系统实现简单，因此低速无线局域网常常采用这种技术。

(三) 无线局域网的特点

WLAN 开始是作为有线局域网络的延伸而存在的，各机关、企业、事业单位广泛地采用了 WLAN 技术来构建其办公网络。但随着应用的进一步发展，WLAN 正逐渐从传统意义上的局域网技术发展成为"公共无线局域网"，成为国际互联网 Internet 宽带接入手段。WLAN 具有以下特点：

(1) 具有高移动性，通信范围不受环境的限制，拓宽了网络的传输范围。在有线局域网中，两个站点的距离在使用铜缆(粗细)时被限制在 500m 内，即使采用单模光纤也只能达到 3km，而无线局域网中两个站点间的距离目的可以达到 50km。在有线网络中，网络设备的安放位置受网络信息点位置的限制。而无线局域网一旦建成后，在无线网的信号覆盖区域内任何一个位置都可以接入网络。

(2) 抗干扰性强。微波信号传输质量低，往往是因为在发送信号的中心频点附近有能量较强的同频噪声干扰，导致信号失真。无线局域网使用的无线扩频设备直扩技术产生的 11 位随机码元能将源信号在中心频点向上下各展宽 11MHz，使源信号独占 22MHz 的带宽，且信号平均能量降低。在实际传输中，接收端接收到的是混合信号，即混合了(高能量低频宽的)噪声。混合信号经过同步随机码元解调，在中心频点处重新解析出高能的源信号，依据同样的算法，混合的噪声反而被解调为平均能量很低可忽略不计的背景噪声。

(3) 安全性能强。无线扩频通信起源于军事上的防窃听(Anti-Jamming)技术，扩频无线传输技术本身使盗听者难以捕捉到有用的数据。无线局域网采取网络隔离及网络认证措施，无线局域网设置有严密用户口令及认证措施，防止非法用户入侵。无线局域网设置附加的第三方数据加密方案，即使信号被窃听也难以理解其中的内容，对于有线局域网中的诸多安全问题，在无线局域网中基本上可以避免。

(4) 扩展能力强。无线局域网有多种配置方式，能够根据需要灵活选择，这样，无线局域网就能胜任从只有几个用户的小型局域网到上千用户的大型网络，并且能够提供像"漫游(Roaming)"等有线网络无法提供的特性。由于无线局域网具有这方面的优点，所以发展十分迅速。在最近几年里，无线局域网已经在医院、商店、工厂和学校等不适合网络布线的场合得到了广泛应用。在已有无线网络的基础上，只需通过增加 AP(无线接入点)及相应的软件设置，即可对现有网络进行有效扩展。无线网络的易扩展性是有线网络所不能比拟的。

(5) 建网容易，经济节约。由于有线网络缺少灵活性，这就要求网络规划者尽可能地考虑未来发展的需要，因此往往导致预设大量利用率较低的信息点。而一旦网络的发展超出了设计规划，又要花费较多费用进行网络改造，而无线局域网可以避免或减少以上情况的发生。相对于有线网络，无线局域网的组建、配置和维护较为容易，一般计算机工作人员都可以胜任网络的管理工作。

(6) 组网速度快。一般在网络建设中，施工周期最长、对周边环境影响最大的，就是网络布线施工工程。在施工过程中，往往需要破墙掘地、穿线架管。而无线局域网最大的优势就是免去或减少了网络布线的工作量，一般只要安装一个或多个接入点 AP 设备，就可以建立覆盖整个建筑或地区的局域网络，工程周期短。无线扩频通信可以迅速(数十分钟内)组建起通信链路，实现临时、应急、抗灾通信的目的，而有线通信则需要较长的时间。

(7) 开发运营成本低。无线局域网在人们的印象中是价格昂贵的，但实际上，在购买时不能只考虑设备的价格，因为无线局域网可以在其他方面降低成本。有线通信的开通必须架设电缆，或挖掘电缆沟或架设架空明线。架设无线链路则无须架线挖沟，线路开通速度快。将所有成本和工程周期统筹考虑，无线扩频的投资是相当节省的。使用无线局域网不仅可以减少对布线的需求和与布线相关的一些开支，还可以为用户提供灵活性更高、移动性更强的信息获取方法。

(8) 受自然环境、地形及灾害的影响较有线通信小。除电信部门外，其他单位的通信系统没有在城区挖沟铺设电缆的权力；而无线通信方式则可根据客户需求灵活定制专网。有线通信受地势影响，不能任意铺设；而无线通信覆盖范围大，几乎不受地理环境限制。

任务三　组建家庭无线局域网的标准

由于 WLAN 基于计算机网络与无线通信技术，在计算机网络结构中，逻辑链路(LLC)层及其之上的应用层对不同的物理层的要求可以是相同的，也可以是不同的，因此，WLAN 标准主要是针对物理层和介质访问控制层(MAC)，涉及所使用的无线频率范围、空中接口通信协议等技术规范与技术标准。

无线接入技术目前比较流行的有 802.11 标准、蓝牙(Bluetooth)、HomeRF(家庭网络)和 IrDA(Infrared Data Association，红外线数据标准协会)。

(一) 802.11 标准

IEEE 802.11 无线局域网标准的制定是无线局域网技术发展的一个里程碑。802.11 标准除了具备无线局域网的优点及各种不同性能外，还使得不同厂商的无线产品得以互连。802.11 标准的颁布，使得无线局域网在各种有移动要求的环境中被广泛接受。802.11 标准也是无线局域网目前最常用的传输协议，各个厂商都有基于该标准的无线网卡产品。

1. 802.11 局域网的物理层

1990 年 IEEE 802 标准化委员会成立 IEEE 802.11 WLAN 标准工作组。IEEE 802.11(别名 Wi-Fi，Wireless Fidelity，无线保真)是在 1997 年 6 月由大量的局域网以及计算机专家审定通过的标准，该标准定义物理层和媒体访问控制(MAC)规范。物理层定义了数据传输的信号特征和调制，定义了两个 RF 传输方法和一个红外线传输方法，RF 传输标准是跳频扩频和直序扩频，工作在 2.4～2.4835GHz 频段。主要用于解决办公室局域网和校园网中用户与用户终端的无线接入，业务主要限于数据访问，速率最高只能达到 2Mb/s。由于它在速率和传输距离上都不能满足人们的需要，所以 IEEE 802.11 标准被 IEEE 802.11b 所取代。现在最流行的是 802.11b 产品，而另外的 802.11a 和 802.11g 产品也广泛存在。

无线局域网物理层标准主要有 IEEE 802.11b、a、g 和 n。

(1) IEEE 802.11b

1999 年 9 月正式通过的 IEEE 802.11b 标准是 IEEE 802.11 协议标准的扩展。该标准规定 WLAN 工作频段在 2.4～2.4835GHz，数据传输速率达到 11Mb/s，传输距离控制在 50～150ft(英尺，1ft=0.3048m)。该标准是对 IEEE 802.11 的一个补充，采用补偿编码监控调制方式，采用的调制技术是 CCK，采用点对点模式和基本模式两种运作模式，在数据传输速率方面可以根据实际情况在 11Mb/s、5.5Mb/s、2Mb/s、1Mb/s 间自动切换，它改变了 WLAN 设计状况，扩大了 WLAN 的应用领域。IEEE 802.11b 已成为当前主流的 WLAN 标准，被多数厂商所采用，所推出的产品广泛应用于办公室、家庭、宾馆、车站、机场等众多场合，但是由于许多 WLAN 新标准的出现，IEEE 802.11a 和 IEEE 802.11g 更是备受业界关注。随着用户不断增长的对数据速率的要求，11Mb/s 的最高传输速率就不能满足要求。

802.11b 标准定义的数据传输速率较低，但是由于其设备元器件的价格较低，所以有大量的用户群体使用。可以说所有的 Wi-Fi 技术无线网卡都支持这项技术，所以这项标准的兼容性是很高的。

(2) IEEE 802.11a

1999 年，IEEE 802.11a 标准制定完成，该标准规定 WLAN 工作频段在 5.15～5.35GHz 和 5.47～5.85GHz，数据传输速率达到 54Mb/s/72Mb/s(Turbo)，传输距离控制在 10～100m。该标准也是 IEEE 802.11 的一个补充，扩充了标准的物理层，采用正交频分复用(OFDM)的独特扩频技术，采用 QFSK 调制方式，可提供 25Mb/s 的无线 ATM 接口和 10Mb/s 的以太网无线帧结构接口，支持多种业务，如话音、数据和图像等，一个扇区可以接入多个用户，每个用户可带多个用户终端。

IEEE 802.11a 标准是 IEEE 802.11b 的后续标准，其设计初衷是取代 802.11b 标准，然而，工作于 2.4GHz 频带是不需要执照的，该频段属于工业、教育、医疗等专用频段，是公开的，工作于 5.725～5.85GHz 频带需要执照。一些公司仍没有表示对 802.11a 标准的支持，一些公司更加看好最新混合标准 IEEE 802.11g。

802.11a 与 802.11b 两个标准都存在着各自的优缺点。802.11b 的优势在于价格低廉，但速率较低(最高 11Mb/s)；而 802.11a 优势在于传输速率快(最高 54Mb/s)且受干扰少，但价格相对较高。另外，802.11a 与 802.11b 工作在不同的频段上，不能工作在同一 AP 的网络里，因此 802.11a 与 802.11b 互不兼容。由于 802.11a 设备造价的因素，以及高频方式下面覆盖范围相对小的原因。造成使用此项技术的用户群体要小于 2.4GHz 频道的用户。

(3) IEEE 802.11g

IEEE 802.11g 认证标准提出拥有 IEEE 802.11a 的传输速率，安全性较 IEEE 802.11b 好，采用两种调制方式，含 802.11a 中采用的 OFDM 与 IEEE 802.11b 中采用的 CCK，做到与 802.11a 和 802.11b 兼容。

虽然 802.11a 较适用于企业，但 WLAN 运营商为了兼顾现有 802.11b 设备投资，选用 802.11g 的可能性极大。

新世纪高职高专规划教材

为了解决 802.11b 数据传输速率低，802.11a 兼容性以及造价高的问题，IEEE 于 2003 年 7 月批准了 802.11g 标准，新的标准与以前的 802.11 协议标准相比有两个特点：IEEE 802.11g 在 2.4GHz 频段使用 OFDM 调制技术，使数据传输速率提高到 54Mb/s 以上；IEEE 802.11g 标准能够与 802.11b 的 Wi-Fi 系统互相连通，共存在同一 AP 的网络里，保障了后向兼容性。这样原有的 WLAN 系统可以平滑地向高速无线局域网过渡，延长了 IEEE 802.11b 产品的使用寿命，降低了用户的投资。

802.11g 同 802.11b 一样工作在 2.4～2.4835GHz 频段，工作频段带宽为 83.5MHz，将 83.5MHz 的频带划分成 14 个子频道，每个频道带宽为 22MHz。子频道分配如图 6-12 所示，各个子信道中心频率如表 6-1 所示。

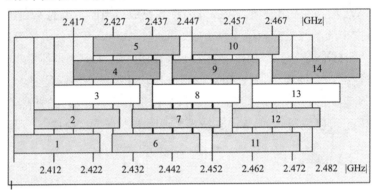

图 6-12　子频道分配图

表 6-1　13 个信道的中心频率配置

信 道 标 号	中心频率(MHZ)	信道低端/高端频率(MHZ)
1	2412	2401/2423
2	2417	2411/2433
3	2422	2416/2438
4	2427	2421/2443
5	2432	2426/2448
6	2437	2431/2453
7	2442	2431/2453
8	2447	2436/2458
9	2452	2441/2463
10	2457	2446/2468
11	2462	2451/2473
12	2467	2456/2478
13	2472	2461/2483

在多个子频道同时工作的情况下，为保证频道之间不相互干扰，要求两个频道的中心频

率间隔不能低于 25MHz。因此从图 6-12 可以看出,在一个蜂窝区(Cell)内,直序扩频技术最多可以提供 3 个不重叠的频道同时工作。从图 6-12 中看出 1、6、11 是选择 3 个常用频道,是不干涉的信道。在 802.11g 模式下面提供高达 54Mb/s 的吞吐量。

(4) IEEE 802.11n

目前以太网有线 IP 网络的速率已经达到万兆的级别(10Gb/s),54Mb/s 的无线网络速率显然已经不能满足要求了。因此,IEEE 已经开始指定新的无线网络传输技术标准 802.11n。

IEEE 802.11n 计划将 WLAN 的传输速率从 802.11a 和 802.11g 的 54Mb/s 增加最高速率可达 500Mb/s,这使得 802.11n 成为 802.11b、802.11a、802.11g 之后的另一场重头戏。和以往的 802.11 标准不同,802.11n 协议为双频工作模式(包含 2.4GHz 和 5GHz 两个工作频段)。这样 802.11n 保障了与以往的 802.11a、b、g 标准兼容。

在传输速率方面,802.11n 可以将 WLAN 的传输速率由目前 802.11a 及 802.11g 提供的 54Mb/s 提高到 108Mb/s,甚至高达 500Mb/s。这得益于将 MIMO(多入多出)与 OFDM(正交频分复用)技术相结合而应用的 MIMO OFDM 技术,这个技术不但提高了无线传输质量,也使传输速率得到极大提升。

Netgear 公司在全球范围内率先推出了基于 802.11n 技术的无线产品 RangeMax Next 系列产品。RangeMax Next 基于 802.11n 标准草案,它能扩展无线网络的范围,并且提供最高可达 300Mb/s 的稳定传输。这一基于下一代无线局域网标准的 Next 系列产品采用高级 MIMO(多进多出)技术,提供令人难以置信的大范围覆盖和高速传输,并且具有与采用 TopDog 技术的其他产品实现高速无线互操作的特性,这种实现尚属首次。

802.11 的物理层有以下几种实现方法:直序扩频 DSSS、正交频分复用 OFDM、跳频扩频 FHSS(已很少用)、红外线 IR(已很少用)。这 4 种标准都用于有固定基础设施或无固定基础设施的无线局域网。

2. 802.11 局域网的 MAC 帧

802.11 帧共有 3 种类型,即控制帧、数据帧和管理帧。RTS 和 CTS 帧以及数据帧和 ACK 帧的传输时间关系如图 6-13 所示。

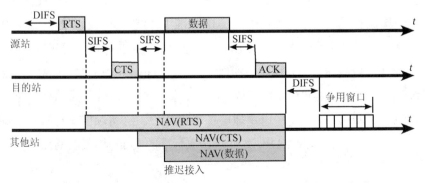

图 6-13 RTS 和 CTS 帧以及数据帧和 ACK 帧的传输时间关系

通过图 6-14 来了解数据帧的主要字段。

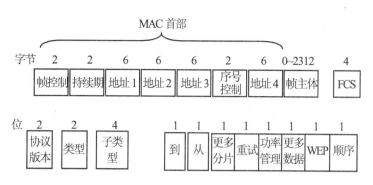

图 6-14　802.11 局域网数据帧

802.11 数据帧共由 3 大部分组成：

(1) MAC 首部，共 30 字节。帧的复杂性都在帧的首部。

(2) 帧主体，也就是帧的数据部分，不超过 2312 字节。这个数值比以太网的最大长度长很多。不过 802.11 帧的长度通常都小于 1500 字节。

(3) 帧检验序列 FCS 是尾部，共 4 字节。

(二) 中国 WLAN 规范

中华人民共和国工业和信息化部正在制定 WLAN 的行业配套标准，包括《公众无线局域网总体技术要求》和《公众无线局域网设备测试规范》。该标准涉及的技术体制包括 IEEE 802.11X 系列(IEEE 802.11、802.11a、IEEE 802.11b、IEEE 802.11g、IEEE 802.11h、IEEE 802.11i)和 HIPERLAN2。工信部通信计量中心承担了相关标准的制定工作，并联合设备制造商和国内运营商进行了大量的试验工作，同时，工信部通信计量中心和中兴通讯股份有限公司等联合建成了 WLAN 的试验平台，对 WLAN 系统设备的各项性能指标、兼容性和安全可靠性等方面进行全方位的测评。

此外，由信息产业部科技公司批准成立的"宽带无线 IP 标准工作组(www.chinabwips.org)"在移动无线 IP 接入、IP 的移动性、移动 IP 的安全性、移动 IP 业务等方面进行标准化工作。2003 年 5 月，国家首批颁布了由"宽带无线 IP 标准工作组"负责起草的 WLAN 两项国家标准：GB 15629.11—2003《信息技术　系统间远程通信和信息交换局域网和城域网　特定要求第 11 部分：无线局域网媒体访问控制和物理层规范》、GB 15629.1102—2003《信息技术　系统间远程通信和信息交换局域网和城域网　特定要求　第 11 部分：无线局域网媒体访问控制和物理层规范：2.4GHz 频段较高速物理层扩展规范》。这两项国家标准所采用的依据是 ISO/IEC 8802.11 和 ISO/IEC 8802.11b。这两项国家标准的发布，将规范 WLAN 产品在我国的应用。

新世纪高职高专规划教材

任务四　无线局域网的组成与拓扑结构

(一) 无线局域网的组成

无线局域网由无线网卡、无线接入点(AP)、无线宽带路由器、计算机和有关设备组成，采用单元结构，每个单元称为一个基本服务组(BSS)。BSS 的组成有以下方式。

1. 集中控制方式

每个单元由一个中心站控制，终端在该中心站的控制下相互通信，这种方式中 BSS 区域较大，中心站建设费用较昂贵。集中控制方式又称有固定基础设施的无线局域网，如图 6-15 所示。

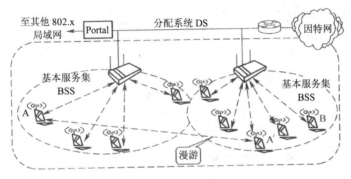

图 6-15　IEEE 802.11 基本服务集

一个基本服务集 BSS 包括一个基站和若干个移动站，所有的站在本 BSS 以内都可以直接通信，但在和本 BSS 以外的站通信时，都要通过本 BSS 的基站。基本服务集内的基站称为接入点 AP，其作用和网桥相似。当网络管理员安装 AP 时，必须为该 AP 分配一个不超过 32 字节的服务集标识符 SSID 和一个信道。一个基本服务集可以是孤立的，也可以通过接入点 AP 连接到一个主干分配系统 DS，然后再接入到另一个基本服务集，就构成了扩展服务集 ESS(Extended Service Set)。ESS 还可通过门户(Portal)为无线用户提供。到非 802.11 无线局域网(例如到有线连接的因特网)的接入，门户的作用就相当于一个网桥。如移动站 A 从某一个基本服务集漫游到另一个基本服务集(到 A′ 的位置)，仍可保持与另一个移动站 B 进行通信。

一个移动站若要加入到一个基本服务集 BSS，就必须先选择一个接入点 AP，并与此接入点建立关联。建立关联就表示这个移动站加入了选定的 AP 所属的子网，并和这个 AP 之间创建了一个虚拟线路。只有关联的 AP 才向这个移动站发送数据帧，而这个移动站也只有通过关联的 AP 才能向其他站点发送数据帧。

移动站与 AP 建立关联有以下两种方法：

(1) 被动扫描，即移动站等待接收接入站周期性发出的信标帧(Beacon Frame)。信标帧中包含有若干系统参数(如服务集标识符 SSID、支持的速率等)。

(2) 主动扫描，即移动站主动发出探测请求帧(Probe Request Frame)，然后等待从 AP 发

新世纪高职高专规划教材

回的探测响应帧(Probe Response Frame)。现在许多地方，如办公室、机场、快餐店、旅馆、购物中心等都能够向公众提供有偿或无偿接入 Wi-Fi 的服务，这样的地点就称为热点。由许多热点和 AP 连接起来的区域称为热区(Hot Zone)，热点也就是公众无线入网点。现在也出现了无线因特网服务提供者(Wireless Internet Service Provider，WISP)这一名词。用户可以通过无线信道接入到 WISP，然后再经过无线信道接入到因特网。

2. 分布对等式

BSS 中任意两个终端可直接通信，无须中心站转接，这种方式中 BSS 区域较小，但结构简单，使用方便。分布对等式又称无固定基础设施(即没有 AP)的无线局域网。这种网络是由一些处于平等状态的移动站之间相互通信组成的临时网络，如图 6-16 所示。

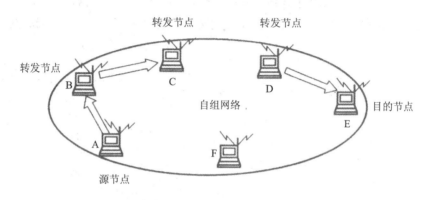

图 6-16　由处于平等状态的一些便携机构成的自组网络

移动自组网络主要应用在军事领域中，携带了移动站的战士可利用临时建立的移动自组网络进行通信。这种组网方式也能够应用到作战的地面车辆群和坦克群，以及海上的舰艇群、空中的机群。当出现自然灾害时，在抢险救灾时利用移动自组网络进行及时的通信往往很有效。

另外，BSS 还可以采用集中控制方式与分布对等式相结合的方式。

(二) 无线局域网的拓扑结构

1. 无线局域网拓扑结构的类型

(1) 点对点型。常用于固定的、要联网的两个位置之间，是无线联网的常用方式，用该联网方式所建网络的传输距离远、速率高，受外界环境影响较小，如图 6-17 所示。

(2) 点对多点型。常用于一个中心点带多个远端点的情况。其最大优点是组网成本低、维护简单。由于中心使用全向天线，设备调试相对容易。缺点是全向天线波束的全向扩散使功率大大降低，影响网络传输速率，对于较远的端点来说，可靠性得不到保证，如图 6-18 所示。

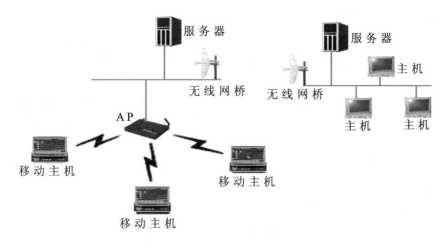

图 6-17　点对点型结构网络示意图

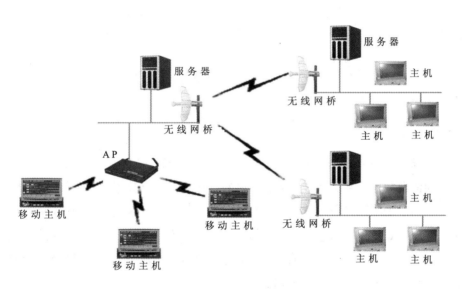

图 6-18　点对多点型结构网络示意图

(3) 混合型。适用于所建网络中既有远端点，又有近端点，还有建筑物或山脉阻挡的点。组建网络时，可综合使用多种方式。

2. 无线局域网室内应用的两类情况

(1) 独立的无线局域网。独立的无限局域网是指整个网络都使用无线通信的情形。在这种方式下可以使用 AP，也可以不使用 AP。在不使用 AP 时，各个用户之间通过无线直接互连。但缺点是各用户之间的通信距离较近，且当用户数量较多时，性能较差。

(2) 非独立的无线局域网。在大多数情况下，无线通信是作为有线通信的一种补充和扩展，我们把这种情况称为非独立的无线局域网。在这种配置下，多个 AP 通过线缆连接在有线网络上，以使无线用户能够访问网络的各个部分。

(三) 无线局域网的传输介质

1. 微波通信

目前常用的计算机无线通信手段有光波和无线电波。其中光波包括红外线和激光，红外线和激光易受天气影响，也不具备穿透能力，故难以实际应用。无线电波包括短波、超短波和微波等，其中采用微波通信具有很大的发展潜力。特别是 20 世纪 90 年代以来，美国的几家公司发展了一种新型民用无线网络技术，是以微波频段为媒介，采用直序扩展频谱(DSSS)或跳频方式(FH)发射的传输技术，并以此技术作为发射、接收机，遵照 IEEE 802.3 以太网协议，开发了整套无线网络产品。它的通信方面的主要技术特点是：用 900MHz 或 2.45GHz 微波作为传输媒介，以先进的直序扩展频谱或跳频方式发射信号，为宽带调制发射。所以它具有传输速率高、发射功率小、保密性好、抗干扰能力强的特点。更方便的是它易于进行多点通信，很多用户可以使用相同的通信频率，只要设置不同的标志码 ID 就可以产生不同的伪随机码来控制扩频调制，即可进行互不干扰的同时通信。其通信距离和覆盖范围视所选用的天线不同而有所差异：定向传送可达 5～40km，室外的全向天线可覆盖 10～15km 的半径范围，室内全向天线可覆盖最大半径 250m 的 5000m^2 范围。微波扩频通信技术为无线网提供了良好的通信信道。

2. 微波扩频通信

扩展频谱通信(Spread Spectrum Communication)简称扩频通信。扩频通信的基本特征是：使用比发送的信息数据速率高许多倍的伪随机码，把载有信息数据的基带信号的频谱进行扩展，形成宽带的低功率频谱密度的信号来发射。增加带宽可以在较低信噪比情况下以相同的信息传输速率来可靠地传输信息，甚至在信号被噪声淹没的情况，只要相应增加信号带宽，仍然能够保持可靠的通信，也就是可以用扩频方法以宽带传输信息来换取信噪比上的好处。这就是扩频通信的基本思想和理论依据。

扩频通信技术在发射端以扩频编码进行扩频调制，在接收端以相关的解调技术收取信息，这一过程使其具有许多优良特性，如抗干扰能力强、隐蔽性强、保密性好、多址通信能力强、抗多径干扰能力强、安全机制好。

实现扩频通信的基本工作方式有 4 种：直接序列扩频工作方式(简称 DSSS 方式)、跳变频率工作方式(简称 FH 方式)、跳变时间工作方式(简称 TH 方式)、线性调频工作方式(简称 CHIRP 方式)。目前使用最多、最典型的扩频工作方式是直接序列扩频工作方式(DSSS 方式)，在无线网络的通信中，即采用这种方式工作。

任务五　无线局域网设备

构成无线网络的连接组件主要有 5 个：WLAN 网卡、无线接入点 AP、室外局域网网桥、无线路由器、天线。

(一) WLAN 网卡

无线网卡的外观与有线网卡(PCMCLL、CADBUS、PCI 和 USB)一样。它们的功能也相同，即使最终用户接入网络。在有线局域网中，网卡是网络操作系统与网线之间的接口。在无线局域网中，它们是操作系统与天线之间的接口，用来创建透明的网络连接。

无线网卡是无线局域网进行网络连接的无线终端设备。如果家里或者所在地有无线局域网的覆盖，就可以通过无线网卡以无线的方式连接无线网络。

无线网卡按无线标准可分为 IEEE 802.11b、IEEE 802.11a、IEEE 802.11g。按接口可分为台式机专用的 PCI 接口无线网卡、笔记本电脑专用的 PCMICA 接口网卡以及 USB 无线网卡。USB 无线网卡只有采用 USB 2.0 接口才能满足 802.11g 或 802.11g+的需求。另外，在笔记本电脑中应用比较广泛的还有一种 MINI-PCI 无线网卡。如图 6-19 所示是几种无线网卡的外观。

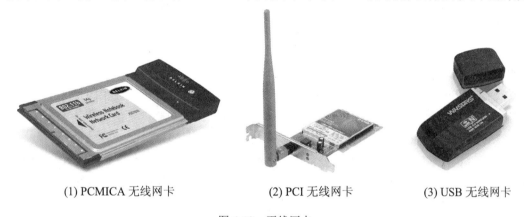

(1) PCMICA 无线网卡　　　　　(2) PCI 无线网卡　　　　　(3) USB 无线网卡

图 6-19　无线网卡

无线局域网卡按速度分主要有 11Mb/s、54Mb/s、108Mb/s 三种。需要注意的是，这些速度值是理论值，与实际环境中有较大差距。目前市场上的产品以 54Mb/s 和 108Mb/s 两种速度较多。要注意的是，只有采取 USB 2.0 接口的无线网卡，才能满足 802.11g 无线产品或108Mb/s 无线产品要求。

(二) 无线接入点 AP

AP(Access Point)一般翻译为"无线访问节点"，它主要是提供无线工作站对有线局域网和从有线局域网对无线工作站的访问，在访问接入点覆盖范围内的无线工作站可以通过它进行相互通信。在无线网络中，AP 就相当于有线网络的集线器。

AP 在无线局域网和有线网络之间接收、缓冲存储和传输数据，以支持一组无线用户设备。接入点通常是通过一根标准以太网线连接到有线主干上，并通过有线与无线设备进行通信。接入点或者与之相连的天线通常安装在墙壁或天花板等高处。像蜂窝电话网络少的小区一样，当用户从一个小区移动到另一个小区时，多个接入点可支持从一个接入点切换到另一个接入点，如图 6-20 所示。

新世纪高职高专规划教材

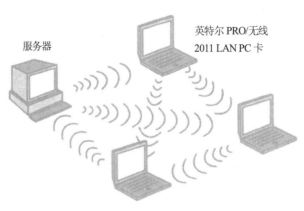

图 6-20　接入点 AP

接入点的有效范围是 20～500m。根据技术、配置和使用情况，一个接入点可以支持 15～250 个用户。通过添加更多的接入点，可以比较轻松地扩充无线局域网，从而减少网络拥塞并扩大网络的覆盖范围。需要多个接入点的大型企业相交地部署这些接入点，以使网络连接保持不断。一个无线接入点能够跟踪其有效范围之内的客户行踪，允许或拒绝特殊的通信或者客户通过它进行通信。

无线 AP 是无线网和有线网之间沟通的桥梁。由于无线 AP 的覆盖范围是一个向外扩散的圆形区域，因此，应当尽量把无线 AP 放置在无线网络的中心位置，而且各无线客户端与无线 AP 的直线距离最好不要超过 30m，以避免因通信信号衰减过多而导致通信失败。

无线 AP 有室内型和室外型之分。室内型 AP 结构简单、价格较低，室外型 AP 具有防雨、防盗功能，大多还具有网线供电(PoE)功能。如图 6-21 所示为几种常见的无线 AP。

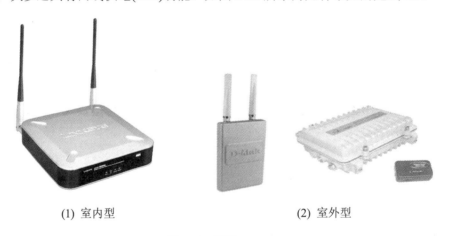

(1) 室内型　　　　　　　　　　　　　　　(2) 室外型

图 6-21　无线 AP

(三) 室外局域网网桥

室外局域网网桥用于连接不同建筑物的局域网。如果考虑到在建筑物之间，特别是有高速公路和水体等障碍物时铺设光缆的成本，无线局域网网桥无疑是一种经济的选择。对于日复一日的专线费用来说，网桥也是一种比较经济的选择，无线局域网网桥产品支持极高的数据率，并且利用视距内定向天线使有效传输距离长达几千米。一些接入点还可以用作距离相对较近建筑物之间的网桥。

无线网桥是为使用无线(微波)进行远距离数据传输的点对点网间互连而设计，可以用于连接在不同建筑物间的两个或多个独立的网络段。目前许多无线网桥产品也可以作为室外 AP 使用。

使用无线网桥必须两个以上，一般配备抛物面天线实现长距离连接。天线分为全向天线和定向天线。全向天线覆盖 120°的扇形范围，可以在较大范围内接收到信号。定向天线覆盖的范围很小，以保证无线传输不受干扰。

根据协议不同，无线网桥可以分为 2.4GHz 频段的 802.11b 或 802.11g 以及采用 5.8GHz 频段的 802.11a 无线网桥。

(四) 无线路由器

无线路由器就是 AP、路由功能和集线器的集合体，支持有线无线组成同一子网，直接连接上层交换机或 ADSL 调制解调器等，大多数无线路由器都支持 PPOE 拨号功能。如图 6-22 所示为一个无线路由器。

图 6-22　无线路由器

(五) 天线

经过调制的信号被天线发射出去，这样目标端才能接收到。

无线局域网因为工作在较高的频段，天线并不需要很长，小范围使用的 AP、网卡一般使用内置的小型天线就可以了。

当需要远距离工作时，就需要给网卡及 AP 额外增加天线。作为传输中介的网桥，增加天线后，传输距离可以达到几十千米。

天线分为定向天线和全向天线。天线对空间不同方向具有不同的辐射或接收能力，这就是天线的方向性。衡量天线方向性通常使用方向图，在水平面上，辐射与接收无最大方向的天线称为全向天线，有一个或多个最大方向的天线称为定向天线。如图 6-23 所示为几种天线的外观。

新世纪高职高专规划教材

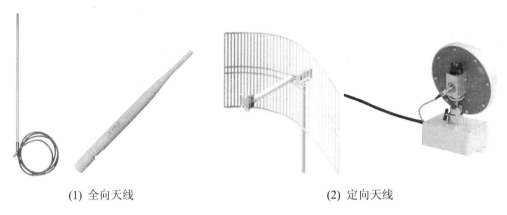

(1) 全向天线   (2) 定向天线

图 6-23 无线局域网使用的全向天线和定向天线

全向天线获得的增益为 1，它并不将功率集中于任何方向。全向天线是室内无线网络的最佳选择，因为室内无线网络的范围比较小，而且也不易产生向外干扰。

定向天线的增益比全向天线大，而且由于其将能量集中在一个单一的方向，所以调制后的信号可以传到更远的地方。定向天线则非常适合于地处同一座城市的建筑物之间互连。因为这类互连的距离比较远，应该设法将其他系统的干扰降到最低程度。

现在市面上 WLAN 设备的天线增益一般是 2.2db，室外无阻隔传输距离一般是 300m。若要更远地传输 WLAN 信号，就要使用另外的天线，市面上有增益为 6db、7db、8.5db、9db、10db、12db、14db 的天线。

任务六　无线局域网接入技术

无线 AP 的加入丰富了组网的方式，并在功能及性能上满足了家庭无线组网的各种需求。技术的发展，令 AP 已不再是单纯的连接"有线"与"无线"的桥梁。带有各种附加功能的产品层出不穷，这就给目前多种多样的家庭宽带接入方式提供了有力的支持。下面就从上网类型入手，来了解家庭无线局域网的组网方案。

(一) 以太网宽带接入

以太网宽带接入方式是目前许多居民小区所普遍采用的，其方式为所有用户都通过一条主干线接入 Internet，每个用户均配备个人的私有 IP 地址，用户只需将小区所提供的接入端(一般是一个 RJ-45 网卡接口)插入计算机中，设置好小区所分配的 IP 地址、网关以及 DNS 后即可连入 Internet，如图 6-24 所示。从过程及操作上看，这种接入方式的过程十分简便，一般情况下只需将 Internet 接入端插入 AP 中，设置无线网卡为"基站模式"，分配好相应的 IP 地址、网关、DNS 即可。

新世纪高职高专规划教材

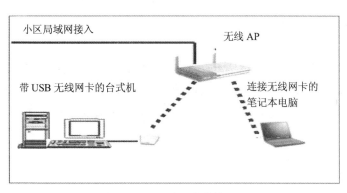

图 6-24 无线网宽带接入

(二) 虚拟拨号

虚拟拨号的接入方式与以太网宽带非常类似，ISP 将网线直接连接到用户家中。但不同的是，用户需要用虚拟拨号软件进行拨号，从而获得公有 IP 地址方可连接 Internet。对于这种宽带接入方式，最理想的无线组网方案是采用一个无线路由器(Wireless Router)作为网关进行虚拟拨号。如图 6-25 所示，所有的无线终端都通过它来连接 Internet，使用起来十分方便。

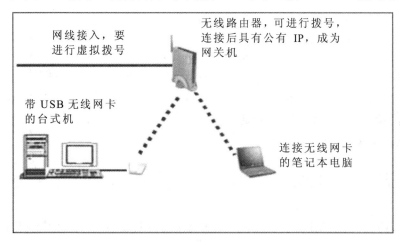

图 6-25 虚拟拨号接入

通常在选购时用户会将 AP 与 Wireless Router 相混淆。一般而言，普通 AP 没有路由功能，它只能起到单纯的网关作用，即把有线网络与无线网络简单地连接起来，其本身也不带交换机功能。而 Wireless Router 则是带了路由功能的 AP，相当于有线网络中的交换机，并且带有虚拟拨号的 PPPoE 功能，可以直接存储拨号的用户名和密码，能够直接和 DSL Modem 连接。另外，在网络管理能力上，Wireless Router 也要优于普通 AP。但通常情况下，人们把 AP 和 Wireless Router 统称为无线 AP。

(三) 以太网 DSL Modem 接入

DSL 是目前最普及的宽带接入方式(中国电信所提供的宽带接入，如图 6-26 所示)，用户只需一块有线网卡，通过网线连接以太接口的 DSL Modem 进行虚拟拨号即可连接上网。在这种宽带接入方式下，组网方案根据 DSL Modem 是否支持路由而分为两类。

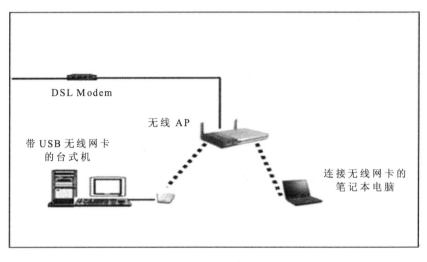

图 6-26　DSL 接入

其一是 DSL Modem 不支持路由模式，无法进行独立拨号。这种情况下的组网方式基本与"虚拟拨号"方式相同，需要无线路由器的支持。需要注意的是，无线路由器应通过网线连接在 DSL Modem 的下端。其二是 DSL Modem 支持路由的模式，作为单独的网关进行拨号并占有公有 IP 地址。此时，一个普通的 AP 接入即可满足需要，所有无线终端的网关都指向 DSL Modem 的 IP 地址。

(四) 无线局域网的互连方式

根据不同局域网的应用环境与需求，无线局域网可采取不同方式来实现互连，具体有如下几种：

(1) 网桥连接型。不同的局域网之间互连时，由于物理上的原因，若采取有线方式不方便，则可利用无线网桥的方式实现二者的点对点连接。无线网桥不仅提供二者之间的物理与数据链路层的连接，还可为两个网的用户提供较高层的路由与协议转换。

(2) 基站接入型。当采用移动蜂窝通信网接入方式组建无线局域网时，各站点之间的通信是通过基站接入、数据交换方式来实现互连的。各移动站不仅可以通过交换中心自行组网，还可以通过广域网与远地站点组建自己的工作网络。

(3) Hub 接入型。利用无线 Hub 可以组建星型结构的无线局域网，具有与有线 Hub 组网方式相类似的优点。在该结构基础上，可采用类似于交换式以太网的工作方式，要求 Hub 具有简单的网内交换功能。

(4) 无中心结构。要求网中任意两个站点均可直接通信。此结构的无线局域网一般使用公用广播信道，MAC 层采用 CSMA 类型的多址接入协议。

无线局域网也可以在普通局域网基础上通过无线 Hub、无线接入点(AP)、无线网桥、无线 Modem 及无线网卡等来实现，其中以无线网卡最为普通，使用最多。大多数情况下，无线局域网是有线局域网的一种补充和扩展，在这种结构中，多个 AP 通过线缆连接到有线局域网，可以使无线用户能访问网络的各个部分。

任务七　无线局域网的安全问题及安全技术

(一) 无线局域网的安全问题

当有关 IEEE 802.11 的连线对等保密(WEP)协议安全系统易于受到攻击的报告发表时，无线局域网市场因为安全问题而开始降温。应该说，无线局域网的性能、互操作性和易管理性在不断改善，而安全性已经成为一个迫切需要解决的问题。无线局域网的安全性问题表现为如下几个方面：

1. 传输介质的脆弱性

传统的有线局域网采用单一传输媒体——铜线与无源集线器(Hub)或集中器，这些集线器端口和线缆接头几乎都连接到具备一定程度物理安全性的设备中，因而攻击者很难进入这类传输介质。许多有线局域网为每个用户配备专门的交换端口，即使是经认证的内部用户，也无法越权访问，更不用说外部攻击者了。与此对照，无线局域网的传输媒体为大气空间，则要脆弱得多，很多空间都在无线局域网的物理控制范围之外，如公司停车场、无线网络设备的安装位置以及邻近的高大建筑物等。网络基础架构的这些差别，导致无线局域网与有线网的安全性不在一个水平上。

2. WEP 存在不足

IEEE 802.11 委员会由于意识到无线局域网固有的安全缺陷而引入了 WEP。但 WEP 也不能完全保证加密传输的有效性，它不具备认证、访问控制和完整性校验功能。而无线局域网的安全机制是建立在 WEP 基础之上的，一旦 WEP 遭到破坏，这类机制的安全也就不复存在。

WEP 协议本身存在漏洞，它采用 RC4 序列密码算法，即运用共享密钥将来自伪随机数据产生器的数据生成任意字节长的序列，然后将数据序列与明文进行异或处理，生成加密文本。

早期的 802.11b 网络都采用 40 位密钥，使用穷举法，一个黑客在数小时内可以将 40 位密钥攻破；而若采用 128 位密钥则不太可能被攻破(时间太长)。但若采用单一密钥方案(密钥串重复使用)，即使是 128 位密钥，也容易受到攻击。为此，在 WEP 中嵌入了 24 位创始向量(Iv)，Iv 值随每次传输的信息包变更，并附加在原始共享密钥后面，以最大程度减小密钥相同的概率，进而降低密钥被攻破的危险。认证失败也会导致非法用户进入网络。802.11 分两个步骤对用户进行认证。首先，接入点必须正确应答潜在通信基站的密码质询(认证步骤)，

新世纪高职高专规划教材

随后通过提交接入点的服务集标志符(SSID)与基站建立联系(称为客户端关联)。这种联合处理步骤为系统增加了一定的安全性。一些开发商还为客户端提供可选择的 SSID 序列,但都是以明文形式公布,因而带无线卡的协议分析器能够在数秒内识别这些数据。

与实现 WEP 加密一样,认识步骤依赖于 RC4 加密算法。这里的问题不在于 WEP 不安全或 RC4 本身的缺陷,而是执行过程中的问题:接入点采用 RC4 算法,运用共享密钥对随机序列进行加密,生成质询密码;请求用户必须对质询密码进行解密,并以明文形式发回接入点;接入点将解密明文与原始随机序列进行对照,如果匹配,则用户获得认证。这样只需获取两类数据帧——质询帧和成功响应帧,攻击者便可轻易推导出用于解密质询密码的密钥串。WEP 系统有完整性校验功能,能部分防止这类采用重放法进行的攻击。但完整性校验是基于循环冗余校验(CRC)机制进行的,很多数据链接协议都使用 CRC,它不依赖于加密密钥,因而攻击者很容易绕过加密验证过程。

另外,攻击者还可能运用一些常见的方法对信息进行更改,这不仅意味着攻击者能够修改任何内容(如金融文档数据中的十进制小数点的位置),而且攻击者能够借助校验过程推断解密方式的正确性。

一旦经过适当的认证和客户端关联,用户便能完全进入无线网。即使不攻击 WEP 加密,攻击者也能进入连接到无线网的有线网络,执行非法操作或扰乱网络主管的正常管理,甚至向网络扩散病毒,植入"木马"程序进行攻击等。

802.11 以及 WEP 机制很少提及增强访问控制问题。一些开发商在接入点中建有 MAC 地址表用作访问控制列表,接入点只接受 MAC 地址表中客户端的通信。但 MAC 地址必须以明文形式传输,因而无线协议分析器很容易拾取这类数据。通常情况下,可为不同的无线网络接口卡(NIC)配置不同的 MAC 地址,因而运用仿真方法进行攻击对访问控制的影响较小。

(二) 无线局域网的安全技术

无线网络安全技术包括设置 SSID、WEP 加密、用户认证等。

1. SSID

通过对多个 AP 设置不同的 SSID,并要求无线工作站出示正确的 SSID 才能访问 AP,这样就可以允许不同群组的用户接入,并对资源访问的权限进行区别限制。因此可以认为 SSID 是一个简单的口令,从而提供一定的安全,但如果配置 AP 向外广播其 SSID,那么安全程度还将下降。由于一般情况下,用户自己配置客户端系统,所以很多人都知道该 SSID,很容易共享给非法用户。目前有的厂家支持"任何(ANY)"SSID 方式,只要无线工作站在任何 AP 范围内,客户端都会自动连接到 AP,这将跳过 SSID 安全功能。

2. 物理地址过滤(MAC)

由于每个无线工作站的网卡都有唯一的物理地址,因此可以在 AP 中手工维护一组允许访问的 MAC 地址列表,实现物理地址过滤。这个方案要求 AP 中的 MAC 地址列表必须随时更新,可扩展性差;而且 MAC 地址在理论上可以伪造,因此这也是较低级别的授权认证。

物理地址过滤属于硬件认证，而不是用户认证。这种方式只适合于小型规模网络。

3. WEP 技术

在链路层采用 RC4 对称加密技术，用户的加密密钥必须与 AP 的密钥相同时才能获准存取网络的资源，从而防止非授权用户的监听以及非法用户的访问。WEP 提供了 40 位(有时也称为 64 位)和 128 位长度的密钥机制，但是它仍然存在许多缺陷，例如一个服务区内的所有用户都共享同一个密钥，一个用户丢失钥匙将使整个网络不安全。而且 40 位的钥匙在今天很容易被破解；钥匙是静态的，要手工维护，扩展能力差。目前为了提高安全性，建议采用 128 位加密钥匙。

4. Wi-Fi 保护接入(WPA)

WPA(Wi-Fi Protected Access)是继承了 WEP 基本原理而又解决了 WEP 缺点的一种新技术。由于加强了生成加密密钥的算法，因此即便收集到分组信息并对其进行解析，也几乎无法计算出通用密钥。其原理为根据通用密钥，配合表示计算机 MAC 地址和分组信息顺序号的编号，分别为每个分组信息生成不同的密钥，然后与 WEP 一样将此密钥用于 RC4 加密处理。通过这种处理，所有客户端的所有分组信息所交换的数据将由各不相同的密钥加密而成。无论收集到多少这样的数据，要想破解出原始的通用密钥几乎是不可能的。WPA 还追加了防止数据中途被篡改的功能和认证功能。由于具备这些功能，WEP 中此前备受指责的缺点得以全部解决。

5. 国家标准 WAPI

WAPI(WLAN Authentication and Privacy Infrastructure，无线局域网鉴别与保密基础结构)，是针对 IEEE 802.11 中 WEP 协议安全问题，在中国无线局域网国家标准 GB15629.11 中提出的 WLAN 安全解决方案。同时本方案已由 ISO/IEC 授权的机构 IEEE Registration Authority 审查并获得认可。它的主要特点是采用基于公钥密码体系的证书机制，真正实现了移动终端(MT)与无线接入点(AP)间双向鉴别。用户只要安装一张证书就可在覆盖 WLAN 的不同地区漫游，方便用户使用。与现有计费技术兼容的服务，可实现按时计费、按流量计费、包月等多种计费方式。AP 设置好证书后，无须再对后台的 AAA 服务器进行设置，安装、组网便捷，易于扩展，可满足家庭、企业、运营商等多种应用模式。

6. 端口访问控制技术(802.1x)

端口访问控制技术也是用于无线局域网的一种增强性网络安全解决方案。当无线工作站 STA 与无线访问点 AP 关联后，是否可以使用 AP 的服务要取决于 802.1x 的认证结果。如果认证通过，则 AP 为 STA 打开这个逻辑端口，否则不允许用户上网。802.1x 要求无线工作站安装 802.1x 客户端软件，无线访问点要内嵌 802.1x 认证代理，同时它还作为 Radius 客户端，将用户的认证信息转发给 Radius 服务器。802.1x 除提供端口访问控制能力之外，还提供基于用户的认证系统及计费，特别适合于公共无线接入解决方案。

新世纪高职高专规划教材

任务八 实训：组建无线局域网

【实训目的】

掌握使用 AP 构建无线局域网的方法。

掌握无线局域网接入有线局域网的方法。

【实训环境和设备】

LAN、AP 或无线路由器、无线网卡。

【实训内容和步骤】

1. 在 WLAN 中实现两台计算机点到点连接

(1) 在计算机上安装无线网卡。

(2) 按照图 6-27 所示，使两台计算机保持一定距离。

图 6-27 计算机点到点连接

(3) 设置网络属性。

(4) 测试两台计算机的连通性。

2. 通过 AP 或无线路由器实现点到点连接

(1) 为计算机安装无线网卡。

(2) 安装无线接入点或无线路由器。

(3) 按照图 6-28 所示，两台计算机与 AP 之间可以保持一定距离。

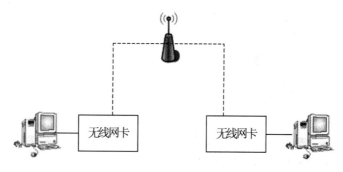

图 6-28 通过 AP 实现点到点连接

(4) 为计算机配置网络属性。

(5) 测试两台计算机之间的连通性。

3. 通过 AP 或无线路由器接入有线局域网

(1) 按照图 6-29 所示结构，两台计算机与 AP 之间可以保持一定距离。

新世纪高职高专规划教材

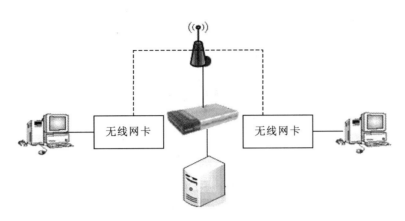

图 6-29 接入有线局域网

(2) 为计算机配置网络属性。

(3) 启动服务器的 FTP 服务。

(4) 在两台计算机上通过无线连接访问服务器的各种资源和服务。

【思考练习】

(1) 无线局域网由哪几部分组成？无线局域网中的固定基础设施对网络的性能有何影响？接入点 AP 是否就是无线局域网中的固定基础设施？

(2) Wi-Fi 与无线局域网 WLAN 是否为同义词？请简单说明。

(3) 服务集标识符 SSID 与基本服务集标识符 BSSID 有什么区别？

(4) 在无线局域网中，关联的作用是什么？

(5) 固定接入、移动接入、便携接入和游牧接入的主要特点是什么？

(6) 无线局域网的物理层主要有哪几种？

(7) 无线局域网的 MAC 协议有哪些特点？为什么在无线局域网中不能使用 CSMA/CD 协议而必须使用 CSMA/CA 协议？

(8) 为什么无线局域网的站点在发送数据帧时，即使检测到信道空闲也仍然要等待一小段时间？为什么在发送数据帧的过程中不像以太网那样继续对信道进行检测？

(9) 结合隐蔽站问题和暴露站问题说明 KTS 帧和 CTS 帧的作用。RIS/CTC 是强制使用还是选择使用？请说明理由。

(10) 为什么在无线局域网上发送数据帧后要求对方必须发回确认帧，而以太网就不需要对方发回确认帧？

模块七

网 络 接 入

【学习任务分析】

网络接入技术是当今互联网研究及应用的热点，且技术更新速度非常之快。其主要研究的内容是如何将用户终端的网络设备或计算机以合适的性能价格比与 ISP 端局的连网设备进行互连，从而接入互联网。

网络设备或计算机等终端设备接入互联网的方法多种多样，在选择接入的方式方法上，应该根据不同网络用户及不同的网络应用，选择合适的接入方式。选择哪种接入手段主要应考虑以下几个因素：

➢ 用户对网络接入速度的要求。

➢ 用户计算机或网络设备与 ISP 端局之间的距离。

➢ 用户对于网络的日常应用及用户网络的规模。

➢ 用户所能承受的用于接入网络的费用和代价。

现在，接入网是宽带上网的一个瓶颈，用户在进行网络接入时有多种方案，由于在这方面并没有国际统一的标准，因此本模块概括地介绍几种当今流行的网络接入实现方案。本模块主要从有线网络接入技术进行介绍，对于无线接入在目前发展也很快，对于需要经常在户外进行工作的用户，采用无线接入无疑是一种很好的方法，且由于无须进行网络线路的铺设，将成为以后网络接入方式的主流趋势。由于采用 WLAN 方式接入 Internet 方式方法在模块六已经详细介绍过，故此处不再对其进行介绍。

【学习任务分解】

本模块中，学习任务有以下几个方面：

➢ 网络接入的基本概念。

➢ 电话网的主要特点及接入方法。

➢ ADSL 的主要特点及接入方法。

➢ ADSL 的接入实例。

➢ 光纤以太网技术接入 Internet 的主要特点及接入方法。

➢ 代理服务器接入技术的主要特点及接入方法。

任务一　理解接入网技术

接入网负责将用户的局域网或计算机连接到骨干网。它是用户与 Internet 连接的最后一步，因此又称最后一公里技术。

(一) 接入网的概念和结构

接入网(Access Network，AN)，也称为用户环路，是指交换局到用户终端之间的所有通信设备，主要用来完成用户接入核心网(骨干网)的任务。国际电信联盟标准化部门(ITU-T) G.902 标准中定义接入网由业务节点接口(Service Node Interface，SNI)和用户网络接口(User to Network Interface，UNI)之间一系列传送实体(诸如线路设备和传输)构成，具有传输、复用、交叉连接等功能，可以看作与业务和应用无关的传送网。它的范围和结构如图 7-1 所示。

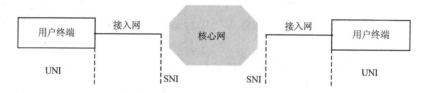

图 7-1　核心网与用户接入示意图

Internet 接入网分为主干系统、配线系统和引入线 3 个部分。其中，主干系统为传统电缆和光缆；配线系统也可能是电缆或光缆，长度一般为几百米；而引入线通常为几米到几十米，多采用铜线。其物理模型如图 7-2 所示。

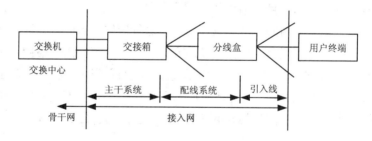

图 7-2　接入网的物理参考模型示意图

(二) 接入网的接口

接入网所包括的范围可由 3 个接口来标记。在网络端，它通过业务节点接口 SNI 与业务节点(Service Node，SN)相连；在用户端，经由用户网络接口 UNI 与用户终端相连；而管理功能则通过 Q3 接口与电信管理网 (Telecommunication Management Network，TMN)相连。图 7-3 显示了接入网这 3 个接口的位置。

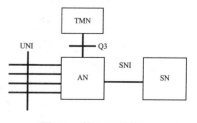

图 7-3　接入网的接口

新世纪高职高专规划教材

(三) 接入网的分类

接入网根据使用的媒质可以分为有线接入网和无线接入网两大类，其中有线接入网又可分为铜线接入网、光纤接入网等，无线接入网又可分为固定接入网和移动接入网。

任务二　借助电话网接入

目前，正在应用的各类接入 Internet 技术中，通过普通电话公用网接入 Internet 是用户(特别是离城市较远的乡村单机用户)最常用最简单的技术方式。这是由于电话网是人们日常生活中最常用的通信网络，无论是在东部沿海的发达城市，还是在西部的内陆乡村，电话网络已普及到各个家庭当中。利用已有的电话网络线路及设备，可以节省网络的建设费用，避免网络布线的麻烦。对于客户，只需要在现有电话网络上加入调制解调器(Modem)外，基本不需要增加额外的设备。

与其他接入技术相比，电话拨号接入投资少，配置简单，施工快。但拨号接入方式的缺点也很明显，速度缓慢，通信质量差，容易发生掉线、网络无响应等情况。

图 7-4 是利用电话线路连接到 Internet 的示意图。用户计算机通过调制解调器利用现有的电话网络与端局的 Modem 池及远程接入访问服务器 RAS 相连。如用户需要访问 Internet，需通过拨号方式与 RAS 建立连接，通过认证后，接入互联网。

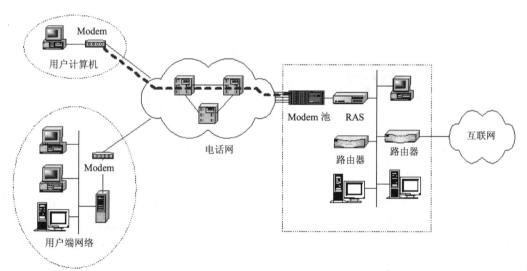

图 7-4　通过电话网接入到 Internet

这里涉及调制解调器这个设备，它的作用是进行信号的数模转换。由于电话线路传输的是语言信号(模拟信号)，计算机网络传输的是数字信号，故计算机输出的数字信号无法直接在普通的电话线路上进行传输。调制解调器可以在用户接入 Internet 时，在始发端将数字信号转换成可在电话线路上传输的模拟信号(这个过程称为调制)，而在电信局终端上将传过来的模拟信号转换成计算机能够处理的数字信号(这个过程称为解调)，这两个过程合起来就是调制解调，所以该设备称为调制解调器。

新世纪高职高专规划教材

调制解调器按照硬件连接方式的不同可分为内置式和外置式两种。

内置式调制解调器是一块计算机的扩展卡，如图 7-5 所示。将其插入计算机内的一个扩展槽，然后在系统中安装相应的板卡驱动即可使用。其优点是不需专用电源，价格便宜，但有可能会受到机箱内部其他设备的电磁干扰。

外置式调制解调器是一个盒式装置，如图 7-6 所示。背板如图 7-7 所示，有与计算机及电话等设备连接的端口，需将其与计算机背板的串口相连，且需外接电源方可使用。与内置式调制解调器相比，外置式调制解调器安装拆卸更加容易，且抗干扰能力强，便于携带及在其他计算机设备之间来回使用，但外置式调制解调器的价格较内置式调制解调器昂贵。

图 7-5　内置式调制解调器　　　　　　　图 7-6　外置式调制解调器

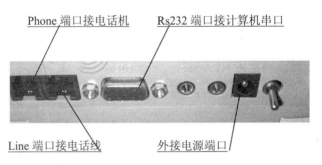

图 7-7　外置式调制解调器背板接口

计算机通过与调制解调器相连拨号上网，由于采用电话线路作为传输介质，故传输速率较低，目前所能够达到的最高传输速率为 56kb/s，而且传输速率与电话线路的好坏直接相关，质量较差的电话线路的传输速率可能会更低，因而现在已经比较少见，主要是在一些偏远地区的个人用户使用。

任务三　利用 ADSL 宽带技术接入

ADSL(非对称数字用户环路)是 Internet 接入技术中由窄带向宽带过渡的重要技术。当借助电话网接入 Internet 出现之后，互联网的发展进入快车道。但由于电话网的数据传输速率太低，无法满足用户对于传输速率的要求，人们便开始寻求其他的接入方法来解决大容量信息传输问题，ADSL 能够脱颖而出成为当今流行的接入方式，可以说是人们对于接入技术不断研发改进的结果。

ADSL 同样利用普通电话线作为传输介质，采用了技术更为复杂的调制解调技术。同时在数据传输方向上分为上行与下行两个通道，由于上下行通道数据传输速率不一致，故"非对称"由此而来。ADSL 上行速率介于 512kb/s～1Mb/s 之间，下行速率一般介于 1～8Mb/s 之间。由于其上下行速率数倍于之前的窄带速率，人们普遍称其为宽带接入技术。看似 ADSL 技术前景一片光明，但在它出现初期也遇到一个非常棘手的问题，那就是传输距离的限制。由于 ADSL 技术不再将数字信号调制转换成普通的语言模拟信号(4kHz 以下)，而是调制在更高的频段上(25kHz～1.1MHz)，这样的好处是它与语音信号之间独立传输，互不干扰，可以同时进行工作，但同时它极限的传输距离大打折扣，用户终端离中心端局设备之间的距离不能超过 5km，由于当时 ADSL 中心端局设备均布设于各地的电信大楼内部，设备过于集中，所以在 ADSL 技术推广应用的初期，受到较大限制。为了扩大 ADSL 宽带接入技术的覆盖范围，人们想出了各种解决方案。目前流行的 ADSL 宽带接入方式有两种实现方案：混合型 DSLAM(Digital Subscriber Line Access Multiplexer，数字用户线路接入复用器)接入和独立型 DSLAM 接入。

(一) 混合型 DSLAM 接入

该方案以窄带业务为主，宽带业务为辅，实现窄带/宽带一体化连接，可组成点对点型、星型、环型、树型等拓扑，该方案适用于宽带用户少且分散的社区。

(二) 独立型 DSLAM 接入

宽带用户相对集中的小区宜采用独立型的 DSLAM 接入。其中，每个 DSLAM 机框最高可提供 128 个 ADSL 端口，同一机框可支持多种 XDSL 接入；网络配置灵活、即插即用，可满足不同速率的用户需求。

ADSL 宽带接入由 RAS、DSLAM、ATU-R(ADSL Transceiver Unit-Remote，ADSL 远程终端单元，即 ADSL 调制解调器)3 部分组成。

ADSL 的用户终端设备 ATU-R 有 4 种类型：

(1) ADSL 路由器：用户侧提供 10/100Mb/s IEEE 802.3 以太口，具有路由器功能，支持 RIP、DHCP、PAP、CHAP、NAT 等协议。

(2) ADSL LAN Modem：用户侧提供 10/100Mb/s 以太口。

(3) ADSL USB Modem：用户侧提供 USB 接口。

(4) ADSL PCI Modem：在 PCI 总线扩展槽中插网卡，即插即用。

接入服务器放在中心局。DSLAM 部分可放于小区内。IP 地址原则上通过 BRAS 动态分配，地址空间采用合法地址或保留地址，后者应注意 IP 地址的整体规划。

ADSL 线路设计原则上利用现有电话线路，也可以采用"光纤到小区+电话引入线"或者"光纤到小区+综合布线"的方式。

新世纪高职高专规划教材

任务四　PC 通过 ADSL 接入 Internet

(一) 工作任务

一位客户从电信公司申请了一个 ADSL 账户，现在需要将客户家里的计算机通过 ADSL 调制解调器连接到 Internet。

(二) 任务目标

(1) 学会识别各种制作双绞线的工具。

(2) 学会使用各种工具制作交叉线和直通线。

(3) 学会使用测试仪测试双绞线的连通性。

(三) 材料清单

使用 ADSL 技术接入 Internet，对于用户需要以下设备：

(1) 1 台 PC(计算机需配有网络接口卡)。

(2) 1 台 ADSL 调制解调器。

(3) 1 个信号分离器。

(4) 2 条 RJ-11 接头的电话线，1 条 RJ-45 接头直连 5 类双绞线。

(5) 1 个从电信公司申请的 ADSL 账户及密码，ADSL 拨号软件(Windows XP 系统自带)。

(四) 网络拓扑

使用 ADSL 接入 Internet 的网络拓扑结构如图 7-8 所示。

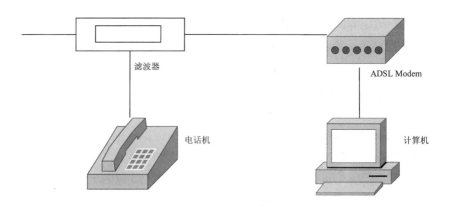

图 7-8　ADSL 设备连接拓扑示意图

ADSL Modem 如图 7-9 所示。

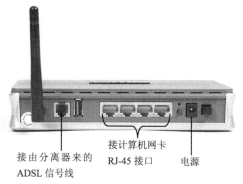

接由分离器来的
ADSL 信号线

接计算机网卡
RJ-45 接口

电源

图 7-9 ADSL Modem 接口连接示意图

(1) 信号分离器的连接。信号分离器共 3 个接口,分别如下。

➢ LINE 端口:用于连接入户电话线。

➢ Modem 端口:用于与 ADSL 设备的 Line 接口相连接。

➢ Phone 端口:用于连接电话机。

(2) ADSL 调制解调器的连接。ADSL 调制解调器背板接口分别如下。

➢ LINE 端口:与信号分离器的 Modem 端口相连。

➢ LAN 端口:与用户计算机的网卡通过 RJ-45 直通线相连。

➢ Power 端口:外接电源接口。

按照以上方式连接各个接口完成物理网络的搭建。

(五) ADSL 拨号配置

在计算机上做如下准备工作:

(1) 检查该 PC 操作系统 Windows XP 应能正常工作。

(2) 检查该 PC 的网卡驱动程序已正确安装。

(3) 配置 IP 地址及 DNS 服务器均为自动获取。

准备工作完成之后,开始进入连接的建立,过程如下:

(1) 如图 7-10 所示,右击桌面上"网上邻居"图标,在弹出的快捷菜单中选择"属性"命令。

图 7-10 网上邻居

新世纪高职高专规划教材

(2) 在打开的"网络连接"窗口中，单击左上角的"创建一个新的连接"选项，如图 7-11 所示。

图 7-11　网络连接

(3) 系统弹出"新建连接向导"对话框，在"网络连接类型"界面中选择"连接到 Internet (C)"单选按钮，如图 7-12 所示。

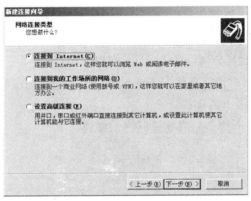

图 7-12　新建连接类型

(4) 单击"下一步"按钮，在弹出的对话框中设置连接方式为"手动设置我的连接"，如图 7-13 所示。

(5) 单击"下一步"按钮，在弹出的对话框中选择"用要求用户名和密码的宽带连接来连接"单选按钮，并输入 ISP 名称，如图 7-14 所示。

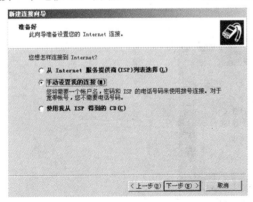

图 7-13　选择接入方式

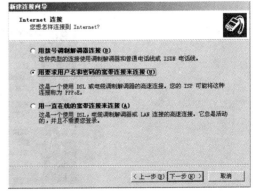

图 7-14　设置 Internet 连接

(6) 单击"下一步"按钮，在弹出的对话框中输入连接名称，如"ADSL 连接"，如图 7-15 所示。

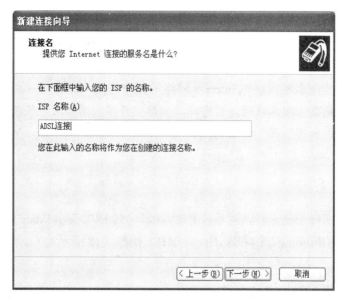

图 7-15 输入 ADSL 连接名称

(7) 单击"下一步"按钮，在弹出的对话框中输入 Internet 账户信息，包括用户从电信运营商那里获得的可用账号的用户名及密码，并在桌面上创建快捷方式，如图 7-16 所示。

(8) 完成以上设置之后，双击桌面上的  图标，验证是否可以正常拨号，如图 7-17 所示。

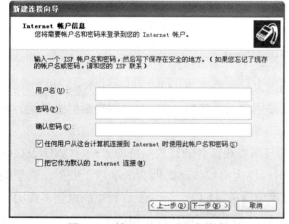

图 7-16 输入 Internet 账户信息

图 7-17 拨号连接

当在桌面左下角的任务栏中出现 图标，说明网络已经连通，完成 ADSL 拨号软件的设置。

任务五　利用光纤以太网技术接入 Internet

以上两种接入技术均利用现有的电话线进行数据的传输，适合于对已有电话网络的升级利用。随着时代的发展，新的楼宇拔地而起，在这些新兴的楼宇内部，可以通过重新布设网络专用线路，实现网络的互连互通。光纤以太网接入技术便是利用技术成熟的局域网技术和骨干网进行连接，实现本地网络与 Internet 网络的无缝连接。

光纤接入方式是宽带接入网的发展方向，但是光纤接入需要对电信部门过去的铜缆接入网进行相应的改造，所需投入的资金巨大。

(一) FTTx 概述

光纤接入分为多种情况，可以表示成 FTTx，其中的 FTT 表示 Fiber To The，x 可以是路边(Curb，C)、大楼(Building，B)和家(Home，H)，如图 7-18 所示。

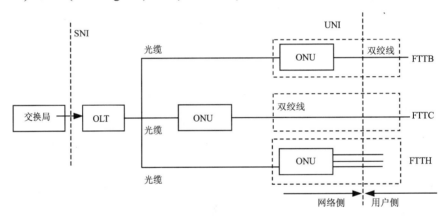

图 7-18　光纤接入

图 7-18 中 OLT(Optical Line Terminal)称为光线路终端，ONU(Optical Network Unit)称为光网络单元，SNI 是业务网络接口，UNI 是用户网络接口。ONU 是用户端网络单元。根据 ONU 位置不同有 3 种主要的光纤接入网：

(1) 光纤到路边(FTTC)。FTTC 是光纤与铜缆相结合的比较经济的方式。ONU 设在路边的分线盒处，在 ONU 网络一侧为光纤，另一侧为双绞线。提供 2Mb/s 以下业务，典型的用户数为 128 以下，主要为住宅或小型企业单位服务。FTTC 适合于点到点或点到多点的树型分支拓扑结构。其中的 ONU 是有源设备，因此需要为 ONU 提供电源。

(2) 光纤到大楼(FTTB)。FTTB 将 ONU 接放到居民住宅楼或小型企业办公楼内，再经过双绞线接到各个用户。FTTB 是一种点到多点结构。

(3) 光纤到户(FTTH)。FTTH 是 ONU 移到用户的房间内，实现了真正的光纤到用户。从本地交换机一直到用户全部为光纤连接，没有任何铜缆，也没有有源设备，是接入网发展的长远目标。

EPON(Ethernet-based Passive Optical Network，以太无源光网络)是 PON(Passive Optical

Network，无源光网络)的一种，是光纤用户(FTTH)所采取的一种最佳的系统结构。10Gb/s 以太网主干和城域环网的出现也将是 EPON 成为未来全光网络中最佳的最后一公里解决方案。

(二) FTTx+LAN

以太网技术是目前具有以太网布线的小区、小型企业、校园中用户实现宽带城域网或广域网接入的首选技术。将以太网用于实现宽带接入，必须对其采用某种方式进行改造以增加宽带接入所必需的用户认证、鉴权和计费功能，目前这些功能主要通过 PPPoE 方式实现。

PPPoE 是以太网上的点到点协议的简称，它是通过将 PPP 承载到以太网之上，提供了基于以太网的点对点服务。在 PPPoE 接入方式中，由安装在汇聚层交换机旁边的宽带接入服务器(Broadband Access Server，BAS)承担用户管理、用户计费和用户数据续传等所有宽带接入功能。BAS 可以与以太网中的多个用户端之间进行 PPP 会话，不同的用户与接入服务器所建立的 PPP 会话以不同的会话标识(Session ID)进行区分。BAS 对不同用户和其之间所建立的 PPP 逻辑连接进行管理，并通过 PPP 建立连接和释放的会话过程，对用户上网业务进行时长和流量的统计，实现基于用户的计费功能。

作为以太网和拨号网络之间的一个中继协议，PPPoE 充分利用了以太网技术的寻址能力和 PPP 在点到点的链路上的身份验证功能，继承了以太网的快速和 PPP 拨号的简单、用户验证、IP 分配等优势，从而逐渐成为宽带上网的最佳方式。

图 7-19 所示的是一个简单的针对光纤到小区或大楼、5 类或超 5 类线到户的应用 PPPoE 接入服务器的例子。利用 FTTx+LAN 的方式可以实现千兆到小区、百兆到大楼、十兆到家庭的宽带接入方式。在城域网建设中，千兆位以太网已经布到了居民密集区、学校以及写字楼区。把小区内的千兆或百兆以太网交换机通过光纤连接到城域网，小区内采用综合布线，用户计算机终端插入 10/100Mb/s 的以太网卡就可以实现高速的网络接入，可以实现高速上网、视频点播、远程教育等多项业务。接入用户不需要在网卡上设置固定 IP 地址、默认网关和域名服务器，PPP 服务器可以为其动态指定。PPPoE 接入服务器的上行端口可通过光电转换设备与局端设备连接，其他各接入端口与小区或大楼的以太网相连。用户只要在计算机上安装好网卡和专用的虚拟拨号客户端软件后，拨入 PPPoE 接入服务器就可以上网了。

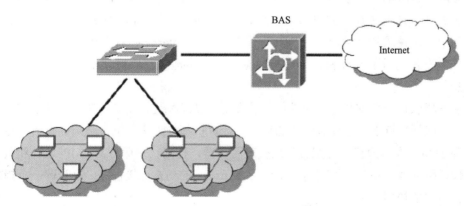

图 7-19　通过以太网方式接入

新世纪高职高专规划教材

LAN 接入技术目前已比较成熟，带宽高，用户端设备成本低，理论上用户速率可达 100Mb/s，目前较多地被用于具有以太网布线的住宅小区、酒店、写字楼等。但其传输距离短、初期计划投资成本高、管理不方便、需要重新布线等缺点在一定程度上限制了其应用。

任务六　利用代理服务器技术接入

随着因特网技术的迅速发展，越来越多的计算机连入了因特网。目前已经联系着 160 多个国家和地区，上网的计算机已超过 5000 万台。它促进了信息产业的发展，并将改变人们的生活、学习和工作方式，对很多人来说，因特网已成为不可缺少的工具。而随着因特网的发展，也产生了诸如 IP 地址耗尽、网络资源争用和网络安全等问题。代理服务器就是为了解决这些问题而产生的一种有效的网络安全产品。

利用因特网的代理服务器技术可以解决目前因特网的 IP 地址耗尽、网络资源争用以及网络安全等问题。代理服务器是采取一种代理的机制，即内部的客户端必须经过代理服务器才能和外部的服务器端进行通信，而外部的任何一台主机只能访问到代理服务器。

(一) 代理服务器接入 Internet 原理

现在的代理服务器都是以软件的形式安装于局域网的一台计算机中，该计算机有一个出口接入 Internet，接入方式可以为城域网的 10/100Mb/s 以太网接口、ISDN、PSTN 或者是 ADSL；另一个以太网接口一般和内部局域网互连，由于合法 IP 地址的缺乏，内部局域网络一般采用非法 IP 地址，这些 IP 地址一般是不能作为 IP 数据包的源地址访问外部网络的。在局域网中的计算机需要访问外部网络时，该计算机的访问请求被代理服务器截获，代理服务器通过查找本地的缓存，如果请求的数据(如 WWW 页面)可以查找到，则把该数据直接传给局域网络中发出请求的计算机；否则代理服务器访问外部网络，获得相应的数据，并把这些数据缓存，同时把该数据发送给发出请求的计算机。但代理服务器缓存中的数据需要不断更新。

当局域网中的计算机需要访问 Internet 时，该计算机的访问请求首先发送到代理服务器，代理服务器查找本地的缓存，如果请求的数据(如 WWW 页面)可以查找到，则把该数据直接传给局域网中发出请求的计算机；否则代理服务器访问 Internet，获得相应的数据，并把这些数据发送给发出请求的计算机，同时把数据存储在本地缓存，代理服务器缓存中的数据会不断更新。

代理服务器软件一般安装在一台性能比较突出，且同时装有调制解调器和网卡或者有两块网卡的高性能计算机上。在局域网中的每一台计算机都作为客户机，必须拥有一个独立的 IP 地址，而且事先在客户机软件配置使用代理服务器，指向代理服务器的 IP 地址和服务端口号。当代理服务器启动时，将利用一个名为 Winsock 的动态连接程序，来开辟一个指定的端口，等待用户的访问请求。

(二) 代理服务器的工作过程

代理服务器接入是把局域网内的所有需要访问网络的需求，统一提交给局域网出口的代理服务器，由代理服务器与 Internet 上 ISP 的设备联系，然后将信息传递给提出需求的设备。例如用户计算机需使用代理服务器浏览 WWW 网络信息，用户计算机的 IE 浏览器不是直接到 Web 服务器去取回网页，而是向代理服务器发出请求，由代理服务器取回用户计算机 IE 浏览器所需要的信息，再反馈给申请信息的计算机，如图 7-20 所示。

PC 机

代理服务器

图 7-20　代理服务器工作过程

这是客户/服务器工作模式。代理服务器能够让多台没有公网 IP 地址的计算机，使用代理功能高速、安全地访问 Internet。

从图 7-20 可以看出，代理服务器是介于用户计算机和网络服务器之间的一台中间设备，需要满足局域网内所有的计算机访问 Internet 服务的请求，因此，大部分代理服务器就是一台高性能的计算机，具有高速运转的 CPU 和大容量的高速缓冲存储器(Cache)，其中 Cache 存放最近从 Internet 上取回的信息，供网络内部的其他访问者申请相同信息时，不重新从网络服务器上取数据，而直接将 Cache 上的数据传送给用户的浏览器，这样就能显著提高浏览速度和效率。

(三) 代理服务器的功能

(1) 提高访问速度。客户要求的数据先存储在代理服务器的高速缓存中，下次再访问相同的数据时，直接从高速缓存中读取，对热门网站的访问，优势更加明显。

(2) 起到防火墙的作用。局域网内部使用代理服务器的用户，都必须通过代理服务器访问远程站点，因此在代理服务器上设置相应的限制，过滤或屏蔽掉某些信息，对内网用户访问范围进行限制，起到防火墙的作用。

(3) 安全性得到提高。无论是上网聊天还是浏览网站，目的网络只能知道访问用户来自代理服务器，而用户真实 IP 就无法知道，从而使用户的安全得以提高。

(四) 代理服务器软件

代理服务器软件分为网关型代理服务器软件与代理型代理服务器软件两大类。

1. 网关型代理服务器软件

网关型代理服务器软件主要作用是实现端口地址转换(PAT，是 NAT 的一种)，有时也称

新世纪高职高专规划教材

为软件路由。网关型代理建立在网络层上，安装、设置简单，但管理功能弱，性能好，客户机不需特别设置就可以实现浏览、FTP、SMMP、QQ 上网的全部功能，所以网关型代理又称全透明代理。网关型代理软件有 Windows 自带的 Internet 连接共享、Windows 2000/2003 的路由 SyGate、WinRoute 等。

在使用网关型代理服务的网络中，客户机不需要特别的配置，只需设置好 TCP/IP，将默认网关地址设置为安装了网关型代理服务器软件的主机的 IP 地址。

2. 代理型代理服务器软件

代理型代理服务器软件作用是代理客户机上网。它建立在应用层，安装、设置稍微复杂，对每一种应用，都要分别在服务器和客户端进行设置。默认只开通部分服务(如 HTTP、FTP 等)的代理，对某些服务(如 QQ 等)，必须为客户机另行开通代理，而客户端也要对应用软件进行相应设置。代理型代理服务软件有 ISA Server、CCProxy、WinRoute、WinGate 等。

在使用代理型代理服务器软件的网络中，客户机需要做一些特别的配置，不仅仅是 TCP/IP 的配置，并且对不同的网络应用软件(如浏览器、FTP 软件)要分别进行配置。

在这里主要介绍两种通用的代理服务器软件：

➢ Windows 操作系统自带的 ICS 软件：ICS(Internet Connection Sharing)是 Windows 操作系统针对家庭网络或小型局域网提供的一种 Internet 连接共享服务软件。ICS 功能非常简单，配置也比较容易，是 Windows 2000 以上操作系统默认安装的服务。

➢ 第三方的代理服务器软件 Sygate：具有更加强大的功能，支持更多的用户数代理上网，支持用户上网的安全访问控制，支持日志功能等。

【思考练习】

(1) 什么是接入网？在宽带接入技术中，按接入网传输技术可分为哪些接入类型？

(2) 简述 PC 机通过 ADSL 接入 Internet 的步骤。

(3) 光纤以太网技术接入 Internet 有哪几种方式，各有什么特点？

(4) 网关在局域网接入中的功用是什么？

(5) 代理服务器接入 Internet 所采用的软件主要分为几类？各有哪些代表软件？

(6) 试设计一个由光纤和 XDSL 组成的宽带数据接入系统。

模块八

网络安全防护

【学习任务分析】

随着互联网的普及和国内各院校网络建设的不断发展，大多院校都建立了自己的校园网，校园网已经成为高校信息化的重要组成部分。但随着黑客入侵的增多及网络病毒的泛滥，校园网的安全已成为不容忽视的问题，如何在开放网络的环境中保证校园网的安全性已经成为十分迫切的问题。

本项目详细介绍了软硬件防火墙布设和使用的方法和步骤。通过本项目的学习，能够掌握软件防火墙的安装和配置、硬件防火墙布设、调试及工作模式的选择的方法和步骤，对网络安全当中承担重要角色的防火墙有一个全面的了解和掌握。

【学习任务分解】

本模块中，学习任务有以下几个方面：

➢ 网络软件防火墙的安装与配置。

➢ 硬件防火墙桥模式的安装与配置。

➢ 硬件防火墙路由模式的安装与配置。

任务一 网络软件防火墙的安装与配置

(一) 任务描述

网络中的计算机是网络安全最薄弱的环节，可能遭受到病毒、蠕虫、木马等程序的攻击，而现在的攻击方式一般都由网络发起，故主机的安全与否直接关系到网络能否正常运行。一个被感染的主机，影响的不仅仅是自己的正常工作，同时还会对周围其他主机产生威胁并影响其安全。所以，这就需要我们对接入校园网的每个终端设备，加强自身抵抗病毒及网络攻击的能力，从而保护校园网络的安全。

(二) 任务分析

要使得主机终端有能够抵抗病毒及网络攻击的能力，就需要在主机终端设备上安装相应的抗病毒及抵御网络攻击的专用软件。针对病毒，我们一般采用杀毒软件应对；而对于网络攻击，我们通常采用在终端设备上安装网络软件防火墙进行防御。所以在终端上，我们一般采用两者相结合的方法来达到最佳效果。这里，我们主要介绍网络软件防火墙的安装及配置方法。此处选取了在国际上比较知名的 COMODO 公司的 COMODO Firewall 产品进行演示，COMODO 的防火墙在个人防火墙中设置最为细致，可以通过定义自动拦截需要屏蔽的数据包，多种模式可供选择，而且针对入门级用户提供默认配置。我们将从COMODO防火墙的安装、配置两方面进行学习，这样才能最大限度地发挥COMODO防火墙的性能。

(三) 方法与步骤

1. 防火墙的安装

(1) 双击安装文件，出现图 8-1 所示窗口，第一步要求用户选择语言，默认为中文安装，如果需要选择英文或其他国家语言，可在下拉菜单当中选取。

(2) 单击"确定"按钮后进入到图 8-2 所示界面，最上方的文本框为电子邮件文本框，此处可由用户选择是否填写电子邮件地址；第二个选项为是否需要将用户主机的 DNS 服务器地址设置为防护墙的 DNS 服务器地址，由于该防火墙的服务器在国外，解析速度比较慢，建议不选中此选项，继续使用用户原有的 DNS 服务器地址；最下方的选项是针对未知程序的提交问题的，如果遇到来自于网络的未知程序，可先向防火墙的服务器进行提交，如果通过确认说明未知程序是安全的，那可以降低中毒的风险，建议选中此项。

图 8-1　选择语言　　　　　　　　　图 8-2　设置地址

新世纪高职高专规划教材

(3) 完成上方设置之后，如果用户想查看该防火墙的许可协议可单击"用户许可协议"超链接进行查看，如图8-3所示。在打开的窗口中单击"上一步"按钮返回图8-2所示界面。

图 8-3　许可协议

(4) 以上步骤完成之后，用户可单击"同意并安装"按钮，直接进入默认安装模式。安装程序会自动安装在默认路径下，对于入门用户可选择此方法；对于有相关网络安全知识的用户也可单击"自定义安装"按钮进行个性化的设置，如图8-4所示。

图 8-4　自定义安装选项

➢ 在图8-4所示的自定义安装界面中，一共有3个标签页，第一个标签页是"安装选项"，可在此选择需要安装的组件，默认是2个组件，标签页下方有组件说明，可根据需要进行选择。

> 图 8-5 所示的是第二个标签页"配置选项",里面有 2 个项目可供选择:一个是主动防御选项 Defense+,这个是该防火墙主要技术,推荐选择;下面的选项是弹窗选项,如果用户不是对每项决策都在乎的话,建议选中该项,由防火墙自动应答。

> 在图 8-6 所示的第三个标签页中选择安装路径,默认装 C 盘,如用户需要自定义,可在相应对话框中进行选取,设置完之后单击"上一步"按钮返回,此时又会回到图 8-2 所示界面,单击同意并安装,进行防火墙的安装。

图 8-5 自定义配置选项

图 8-6 自定义文件位置

(5) 从图 8-7 可以看到，程序已经开始正式开始安装了。

图 8-7 程序安装中

(6) 安装完后出现图 8-8 所示界面，选择当前主机所在网络的位置，有 3 个场所可供选择，用户可根据自身情况进行选取。

图 8-8 选择场所

(7) 选取好场所之后单击图 8-9 当中的左上角的"现在修复"按钮，直接会自动重启计算机，重启之后就可以使用了，至此，整个安装过程就结束了。下面将对防火墙进行详细的配置。

图 8-9　现在修复计算机

2. 防火墙的配置

重启后右下角会出现防火墙的快捷图标，右击图标，在弹出的图 8-10 所示的快捷菜单选择 Sandbox 安全级别为"启用"。

图 8-10　启用 Sandbox 安全级别

Sandbox(沙盒)功能是一个专业防火墙必备且非常实用的功能，即便是木马也可以放心地让它在沙盒里面运行，不会影响系统本身的安全。放入 Sandbox 的木马或指定的程序将在虚拟的环境里面运行。

双击防火墙状态栏的图标，会出现防火墙的主界面，该界面中有 4 个标签页。"概况"标签页界面如图 8-11 所示。

"防火墙"标签页主界面如图 8-12 所示。在"防火墙"标签页当中可以设定每个程序允许对外访问的规则。

图 8-11 "概况"标签页

图 8-12 "防火墙"标签页

图 8-13 所示为防火墙第三个标签页"Defense+"主界面。该标签页当中的功能设定非常重要，稍后进行设置讲解。

最后一个标签页为"更多"，其中包含了一些简单的设置，需要设置的地方比较少。

图 8-14 所示为当用户使用另一台机器来远程连接装有防火墙的计算机时，防火墙会弹出警报，用户可以根据需要进行相关的设置来控制防火墙的相应规则。

新世纪高职高专规划教材

图 8-13　"Defense +"标签页

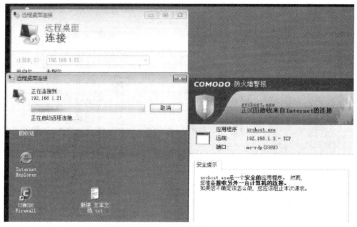

图 8-14　远程连接的警报

3. 详细配置环节

(1) 配置"概况"标签页

在图 8-15 中，标识位置的 1、2、3、4、5 处。

位置 1 处的入侵的意思是"只要不被用户允许的出站入站均会视为入侵事件被记录下来"，单击可以查看入侵日志。

在位置 2 处单击后会出现图 8-16 所示内容，即查看当前所有的网络连接情况(包括流量)，如果在图中遇到有 system 连接时要特别注意，该权限非常危险，建议把对应程序给降成低权限模式，另外 svchost.exe 也需要留意，一般针对 UDP 53 连接，多出其他连接就有可能是部分程序在潜伏工作。

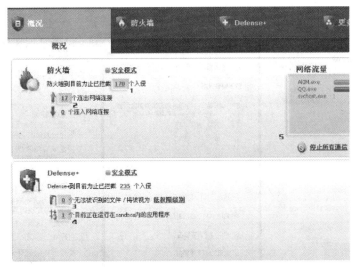

图 8-15　配置"概况"标签页

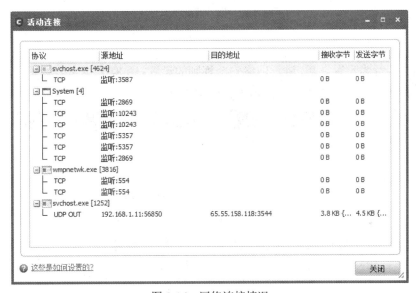

图 8-16　网络连接情况

位置 3 处的文件多半是一些程序类似 QQ.exe 运行后同时还会打开其他程序，经过设置后，可以让这些由 QQ.exe 衍生的程序工作在低权限受限制状态，从而优化 QQ.exe 的运行效率。

位置 4 处可以查看有什么程序是运行在沙盒里。

位置 5 处类似位置 2 的简表，查看当前进程程序的联网流量情况。

(2) 配置"防火墙"标签页

"防火墙"标签需要配置的主要是最后两项，即"防火墙行为设置"和"安全规则设置"。

① 防火墙行为设置

在图 8-17 所示的防火墙行为设置当中，有 3 个标签页，分别是"一般设置""警告设置"和"高级设置"，请按照图中所示进行设置，当然如果对相应设置比较熟悉的话，也可以进

新世纪高职高专规划教材

行个性化的设置。

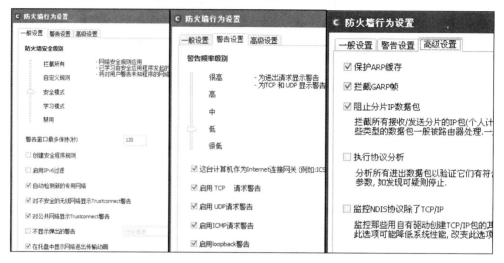

图 8-17　防火墙行为设置

② 网络安全规则的设置

完成防火墙行为设置之后,进行网络安全规则的设置。图 8-18 中主要设置应用程序规则,窗口大类是程序的路径和信任方式,小类是应用程序的规则。

图 8-18　网络安全规则设置

双击图上的大类即可给程序设定"预定义规则"或"自定义规则"。预定义规则指的是程序确定是可信程序(如阿里旺旺就选择可信程序)然后确定,如果不希望程序进行联网操作(比如不希望输入法自动升级),就把它的 pinyinup.exe 设为"被拦截的应用程序"。

此外可单击"编辑"按钮,对每个应用程序进行更为详细的设置。图 8-19 中,将 COMODO 设置成可信程序,当然可以选择自定义规则操作(需预先创建自定义规则)。

图 8-19　设置 COMODO 为可信程序

具体的操作步骤如图 8-20 所示，单击"添加"按钮，然后单击"选择"下的"浏览"按钮，然后找到程序安装目录，再单击"添加"按钮，完成相应操作。而对每个需要限制的程序来说操作都是类似的。

图 8-20　添加自定义规则

(3) 配置"Defense+"标签页

Defense+的配置也一样是倒数两项是重点，即"Defense+ 设置"和"计算机安全规则"，对于"Defense+ 设置"可依照图 8-21 当中的设置进行。

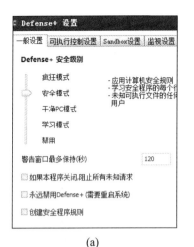
(a)

(b)

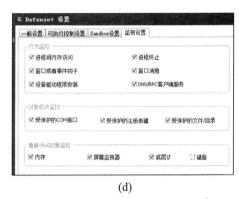

(c)   (d)

图 8-21   Defense+配置

通过上面的几个步骤，完成了对防火墙的详细配置，防火墙起到防护作用的基本要求。更高级的防火墙配置，需要在日后的工作当中根据环境及需要，进行灵活的配置。这个是一个不断积累的过程，也是不断学习的过程。

(四) 相关知识与技能

1. 网络防火墙概念

在网络中，所谓"防火墙"，是指一种将内部网和公众访问网(如 Internet)分开的方法，它实际上是一种隔离技术。防火墙是在两个网络通信时执行的一种访问控制尺度，它能允许用户"同意"的人和数据进入其网络，同时将用户"不同意"的人和数据拒之门外，最大限度地阻止网络中的黑客来访问其网络。换句话说，如果不通过防火墙，公司内部的人就无法访问 Internet，Internet 上的人也无法和公司内部的人进行通信。

2. 防火墙的功能

(1) 基本功能

防火墙最基本的功能就是控制在计算机网络中不同信任程度区域间传送的数据流，例如互联网是不可信任的区域，而内部网络是高度信任的区域，以避免安全策略中禁止的一些通信，与建筑中的防火墙功能相似。实际上是一种隔离技术，是将内网和 Internet 分开的方法。在数据通信时，对于符合访问逻辑的数据允许通过，不符合访问逻辑的数据拒之门外，最大限度地阻止网络黑客的攻击和破坏。

防火墙对流经它的网络通信进行扫描，这样能够过滤掉一些攻击，以免其在目标计算机上被执行；防火墙还可以关闭不使用的端口，而且它还能禁止特定端口的流出通信，封锁特洛伊木马；最后，它可以禁止来自特殊站点的访问，从而防止来自不明入侵者的所有通信。

(2) 网络安全的屏障

一个防火墙(作为阻塞点、控制点)能极大地提高一个内部网络的安全性，并通过过滤不安全的服务而降低风险。由于只有经过精心选择的应用协议才能通过防火墙，所以网络环境变得更安全。如防火墙可以禁止诸如众所周知的不安全的 NFS 协议进出受保护网络，这样外部的攻击者就不可能利用这些脆弱的协议来攻击内部网络。防火墙同时可以保护网络免受基于路由的攻击，如 IP 选项中的源路由攻击和 ICMP 重定向中的重定向路径。防火墙应该可以拒绝所有以上类型攻击的报文并通知防火墙管理员。

(3) 强化网络安全策略

通过以防火墙为中心的安全方案配置，能将所有安全软件(如口令、加密、身份认证、审计等)配置在防火墙上。与将网络安全问题分散到各个主机上相比，防火墙的集中安全管理更经济。例如在网络访问时，一次一密口令系统和其他的身份认证系统完全可以不必分散在各个主机上，而集中在防火墙身上。

(4) 监控网络存取和访问

如果所有的访问都经过防火墙，那么，防火墙就能记录下这些访问并作出日志记录，同时也能提供网络使用情况的统计数据。当发生可疑动作时，防火墙能进行适当的报警，并提供网络是否受到监测和攻击的详细信息。另外，收集一个网络的使用和误用情况也是非常重要的，理由是可以清楚防火墙是否能够抵挡攻击者的探测和攻击，并且清楚防火墙的控制是否充足。而网络使用统计对网络需求分析和威胁分析等而言也是非常重要的。

(5) 防止内部信息的外泄

通过利用防火墙对内部网络的划分，可实现内部重点网段的隔离，从而限制了局部重点或敏感网络安全问题对全局网络造成的影响。再者，隐私是内部网络非常关心的问题，一个内部网络中不引人注意的细节可能包含了有关安全的线索而引起外部攻击者的兴趣，甚至因此而暴露了内部网络的某些安全漏洞。使用防火墙就可以隐蔽那些透漏内部细节，如 Finger、DNS 等服务。Finger 显示了主机的所有用户的注册名、真名，最后登录时间和使用 shell 类型等。但是 Finger 显示的信息非常容易被攻击者所获悉。攻击者可以知道一个系统使用的频繁程度，这个系统是否有用户正在连线上网，这个系统是否在被攻击时引起注意等等。防火墙可以同样阻塞有关内部网络中的 DNS 信息，这样一台主机的域名和 IP 地址就不会被外界所了解。

3. 防火墙的优点

➤ 防火墙能强化安全策略。

新世纪高职高专规划教材

> ➤ 防火墙能有效地记录 Internet 上的活动。

> ➤ 防火墙限制暴露用户点。防火墙能够用来隔开网络中一个网段与另一个网段，这样，能够防止影响一个网段的问题通过整个网络传播。

> ➤ 防火墙是一个安全策略的检查站。所有进出的信息都必须通过防火墙，防火墙便成为安全问题的检查点，使可疑的访问被拒绝于门外。

4. 防火墙的发展史

(1) 第一代防火墙

第一代防火墙技术几乎与路由器同时出现，采用了包过滤(Packet Filter)技术。

(2) 第二、三代防火墙

1989 年，贝尔实验室的 Dave Presotto 和 Howard Trickey 推出了第二代防火墙，即电路层防火墙，同时提出了第三代防火墙——应用层防火墙(代理防火墙)的初步结构。

(3) 第四代防火墙

1992 年，USC 信息科学院的 Bob Braden 开发出了基于动态包过滤(Dynamic Packet Filter)技术的第四代防火墙，后来演变为目前所说的状态监视(Stateful Inspection)技术。1994 年，以色列的 CheckPoint 公司开发出了第一个采用这种技术的商业化的产品。

(4) 第五代防火墙

1998 年，NAI 公司推出了一种自适应代理(Adaptive Proxy)技术，并在其产品 Gauntlet Firewall for NT 中得以实现，给代理类型的防火墙赋予了全新的意义，可以称之为第五代防火墙。

(5) 一体化安全网关 UTM

UTM(统一威胁管理)是在防火墙基础上发展起来的，具备防火墙、IPS、防病毒、防垃圾邮件等综合功能的设备。由于同时开启多项功能会大大降低 UTM 的处理性能，因此主要用于对性能要求不高的中低端领域。在中低端领域，UTM 已经出现了代替防火墙的趋势，因为在不开启附加功能的情况下，UTM 本身就是一个防火墙，而附加功能又为用户的应用提供了更多选择。在高端应用领域，比如电信、金融等行业，仍然以专用的高性能防火墙、IPS 为主流。

任务二 硬件防火墙网桥模式的安装与配置

(一) 任务描述

某中学为了对学校进行宣传，制作了一个校级网站，网站被挂载在一台 WWW 服务器上，为了让 Web 服务器能够被外网所访问，同时保证内网及服务器的安全，防止外部网络攻击，所以准备使用防火墙。

(二) 任务分析

针对需求，建议将防火墙配置为网桥模式，这样可以允许合法的数据报通过，由于只需提供 WWW 服务，所以只开放 80 端口，其他的端口都屏蔽掉。

该任务需掌握防火墙网桥模式的配置，并验证网桥模式下配置的有效性。理解防火墙的网桥模式的原理及应用环境。

(三) 方法与步骤

1. 实验设备

RG-WALL60 一台、PC 两台。

2. 实验拓扑

实验拓扑如图 8-22 所示。

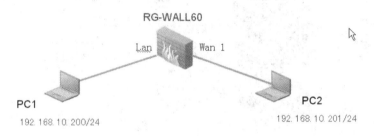

图 8-22　实验拓扑结构

3. 技术原理

防火墙配置成网桥模式后，利用防火墙包过滤规则，严格控制非法数据流的通过。只允许合法的数据通过，并且可以做到只开放必要的通信端口，其他的端口默认为未开放。

4. 注意事项

➤ RG-WALL60 防火墙 WAN 口默认 IP 地址为 192.168.10.100，默认管理主机为 192.168.10.200。默认登录名为 admin，密码为 firewall。防火墙只有添加了管理主机后，才可以通过 Web 方式管理。

➤ 防火墙 Web 登录认证方式有两种，一种为 PC 机上安装数字证书，另一种方式为 PC 机上配套使用加密锁。

➤ 防火墙未配置之前，安全规则中默认禁止一切数据通过。如果需要数据包通过，必须添加相应的包过滤等安全规则。

5. 配置步骤

(1) 安装数字证书

如图 8-23 所示，双击随机附带的运行光盘中 Admin Cert 文件夹下的 admin.p12 文件，进

新世纪高职高专规划教材

行数字证书导入。

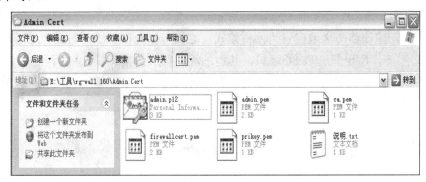

图 8-23　双击数字证书文件

双击之后出现如图 8-24 所示的欢迎界面，单击"下一步"按钮继续。

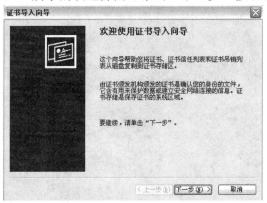

图 8-24　证书导入向导一

在图 8-25 所示的"证书导入向导"对话框中，核对证书名称及所在位置，然后单击"下一步"按钮。

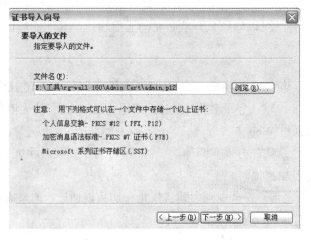

图 8-25　证书导入向导二

出现如图 8-26 所示的对话框，要求输入证书密码，锐捷防火墙证书默认密码为 123456，按要求输入相应的对话框，然后单击"下一步"按钮继续。

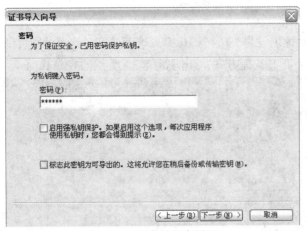

图 8-26　证书导入向导三

在图 8-27 所示的界面当中，选择第一项"根据证书类型，自动选择证书存放区"单选按钮，单击"下一步"按钮。

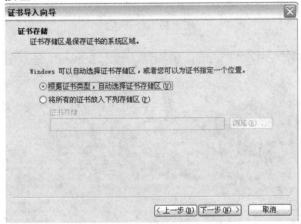

图 8-27　证书导入向导四

单击图 8-28 中的"完成"按钮，出现图 8-29 所示的"导入成功"提示，完成了防火墙证书的导入工作。

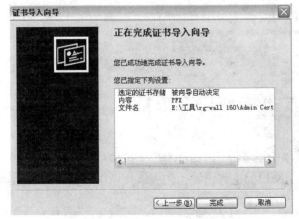

图 8-28　证书导入向导五

图 8-29　证书导入成功

新世纪高职高专规划教材

（2）登录防火墙

将 PC 终端的 IP 地址设为 192.168.10.200。然后在 PC 终端的网页浏览器中输入 https://192.168.10.100:6666(数字证书认证方式)，出现图 8-30 所示的登录界面。

图 8-30　登录界面

在登录界面当中输入用户名 admin，密码默认输入 firewall，进入图 8-31 所示的防火墙首页面。

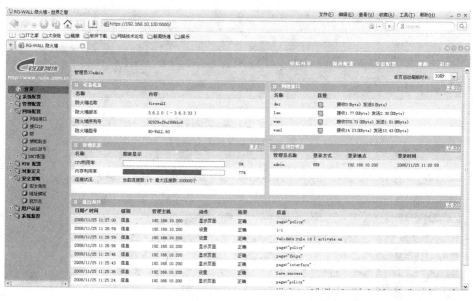

图 8-31　防火墙首页面

（3）设置 LAN 口的工作模式

接下来，在窗口的左方的树形菜单中，单击"网络配置"下拉菜单的"网络接口"按钮，进入图 8-32 所示的界面，将其中的 LAN 口的工作模式由防火墙接口出厂默认的"路由模式"更改为"混合模式"。

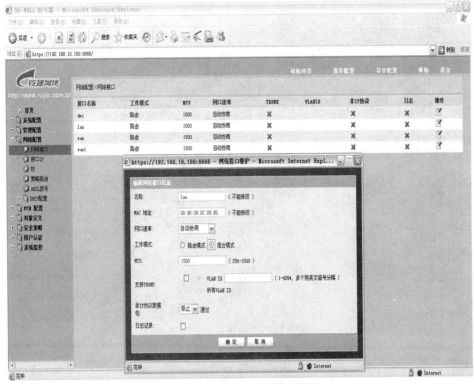

图 8-32　LAN 口工作模式设置

同理在图 8-32 当中，将 WAN1 口的工作模式设置为"混合模式"，具体如图 8-33 所示。

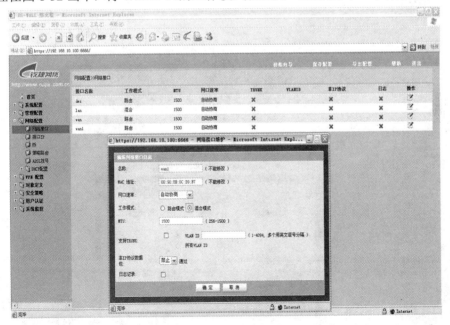

图 8-33　WAN1 口工作模式设置

图 8-34 所示为完成设置之后防火墙各个端口的状态，可以看到 LAN 口和 WAN1 口的状态已经变为"混合模式"了。

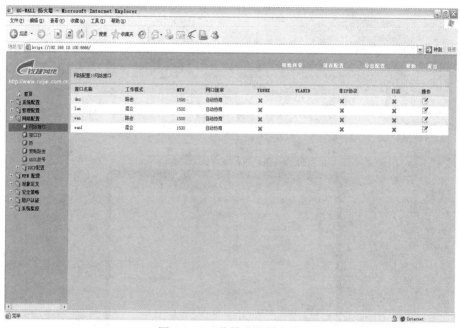

图 8-34　工作模式设置完成

(4) 在"安全策略-安全规则"中添加包过滤规则

接下来在"安全策略-安全规则"中添加包过滤规则，允许防火墙所连接的两台 PC 的相互访问。我们将规则名称设置为"pf1"。在"源地址"和"目的地址"下拉列表框中，均选取"any"选项，具体如图 8-35 所示。

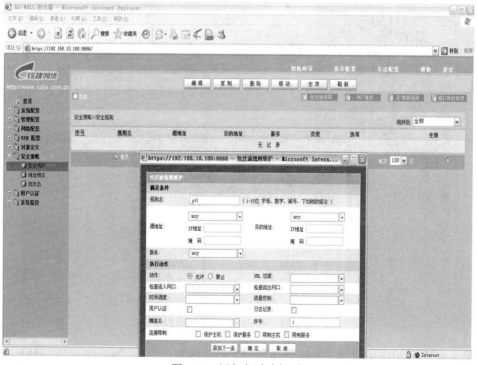

图 8-35　添加包过滤规则

图 8-36 所示为完成设置之后的状态，可以看到，创建的 pf1 这条规则已经生效了。

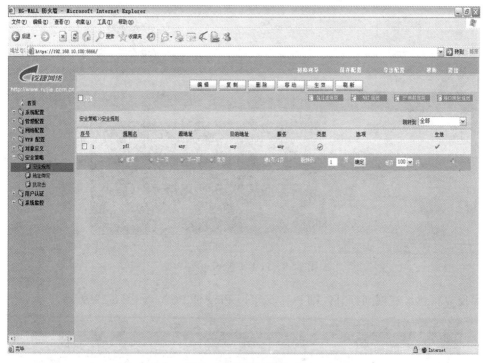

图 8-36 规则设置完成

(5) 在 PC1 和 PC2 上验证实验结果

在 PC1 上的命令提示符窗口内，输入 ping 192.168.10.201，发现 PC1 可以 Ping 通 PC2，如图 8-37 所示。

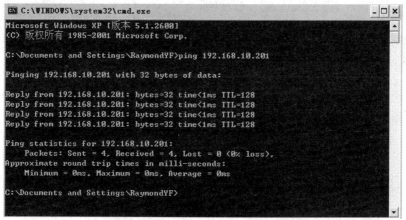

图 8-37 PC1 可以 ping 通 PC2

接着再次验证实验结果。将包过滤规则设置为"禁止"，这时可以看到"pf1"这条规则的状态为"失效"状态，然后重复以上操作，通过图 8-38 可以发现 PC1 不能 ping 通 PC2。

图 8-38　PC1 不能 ping 通 PC2

而反复将包过滤规则打开，则 PC1 又可以 Ping 通 PC2，如图 8-39 所示。

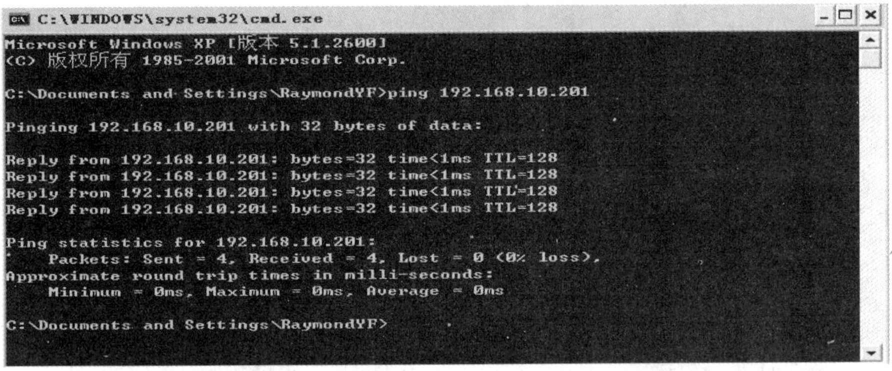

图 8-39　PC1 又可 ping 通 PC2

通过以上实验过程证明防火墙已经发生了效用，而且实际效果良好，结合本任务开始的要求，进一步可以对防火墙进行设置，从而实现本任务开始的要求，可在相关实验课中自行完成。

(四) 相关知识与技能

1. 网桥模式

网桥模式(又称透明模式)，顾名思义，首要的特点就是对用户是透明的(Transparent)，即用户意识不到防火墙的存在。要想实现透明模式，防火墙必须在没有 IP 地址的情况下工作，不需要对其设置 IP 地址，用户也不知道防火墙的 IP 地址。

透明模式的防火墙就好像是一台网桥(非透明的防火墙好像一台路由器)，网络设备(包括主机、路由器、工作站等)和所有计算机的设置(包括 IP 地址和网关)无须改变，同时解析所有通过它的数据包，既增加了网络的安全性，又降低了用户管理的复杂程度。

2. 路由模式

路由模式的防火墙就像一个路由器，对进入防火墙的数据包进行路由，而且可以基于规则对数据进行过滤。

在网络中使用哪种工作模式的防火墙，取决于对网络的需求。如果服务器使用真实的 IP 地址，则对于防火墙来说，它的主要工作就是做包过滤，将发往服务器的数据包进行检测，不符合规则的包会被丢弃掉，那么这种状态下，它就运行在网桥模式下。而如果服务器不想自己的真实 IP 被获取到，希望通过 NAT 将真实 IP 进行转换，那么在这种状态下，防火墙又运行在了路由模式之下，可见防火墙模式的切换是非常灵活的，需要根据环境进行相应的配置。

3. 防火墙连接区域

防火墙连接网络的不同区域，针对不同的区域实施相应的保护策略，连接区域可分为：内部网络、外部网络、DMZ 区域。

4. 防火墙技术类型

按实现的技术原理来划分，防火墙技术可以划分为 3 种类型：包过滤技术、应用代理技术和状态检测技术。

(1) 包过滤技术

包过滤是最早使用的一种防火墙技术，它的第一代模型是"静态包过滤"(Static Packet Filtering)，使用包过滤技术的防火墙通常工作在 OSI 模型中的网络层(Network Layer)上，后来发展更新的"动态包过滤"(Dynamic Packet Filtering)增加了传输层(Transport Layer)。简而言之，包过滤技术工作的地方就是各种基于 TCP/IP 协议的数据报文进出的通道，它把这两层作为数据监控的对象，对每个数据包的头部、协议、地址、端口、类型等信息进行分析，并与预先设定好的防火墙过滤规则(Filtering Rule)进行核对，一旦发现某个包的某个或多个部分与过滤规则匹配并且条件为"阻止"的时候，这个包就会被丢弃。适当的设置过滤规则可以让防火墙工作得更安全有效，但是这种技术只能根据预设的过滤规则进行判断，一旦出现一个没有在设计人员意料之中的有害数据包请求，整个防火墙的保护就相当于摆设了。(也许你会想，让用户自行添加不行吗？但是别忘了，我们要为普通计算机用户考虑，并不是所有人都了解网络协议，如果防火墙工具出现了过滤遗漏问题，他们只能等着被入侵了。)一些公司采用定期从网络升级过滤规则的方法，这个创意固然可以方便一部分家庭用户，但是对相对比较专业的用户而言，却不见得就是好事，因为他们可能会有根据自己的机器环境设定和改动的规则，如果这个规则刚好和升级到的规则发生冲突，用户就该郁闷了，而且如果两条规则冲突了，防火墙该听谁的，会不会当场"死给你看"(崩溃)？也许就因为考虑到这些因素，至今很少会有产品提供过滤规则更新功能，这并不能和杀毒软件的病毒特征库升级原理相提并论。为了解决这种鱼与熊掌的问题，人们对包过滤技术进行了改进，这种改进后的技术称为"动态包过滤"(市场上存在一种"基于状态的包过滤防火墙"技术，它们其实是同一

新世纪高职高专规划教材

类型)，与它的前辈相比，动态包过滤功能在保持着原有静态包过滤技术和过滤规则的基础上，会对已经成功与计算机连接的报文传输进行跟踪，并且判断该连接发送的数据包是否会对系统构成威胁，一旦触发其判断机制，防火墙就会自动产生新的临时过滤规则或者把已经存在的过滤规则进行修改，从而阻止该有害数据的继续传输，但是由于动态包过滤需要消耗额外的资源和时间来提取数据包内容进行判断处理，所以与静态包过滤相比，它会降低运行效率。

基于包过滤技术的防火墙，其缺点是很显著的：它得以进行正常工作的一切依据都在于过滤规则的实施，但是偏又不能满足建立精细规则的要求(规则数量和防火墙性能成反比)，而且它只能工作于网络层和传输层，并不能判断高级协议里的数据是否有害，但是由于它廉价，容易实现，所以依然服役在各种领域，在技术人员频繁的设置下为我们工作着。

(2) 应用代理技术

由于包过滤技术无法提供完善的数据保护措施，而且一些特殊的报文攻击仅仅使用过滤的方法并不能消除危害(如 SYN 攻击、ICMP 洪水等)，因此人们需要一种更全面的防火墙保护技术，在这样的需求背景下，采用"应用代理"(Application Proxy)技术的防火墙诞生了。代理服务器作为一个为用户保密或者突破访问限制的数据转发通道，在网络上应用广泛。一个完整的代理设备包含一个服务端和客户端，服务端接收来自用户的请求，调用自身的客户端模拟一个基于用户请求的连接到目标服务器，再把目标服务器返回的数据转发给用户，完成一次代理工作过程。那么，如果在一台代理设备的服务端和客户端之间连接一个过滤措施呢？这样的思想便造就了"应用代理"防火墙，这种防火墙实际上就是一台小型的带有数据检测过滤功能的透明代理服务器(Transparent Proxy)，但是它并不是单纯地在一个代理设备中嵌入包过滤技术，而是一种被称为"应用协议分析"(Application Protocol Analysis)的新技术。

"应用协议分析"技术工作在 OSI 模型的最高层——应用层上，在这一层里能接触到的所有数据都是最终形式，也就是说，防火墙"看到"的数据和用户看到的是一样的，而不是一个个带着地址端口协议等原始内容的数据包，因而它可以实现更高级的数据检测过程。整个代理防火墙把自身映射为一条透明线路，在用户方面和外界线路看来，它们之间的连接并没有任何阻碍，但是这个连接的数据收发实际上是经过了代理防火墙转向的，当外界数据进入代理防火墙的客户端时，"应用协议分析"模块便根据应用层协议处理这个数据，通过预置的处理规则查询这个数据是否带有危害，由于这一层面对的已经不再是组合有限的报文协议，所以防火墙不仅能根据数据层提供的信息判断数据，更能像管理员分析服务器日志那样"看"内容辨危害。而且由于工作在应用层，防火墙还可以实现双向限制，在过滤外部网络有害数据的同时也监控着内部网络的信息，管理员可以配置防火墙实现一个身份验证和连接时限的功能，进一步防止内部网络信息泄漏的隐患。最后，由于代理防火墙采取代理机制进行工作，内外部网络之间的通信都需先经过代理服务器审核，通过后再由代理服务器连接，根本没有给分隔在内外部网络两边的计算机直接会话的机会，可以避免入侵者使用"数据驱动"攻击方式(一种能通过包过滤技术防火墙规则的数据报文，但是当它进入计算机处理后，却变成能够修改系统设置和用户数据的恶意代码)渗透内部网络，可以说，"应用代理"是比包过滤技术更完善的防火墙技术。

但是，代理防火墙的结构特征偏偏正是它的最大缺点，由于它是基于代理技术的，通过防火墙的每个连接都必须建立在为之创建的代理程序进程上，而代理进程自身是要消耗一定时间的，更何况代理进程里还有一套复杂的协议分析机制在同时工作，于是数据在通过代理防火墙时就不可避免地发生数据迟滞现象。代理防火墙是以牺牲速度为代价换取了比包过滤防火墙更高的安全性能，在网络吞吐量不是很大的情况下，也许用户不会察觉到什么，然而到了数据交换频繁的时刻，代理防火墙就成了整个网络的瓶颈，而且一旦防火墙的硬件配置支撑不住高强度的数据流量而发生罢工，整个网络可能就会因此瘫痪了。所以，代理防火墙的普及范围还远远不及包过滤型防火墙，而在软件防火墙方面更是几乎没见过类似产品了，所以就目前整个庞大的软件防火墙市场来说，代理防火墙很难有立足之地。

(3) 状态监视技术

这是继"包过滤"技术和"应用代理"技术后发展的防火墙技术，它是在基于"包过滤"原理的"动态包过滤"技术发展而来的，与之类似的有"深度包检测"(Deep Packet Inspection)技术。这种防火墙技术通过一种被称为"状态监视"的模块，在不影响网络安全正常工作的前提下采用抽取相关数据的方法对网络通信的各个层次实行监测，并根据各种过滤规则作出安全决策。

"状态监视"(Stateful Inspection)技术在保留了对每个数据包的头部、协议、地址、端口、类型等信息进行分析的基础上，进一步发展了"会话过滤"(Session Filtering)功能，在每个连接建立时，防火墙会为这个连接构造一个会话状态，里面包含了这个连接数据包的所有信息，以后这个连接都基于这个状态信息进行，这种检测的高明之处是能对每个数据包的内容进行监视，一旦建立了一个会话状态，则此后的数据传输都要以此会话状态作为依据，例如一个连接的数据包源端口是 8000，那么在以后的数据传输过程里防火墙都会审核这个包的源端口还是不是 8000，否则这个数据包就被拦截，而且会话状态的保留是有时间限制的，在超时的范围内如果没有再进行数据传输，这个会话状态就会被丢弃。状态监视可以对包内容进行分析，从而摆脱了传统防火墙仅局限于几个包头部信息的检测弱点，而且这种防火墙不必开放过多端口，进一步杜绝了可能因为开放端口过多而带来的安全隐患。

由于状态监视技术相当于结合了包过滤技术和应用代理技术，因此是最先进的，但是由于实现技术复杂，在实际应用中还不能做到真正的完全有效的数据安全检测，而且在一般的计算机硬件系统上很难设计出基于此技术的完善防御措施(市面上大部分软件防火墙使用的其实只是包过滤技术加上一点其他新特性而已)。

防火墙作为维护网络安全的关键设备，在目前采用的网络安全的防范体系中，占据着举足轻重的位置。伴随计算机技术的发展和网络应用的普及，越来越多的企业与个体都遭遇到不同程度的安全难题，因此市场对防火墙的设备需求和技术要求都在不断提升，而且越来越严峻的网络安全问题也要求防火墙技术有更快的提高，否则将会在面对新一轮入侵手法时束手无策。

多功能、高安全性的防火墙可以让用户网络更加无忧，但前提是要确保网络的运行效率，因此在防火墙发展过程中，必须始终将高性能放在主要位置，目前各大厂商正在朝这个方向努力，而且丰富的产品功能也是用户选择防火墙的依据之一。一款完善的防火墙产品，应该包含有访问控制、网络地址转换、代理、认证、日志审计等基础功能，并拥有自己特色的安全相关技术，如规则简化方案等。未来的防火墙技术将会如何发展，让我们拭目以待。

新世纪高职高专规划教材

任务三　硬件防火墙路由模式的安装与配置

(一) 任务描述

　　某中学的出口设备原为路由器，现需要对网络出口设备进行更新，准备使用防火墙。要求对防火墙进行配置，启用 NAT 功能，使得学校内网所有主机都能够访问 Internet。

(二) 任务分析

　　针对需求，需要防火墙运行在"路由模式"下，这样可以利用 NAT 将内网私有地址映射为外网公有地址，同时，可以实现内网所有主机对 Internet 的访问。

　　此任务需要掌握防火墙路由模式下 NAT 的配置，并且防火墙上设置一些包过滤规则，严格控制非法数据流的通过，只允许合法的数据通过。同时，验证路由模式下配置的有效性。理解防火墙路由模式的原理及应用环境。

(三) 方法与步骤

1. 实验设备

锐捷 RG-WALL60 防火墙一台、锐捷 S3760 三层交换机一台、PC 两台。

2. 实验拓扑

实验拓扑结构如图 8-40 所示。

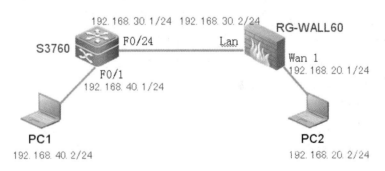

图 8-40　实验拓扑结构

3. 配置步骤

(1) S3760 交换机进行配置

首先，在 S3760 交换机上进行配置，具体配置命令如下：

```
RG-S3760-3-1(config)#hostname S3760\\交换机命名
S3760(config)#interface fastEthernet 0/1
S3760(config-if)#no switchport\\设置接口为路由口, 三层交换机端口默认是交换模式
S3760(config-if)#ip address 192.168.40.1 255.255.255.0
S3760(config-if)#no shutdown
S3760(config-if)#exit
S3760(config)#interface fastEthernet 0/24
S3760(config-if)#no switchport
S3760(config-if)#ip address 192.168.30.1 255.255.255.0
S3760(config-if)#no shutdown
S3760(config-if)#exit
S3760(config)#ip route 0.0.0.0 0.0.0.0 192.168.30.2\\添加静态路由
S3760(config)#end
S3760#
```

(2) 对防火墙进行配置

配置好交换机之后, 对防火墙进行相关的配置, 具体配置过程如下:

① 设置 LAN 口 IP 地址

按照之前在上一任务当中的方式登录防火墙, 登录成功之后在图 8-41 中将 LAN 口 IP 地址设置为 192.168.30.2, 掩码设置为 255.255.255.0。

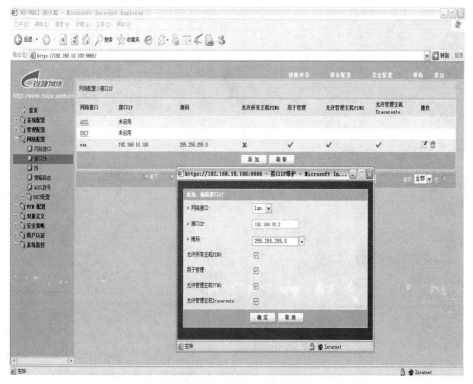

图 8-41　设置 LAN 口 IP 地址

② 设置 WAN1 口 IP 地址

将 WAN1 口 IP 地址设置为 192.168.20.1，掩码设置为 255.255.255.0，具体如图 8-42 所示。

图 8-42　设置 WAN1 口 IP 地址

完成以上两步配置之后，可以从图 8-43 中看到，两个端口的 IP 地址都已经配置好了。

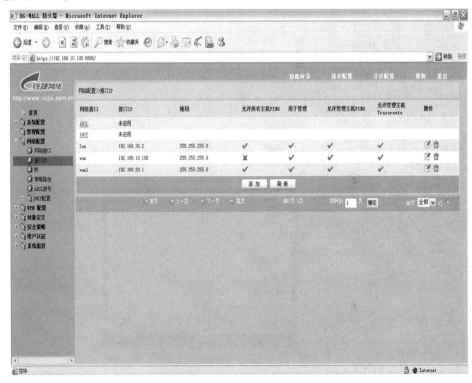

图 8-43　IP 地址配置完成

③ 配置 NAT 规则

接下来进行防火墙 NAT 的配置。首先，配置映射的源地址，如图 8-44 所示，在相应的文本框中分别输入相应的 IP 地址。

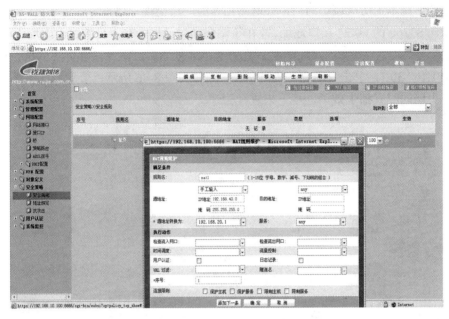

图 8-44 输入 IP 地址

当完成设置之后，单击"确定"按钮，如图 8-45 所示，一条名为 nat1 的映射规则已经生效。

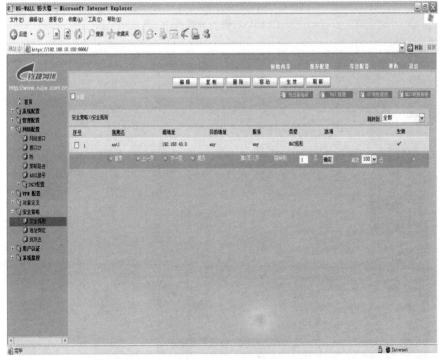

图 8-45 nat1 规则生效

新世纪高职高专规划教材

④ 添加静态路由

为了能够让本地防火墙访问模拟外网路由器的三层交换，用户需要将防火墙的默认下一跳地址指向 S3760 的 F0/24 接口地址。故在策略路由对话框中输入目的路由地址 192.168.40.0 网段，子网掩码输入 255.255.255.0。然后在下一跳地址当中，输入三层交换 3760 的 F0/24 接口地址 192.168.30.1，单击"确定"按钮完成，具体如图 8-46 所示。至此，从图 8-47 中可以看到，防火墙的配置都生效了，接下来进行验证。

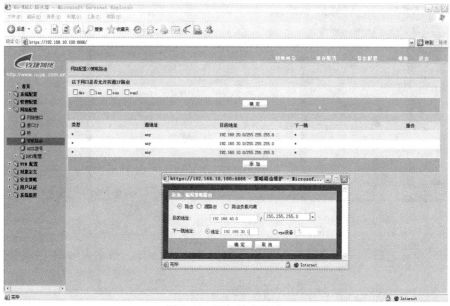

图 8-46　添加静态路由

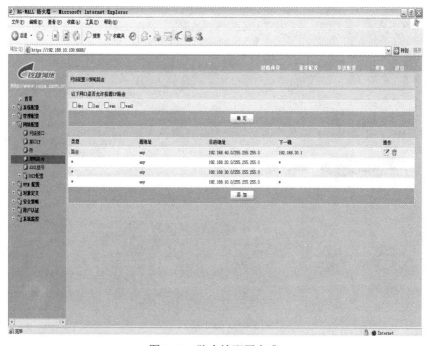

图 8-47　防火墙配置完成

(3) 配置 PC1 和 PC2

按照拓扑图当中的要求，将 PC1 和 PC2 的 IP 地址及网关进行相应的配置，由图 8-48 和图 8-49 可以看到，PC1 和 PC2 的 IP 及网管都已经配置完成了。

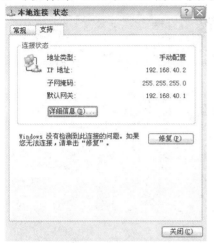

图 8-48　PC1 配置完成

图 8-49　PC2 配置完成

(4) 测试

在 PC1 的命令提示窗口中，ping PC2 的 IP 地址 192.168.20.2，可以看到 PC1 可以 ping 通 PC2，如图 8-50 所示。

图 8-50　PC1 可以 ping 通 PC2

(5) 禁用 NAT 规则，测试

为了验证 NAT 规则是否生效，可以将 NAT 规则禁用，然后执行刚才的 ping 测试，发现 PC1 无法 ping 通 PC2，故证明 NAT 规则已经生效了，具体如图 8-51 和图 8-52 所示。

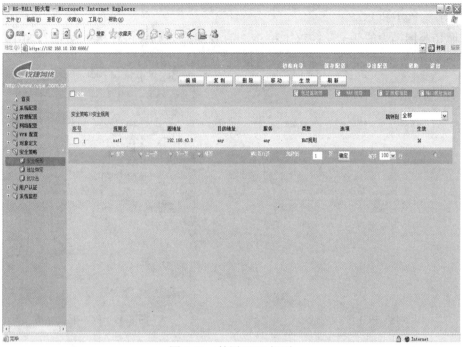

图 8-51 禁用 NAT 规则

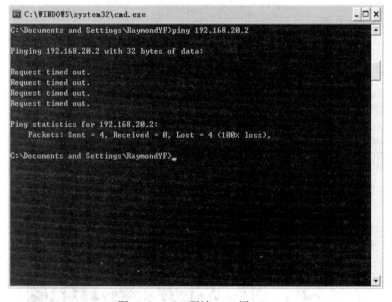

图 8-52 PC1 无法 ping 通 PC2

(四) 相关知识与技能

1. NAT 概述

NAT(Network Address Translation，网络地址转换)是将 IP 数据包头中的 IP 地址转换为

另一个 IP 地址的过程。在实际应用中，NAT 主要用于实现私有网络访问公共网络的功能。这种通过使用少量的公有 IP 地址代表较多的私有 IP 地址的方式，将有助于减缓可用 IP 地址空间的枯竭。

2. NAT 技术的产生

虽然 NAT 可以借助于某些代理服务器来实现，但考虑到运算成本和网络性能，很多时候都是在路由器上来实现的。

随着接入 Internet 的计算机数量的不断猛增，IP 地址资源也就愈加显得捉襟见肘。事实上，除了中国教育和科研计算机网(CERNET)外，一般用户几乎申请不到整段的 C 类 IP 地址。在其他 ISP 那里，即使是拥有几百台计算机的大型局域网用户，当他们申请 IP 地址时，所分配的地址也不过只有几个或十几个 IP 地址。显然，这样少的 IP 地址根本无法满足网络用户的需求，于是也就产生了 NAT 技术。

3. NAT 技术的作用

借助于 NAT，私有(保留)地址的"内部"网络通过路由器发送数据包时，私有地址被转换成合法的 IP 地址，一个局域网只需使用少量 IP 地址(甚至是 1 个)即可实现私有地址网络内所有计算机与 Internet 的通信需求。

NAT 将自动修改 IP 报文的源 IP 地址和目的 IP 地址，IP 地址校验则在 NAT 处理过程中自动完成。有些应用程序将源 IP 地址嵌入到 IP 报文的数据部分中，所以还需要同时对报文的数据部分进行修改，以匹配 IP 头中已经修改过的源 IP 地址。否则，在报文数据都分别嵌入 IP 地址的应用程序就不能正常工作。

4. NAT 技术实现方式

NAT 的实现方式有三种，即静态转换、动态转换和端口多路复用。

静态转换是指将内部网络的私有 IP 地址转换为公有 IP 地址，IP 地址对是一对一的，是一成不变的，某个私有 IP 地址只转换为某个公有 IP 地址。借助于静态转换，可以实现外部网络对内部网络中某些特定设备(如服务器)的访问。

动态转换是指将内部网络的私有 IP 地址转换为公用 IP 地址时，IP 地址是不确定的，是随机的，所有被授权访问 Internet 的私有 IP 地址可随机转换为任何指定的合法 IP 地址。也就是说，只要指定哪些内部地址可以进行转换，以及用哪些合法地址作为外部地址时，就可以进行动态转换。动态转换可以使用多个合法外部地址集。当 ISP 提供的合法 IP 地址略少于网络内部的计算机数量时。可以采用动态转换的方式。

端口多路复用是指改变外出数据包的源端口并进行端口转换，即端口地址转换(Port Address Translation，PAT)。采用端口多路复用方式。内部网络的所有主机均可共享一个合法外部 IP 地址实现对 Internet 的访问，从而可以最大限度地节约 IP 地址资源。同时，又可隐藏网络内部的所有主机，有效避免来自 Internet 的攻击。因此，目前网络中应用最多的就是端口多路复用方式。

5. NAT 的实现

在配置网络地址转换的过程之前，首先必须搞清楚内部接口和外部接口，以及在哪个外部接口上启用 NAT。通常情况下，连接到用户内部网络的接口是 NAT 内部接口，而连接到外部网络(如 Internet)的接口是 NAT 外部接口。

(1) 静态地址转换的实现

假设内部局域网使用的 IP 地址段为 192.168.0.1～192.168.0.254，路由器局域网端(即默认网关)的 IP 地址为 192.168.0.1，子网掩码为 255.255.255.0。网络分配的合法 IP 地址范围为 61.159.62.128～61.159.62.135，路由器在广域网中的 IP 地址 61.159.62.129，子网掩码 255.255.255.248，可用于转换的 IP 地址范围为 61.159.62.130～61.159.62.134。要求将内部网址 192.168.0.2～192.168.0.6 分别转换为合法 IP 地址 61.159.62.130～61.159.62.134。

第一步，在防火墙上设置 WAN 口 IP 地址为 61.159.62.129，子网掩码为 255.255.255.248。

第二步，在防火墙上设置 LAN 口 IP 地址为 192.168.0.1，子网掩码为 255.255.255.0。

第三步，在内部本地与外部合法地址之间建立静态地址转换。

至此，静态地址转换配置完毕。

(2) 动态地址转换的实现

假设内部网络使用的 IP 地址段为 172.16.100.1～172.16.100.254，路由器局域网端口(即默认网关)的 IP 地址为 172.16.100.1，子网掩码为 255.255.255.0。网络分配的合法 IP 地址范围为 61.159.62.128～61.159.62.191，路由器在广域网中的 IP 地址为 61.159.62.129，子网掩码为 255.255.255.192，可用于转换的 IP 地址范围为 61.159.62.130～61.159.62.190。要求将内部网址 172.16.100.1～172.16.100.254 动态转换为合法 IP 地址 61.159.62.130～61.159.62.190。

第一步，在防火墙上设置 WAN 口 IP 地址为 61.159.62.129，子网掩码为 255.255.255.248。

第二步，在防火墙上设置 LAN 口 IP 地址为 172.16.100.1 255.255.255.0。

第三步，定义合法 IP 地址池。指明地址缓冲池的名称为 chinanet，IP 地址范围为 61.159.62.130～61.159.62.190，子网掩码为 255.255.255.192。需要注意的是，即使掩码为 255.255.255.0，也会由起始 IP 地址和终止 IP 地址对 IP 地址池进行限制。

第四步，定义内部网络中允许访问 Internet 的访问列表。允许访问 Internet 的网段为 172.16.100.0～172.16.100.255。

第五步，实现网络地址转换。在全局设置模式下，将第四步由 access-list 指定的内部本地地址列表与第三步指定的合法 IP 地址池进行地址转换。

至此，动态地址转换设置完毕。

(3) 端口复用动态地址转换的实现

内部网络使用的 IP 地址段为 10.100.100.1～10.100.100.254，路由器局域网端口(即默认网关)的 IP 地址为 10.100.100.1，子网掩码为 255.255.255.0。网络分配的合法 IP 地址范围为 202.99.160.0～202.99.160.3，路由器广域网中的 IP 地址为 202.99.160.1，子网掩码为 255.255.255.252，可用于转换的 IP 地址为 202.99.160.2。要求将内部网址 10.100.100.1～10.100.100.254 转换为合法 IP 地址 202.99.160.2。

第一步，在防火墙上设置 WAN 口 IP 地址为 202.99.160.1，子网掩码为 255.255.255.252。

第二步，在防火墙上设置 LAN 口 IP 地址为 10.100.100.1，子网掩码为 255.255.255.0。

第三步，定义合法 IP 地址池。指明地址缓冲池的名称为 onlyone，IP 地址为 202.99.160.2，子网掩码为 255.255.255.252。由于本例只有一个 IP 地址可用，所以，起始 IP 地址与终止 IP 地址均为 202.99.160.2。如果有多个 IP 地址，则应当分别键入起止的 IP 地址。

第四步，定义内部访问列表。允许访问 Internet 的网段为 10.100.100.0～10.100.100.255，子网掩码为 255.255.255.0。

第五步，设置复用动态地址转换。以端口复用方式，将访问列表 1 中的私有 IP 地址转换为 onlyone IP 地址池中定义的合法 IP 地址。

6. NAT 的局限性

(1) NAT 违反了 IP 地址结构模型的设计原则。IP 地址结构模型的基础是每个 IP 地址均标识了一个网络的连接。Internet 的软件设计就是建立在这个前提之上，而 NAT 使得很多主机可能在使用相同的地址，如 10.0.0.1。

(2) NAT 使得 IP 协议从面向无连接变成立面向连接。NAT 必须维护专用 IP 地址与公用 IP 地址以及端口号的映射关系。在 TCP/IP 协议体系中，如果一个路由器出现故障，不会影响到 TCP 协议的执行。因为只要几秒收不到应答，发送进程就会进入超时重传处理。而当存在 NAT 时，最初设计的 TCP/IP 协议过程将发生变化，Internet 可能变得非常脆弱。

(3) NAT 违反了基本的网络分层结构模型的设计原则。因为在传统的网络分层结构模型中，第 N 层是不能修改第 $N+1$ 层的报头内容的。NAT 破坏了这种各层独立的原则。

(4) 有些应用是将 IP 地址插入到正文的内容中，例如标准的 FTP 协议与 IP Phone 协议 H.323。如果 NAT 与这一类协议一起工作，那么 NAT 协议一定要做适当地修正。同时，网络的传输层也可能使用 TCP 与 UDP 协议之外的其他协议，那么 NAT 协议必须知道并且做相应的修改。由于 NAT 的存在，使得 P2P 应用实现出现困难，因为 P2P 的文件共享与语音共享都是建立在 IP 协议的基础上的。

(5) NAT 同时存在对高层协议和安全性的影响问题。RFC 对 NAT 存在的问题进行了讨论。NAT 的反对者认为这种临时性的缓解 IP 地址短缺的方案推迟了 IPv6 迁移的进程，而并没有解决深层次的问题，他们认为是不可取的。

【思考练习】

1. 选择题

(1) 锐捷防火墙的 web 管理方式采用的协议技术是(　　)。

A. HTTPS　　　　　　　　B. HTTP

C. FTP　　　　　　　　　D. TFTP

(2) 锐捷防火墙在第一次登录时，应将 PC 的网络接口与防火墙的(　　)接口相连。

A.WAN 口　　　　　　　　B.LAN 口

C.DMZ 口　　　　　　　　D.随便哪个口可以

(3) 以下防火墙的各个端口中，(　　)经常被用来连接服务器集群。

A. LAN 端口　　　　　　　　　　B. WAN 端口

C. DMZ 端口　　　　　　　　　　D. 三个端口均可

(4) 某公司维护它自己的公共 Web 服务器，并打算实现 NAT。应该为该 Web 服务器使用(　　)类型的 NAT。

A. 动态　　　　　　　　　　　　B. 静态

C. PAT　　　　　　　　　　　　D. 不使用 NAT

2. 简答题

(1) 简述防火墙有哪些优点。

(2) 防火墙有哪几种工作模式，各个模式的特点是什么？

(3) 防火墙按照实现的技术原理来划分可分为几种，简述这几种防火墙技术的特点。

(4) NAT 有哪些局限性？

模块九

网络管理

【学习任务分析】

随着计算机网络的飞速发展，计算机网络渗透到社会的各个领域，人们对于网络的依赖越来越强，与此同时随着网络规模的不断扩大，网络的复杂度也大大增加。如何有效地管理网络，确保信息网络可靠、稳定地运行已经成为一个迫切需要解决的问题。

要进行有效的网络管理，网络管理人员必须能及时了解网络的各个运行参数，如各线路的网络流量、线路的连通性，交换路由设备的 CPU 利用率、路由表，网络服务器的 CPU、内存、磁盘利用率等。

另一方面，计算机网络的组成越来越复杂，这主要表现在网络互连的规模越来越大，而且连网设备大多是异构型设备、多制造商环境和多协议栈，各种网络业务对网络性能的要求也多种多样。这些情况的出现无疑增加了网络管理的难度。尤其是在我国网络和通信迅速发展的情况下，由于多方投资、多方引进、多厂商异构型设备的问题非常突出，其管理的难度更是非同一般。

基于以上种种原因，我们有必要对网络管理做出基本的了解和掌握，在此基础上为以后的研究和开发符合实际情况的、经济适用的网络管理系统做准备。

【学习任务分解】

本模块中，学习任务有以下几个方面：

➤ 网络管理的基本概念。
➤ 网络管理的体系结构。
➤ 网络管理的功能。
➤ 典型的网络管理协议。
➤ 常用的主流网络管理软件。

任务一 网络管理的基本概念

(一) 网络管理的定义

目前还没有对网络管理的精确定义，不同的行业对网络管理都有自己的定义。例如公用交换网对于网络管理的定义通常指实时网络监控，以便在不利的条件下(如过载、故障)使网络的性能仍能达到最佳。而用户计算机网络对于网络管理的定义是指故障管理、计费管理、配置和名称管理、性能管理、安全管理。 而且在计算机网络管理的方式方法上又将网络管理分为狭义的网络管理和广义的网络管理，狭义的网络管理仅仅指网络的通信量管理，而广义的网络管理指网络的系统管理。

网络管理，简单来说就是为保证网络系统能够持续、稳定、安全、可靠和高效地运行，对网络实施的一系列方法和措施。

网络管理的任务就是收集、监控网络中各种设备和设施的工作参数、工作状态信息，将结果显示给管理员并进行处理，从而控制网络中的设备、设施、工作参数和工作状态，使其可靠运行。

(二) 网络管理的类型

根据网络管理的组成可以将网络管理分为两类：

第一类是网络应用程序、用户账号(例如文件的使用)和存取权限(许可)的管理。它们都是与软件有关的网络管理问题。

第二类是由构成网络的硬件所组成。这一类包括工作站、服务器、网卡、路由器、网桥和集线器等。通常情况下这些设备都离用户所在的地方很远。

(三) 网络管理的基本内容

最基本的网络管理方法是指实时网络监控。网络监控是指从网络中获取相关信息，并从这些信息中分析网络的运行现状(如是否过载、是否发现故障等)，以决定是否需要采取相应的措施来改变网络的运行状况，保证网络运行在最佳状态下。随着网络技术的发展和应用范围的不断拓宽，如今的网络管理已经涉及网络的规划、组织、实现、运营和维护等方面，几乎包括了与网络相关的每一项技术和应用。

概括地讲，网络管理的目的就是提高通信网络的运行效率和可靠性。从过程来看，网络管理就是对网络资源进行合理分配和控制，尽可能地满足网络运营者和网络用户的需要，使网络资源最大范围地得到使用，并保证整个网络经济、可靠、稳定地运行。

现代网络管理的内容通常可以包括运行、控制、维护和提供 4 个方面。

> 运行(Operation)：是指针对用户的需要而提供的服务，其目标是对网络的整体运行状态进行管理，包括对用户的流量和计费进行管理等。

> 控制(Administrator)：是指针对向用户提供的有效服务，为满足服务质量要求而进行的管理活动，如针对整个网络的管理和网络流量的管理等。

> 维护(Maintaince)：是指为保障网络及其设备的正常、可靠、连续、稳定地运行而进行的管理活动，如故障的检测、定位和恢复，对网络的测试等。维护又分为预防性维护和修正性维护两类。

> 提供(Provision)：是指网络资源的提供者(如电信运营商)所进行的管理活动，如管理相应的服务软件、配置参数等。

网络管理是一项系统而复杂的工作。随着网络规模的不断扩大及设备、应用系统的日益多样化，管理的复杂性也会相应提高。另外，网络管理不但需要一批具有一定专业知识和管理经验的从业人员，而且需要相应的管理软件和工具的支持。同时，管理制度是否科学和完善也决定着网络管理的水平。

(四) 网络管理的层次划分

网络管理既是一项技术工作，又是一项服务业务。为了便于描述网络管理的不同功能，一般将网络管理服务分为以下 4 个层次。

> 网元管理层(Network Element Management Layer)：网元又称为网络元素，是指网络中具体的通信设备或逻辑实体。网元管理功能是实现对一个或多个网元(如交换机、路由器、防火墙、网卡等)的操作。这里的操作一般是指远程操作。网元管理通常可以理解为对网络设备的远程操作和维护。

> 网络管理层(Network Management Layer)：该管理功能是实现对网络的操作控制，主要考虑的是网络中各设备之间的关系、网络的整体性能、网络的调整等。从事该层管理的人员一般要把握网络的整体性能，需要分析网络运行中所生成的日志文件。

> 服务管理层(Service Management Layer)：该管理功能主要是实时监控网络中所提供的有关服务，对网络的服务质量进行管理。通常只有网络运营部门才使用该层的功能。

> 事务管理层(Business Management Layer)：该管理功能主要为网络运行中的相关决策提供支持，如网络运行总体目标的确定、网络运行质量的分析报告、网络运行的财务预算和报告、网络运行的预测等。

任务二 网络管理的体系结构

(一) 网络管理体系结构概念

由于通信网中设备不断更新换代，技术不断提高，网络结构不断变化，网络管理体系结

新世纪高职高专规划教材

构显得很重要。无论网络的设备、技术和拓扑结构如何变化，最基本的体系结构应该是不变的，因此研究网络管理体系结构具有重要的意义。

网络管理体系结构即用于定义网络管理系统的结构及系统成员间相互关系的一套规则。

根据网络管理体系结构的定义可知，网络管理体系结构需要研究以下的问题：研究单个网络管理系统内部的结构及其成员间的关系，研究多个网络管理系统如何连接构成管理网络以管理复杂的网络。

(二) 典型网络管理体系结构

1. SNMP 网络管理体系结构

SNMP 管理体系结构由管理者、代理和管理信息库(MIB)3 部分组成。管理者(管理进程)是管理指令的发出者，这些指令包括一些管理操作。管理者通过各设备的管理代理对网络内的各种设备、设施和资源实施监视和控制。代理负责管理指令的执行，并且以通知的形式向管理者报告被管理对象发生的一些重要事件。代理具有两个基本功能：

(1) 从 MIB 中读取各种变量值。

(2) 在 MIB 中修改各种变量值。MIB 是被管理对象结构化组织的一种抽象。它是一个概念上的数据库，由管理对象组成，各个代理管理 MIB 中属于本地的管理对象，各代理控制的管理对象共同构成全网的管理信息库。

SNMP 在计算机网络应用非常广泛，成为事实上的计算机网络管理的标准。但是 SNMP 有许多缺点，是它自身难以克服的。正是由于 SNMP 协议及其 MIB 的缺陷，导致 Internet/SNMP 网络管理体系结构有以下问题：

(1) 没有一个标准或建议定义 Internet/SNMP 网络管理体系结构。

(2) 定义了大多数管理对象类，管理者必须面对大多数管理对象类。为了决定哪些管理对象类需要看，哪些需要修改，管理者必须明白许多的管理对象类的准确含义。

(3) 缺乏管理者特定的功能描述。Internet 管理标准仅仅定义了一个个独立管理操作。

2. OSI 网络管理体系结构

OSI/CMIP 网络管理体系结构中，基本概念有系统管理应用进程(SMAP)，从充当角色划分有管理者和代理两种类型，系统管理应用实体，层管理实体和管理信息库(MIB)。系统管理应用进程是执行系统管理功能的软件。层管理提供对 OSI 各层特定的管理功能。MIB 是系统中属于网络管理方面的信息的集合。

OSI/CMIP 管理体系结构是以更通用、更全面的观点组织一个网络的管理系统，它的开放性、着眼于网络未来发展的设计思想，使得它有很强的适应性，能够处理任何复杂系统的综合管理。然而正是 OSI 系统管理这种大而全的思想，导致其有许多缺点：

(1) OSI 系统管理违反了 OSI 参考模型的基本思想。

(2) 由于 OSI 系统管理用到了 OSI 各层的服务传送管理信息，使得 OSI 系统管理不能管理通信系统自己内部的故障。

(3) 缺乏管理者特定的功能描述。

(4) OSI 系统管理太复杂，CMIP 的功能极其灵活强大，使得 OSI 系统管理方法太复杂，从而 OSI 系统管理与实际的应用有距离，OSI 在实际应用中不成功。

(5) 缺乏相应的开发工具，这种开发工具可以使开发者不需了解 OSI 管理。代理系统花费太高。

(6) OSI 系统管理虽然管理信息建模是面向对象的，但管理信息传送却不是面向对象的，OSI 系统管理不是纯面向对象的。

3. TMN 网络管理体系结构

电信管理网(TMN)是一个逻辑上与电信网分离的网络，它通过标准的接口(包括通信协议和信息模型)与电信网进行传送/接收管理信息，从而达到对电信网控制和操作的目的。TMN 的管理体系结构比较复杂，可以从 4 个方面分别进行描述，即功能体系结构、物理体系结构、信息体系结构和逻辑分层体系结构。

TMN 的信息体系结构基本上来自 OSI 系统管理概念和原则，如面向对象的建模方法、管理者与代理和 MIB 等，OSI 系统管理上面进行了比较详细地讨论，因此不再重复。

电信网络的种类很多，电信网络的管理非常复杂，对某类电信设备(如交换机，交叉连接设备 DXC 等)的管理已经显示了其复杂性，若对整个电信网，甚至只是对某个本地网做到综合管理都将是一项非常艰巨和非常复杂的任务。在 TMN 建设初期可以只完成低层的管理功能，以后逐步完善高层管理功能，最终实现管理的综合。

TMN 从 20 世纪 80 年代中期提出后，已成为全球接受的管理电信公众网的框架。尽管 TMN 有技术上先进、强调公认的标准和接口等优点，但随着计算机和通信技术的不断发展，TMN 自身也暴露出许多问题，如目标大大、抽象化程度太高、OSI 协议栈效率不高等。

任务三　网络管理的功能

ISO 对于网络管理功能的定义了网络管理的 5 大功能，并被广泛接受。这 5 大功能是故障管理(Fault Management)、计费管理(Accounting Management)、配置管理(Configuration Management)、性能管理(Performance Management)和安全管理(Security Management)。

下面我就每个功能分别进行介绍。

(一) 故障管理

故障管理是网络管理中最基本的功能之一。用户都希望有一个可靠的计算机网络。当网络中某个组成失效时，网络管理员必须迅速查找到故障并及时排除。通常不大可能迅速隔离某个故障，因为网络故障的产生原因往往相当复杂，特别是当故障是由多个网络组成共同引起的。在此情况下，一般先将网络修复，然后再分析网络故障的原因。分析故障原因对于防止类似故障的再发生相当重要。网络故障管理包括故障检测、隔离和纠正 3 方面，应包括以

新世纪高职高专规划教材

下典型功能。

(1) 故障监测：主动探测或被动接收网络上的各种事件信息，并识别出其中与网络和系统故障相关的内容，对其中的关键部分保持跟踪，生成网络故障事件记录。

(2) 故障报警：接收故障监测模块传来的报警信息，根据报警策略驱动不同的报警程序，以报警窗口/振铃(通知一线网络管理人员)或电子邮件(通知决策管理人员)发出网络严重故障警报。

(3) 故障信息管理：依靠对事件记录的分析，定义网络故障并生成故障卡片，记录排除故障的步骤和与故障相关的值班员日志，构造排错行动记录，将事件-故障-日志构成逻辑上相互关联的整体，以反映故障产生、变化、消除的整个过程的各个方面。

(4) 排错支持工具：向管理人员提供一系列的实时检测工具，对被管设备的状况进行测试并记录下测试结果以供技术人员分析和排错；根据已有的排错经验和管理员对故障状态的描述给出对排错行动的提示。

(5) 检索/分析故障信息：以关键字检索查询故障管理系统中所有的数据库记录，定期收集故障记录数据，在此基础上给出被管网络系统、被管线路设备的可靠性参数。

对网络故障的检测依据对网络组成部件状态的监测。不严重的简单故障通常被记录在错误日志中，并不做特别处理；而严重一些的故障则需要通知网络管理器，即所谓的"警报"。一般网络管理器应根据有关信息对警报进行处理，排除故障。当故障比较复杂时，网络管理员应能执行一些诊断测试来辨别故障原因。

(二) 计费管理

计费管理记录网络资源的使用，目的是控制和监测网络操作的费用和代价，对一些公共商业网络尤为重要。它可以估算出用户使用网络资源可能需要的费用和代价，以及已经使用的资源。网络管理员还可规定用户可使用的最大费用，从而控制用户占用和过多使用网络资源。这也从另一方面提高了网络的效率。另外，当用户为了一个通信目的需要使用多个网络中的资源时，计费管理应可计算总计费用。

(1) 计费数据采集：计费数据采集是整个计费系统的基础，但计费数据采集往往受到采集设备硬件与软件的制约，而且也与进行计费的网络资源有关。

(2) 数据管理与数据维护：计费管理人工交互性很强，虽然有很多数据维护系统自动完成，但仍然需要人为管理，包括交纳费用的输入、联网单位信息维护，以及账单样式决定等。

(3) 计费政策制定：由于计费政策经常灵活变化，因此实现用户自由制定输入计费政策尤其重要，这样就需要一个制定计费政策的友好人机界面和完善的实现计费政策的数据模型。

(4) 政策比较与决策支持：计费管理应该提供多套计费政策的数据比较，为政策制定提供决策依据。

(5) 数据分析与费用计算：利用采集的网络资源使用数据，联网用户的详细信息以及计费政策计算网络用户资源的使用情况，并计算出应交纳的费用。

(6) 数据查询：提供给每个网络用户关于自身使用网络资源情况的详细信息，网络用户根据这些信息可以计算、核对自己的收费情况。

(三) 配置管理

配置管理同样相当重要。它初始化网络并配置网络，以使其提供网络服务。配置管理 是一组对辨别、定义、控制和监视组成一个通信网络的对象所必要的相关功能，目的是为了实现某个特定功能或使网络性能达到最优。

(1) 配置信息的自动获取：在一个大型网络中，需要管理的设备是比较多的，如果每个设备的配置信息都完全依靠管理人员的手工输入，工作量是相当大的，而且还存在出错的可能性。对于不熟悉网络结构的人员来说，这项工作甚至无法完成。因此，一个先进的网络管理系统应该具有配置信息自动获取功能。即使在管理人员不是很熟悉网络结构和配置状况的情况下，也能通过有关的技术手段来完成对网络的配置和管理。在网络设备的配置信息中，根据获取手段大致可以分为 3 类：一是网络管理协议标准的 MIB 中定义的配置信息(包括 SNMP 和 CMIP 协议)；二是不在网络管理协议标准中有定义，但是对设备运行比较重要的配置信息；三是用于管理的一些辅助信息。

(2) 自动配置、自动备份及相关技术：配置信息自动获取功能相当于从网络设备中"读"信息，相应的，在网络管理应用中还有大量"写"信息的需求。同样根据设置手段对网络配置信息进行分类：一是可以通过网络管理协议标准中定义的方法(如 SNMP 中的 set 服务)进行设置的配置信息，二是可以通过自动登录到设备进行配置的信息，三是需要修改的管理性配置信息。

(3) 配置一致性检查：在一个大型网络中，由于网络设备众多，而且由于管理的原因，这些设备很可能不是由同一个管理人员进行配置的。实际上，即使是同一个管理员对设备进行的配置，也会由于各种原因导致配置一致性问题。因此，对整个网络的配置情况进行一致性检查是必需的。在网络的配置中，对网络正常运行影响最大的主要是路由器端口配置和路由信息配置，因此，要进行一致性检查的也主要是这两类信息。

(4) 用户操作记录功能：配置系统的安全性是整个网络管理系统安全的核心，因此，必须对用户进行的每一配置操作进行记录。在配置管理中，需要对用户操作进行记录，并保存下来。管理人员可以随时查看特定用户在特定时间内进行的特定配置操作。

(四) 性能管理

性能管理估价系统资源的运行状况及通信效率等系统性能。其能力包括监视和分析被管理网络及其所提供服务的性能机制。性能分析的结果可能会触发某个诊断测试过程或重新配置网络以维持网络的性能。性能管理收集分析有关被管理网络当前状况的数据信息，并维持和分析性能日志。包括以下一些典型的功能。

(1) 性能监控：由用户定义被管理对象及其属性。被管理对象类型包括线路和路由器，被管理对象属性包括流量、延迟、丢包率、CPU 利用率、温度、内存余量。对于每个被管理对象，定时采集性能数据，自动生成性能报告。

(2) 阈值控制：可对每一个被管理对象的每一条属性设置阈值，对于特定被管理对象的特定属性，可以针对不同的时间段和性能指标进行阈值设置。可通过设置阈值检查开关控制阈值检查和警告，提供相应的阈值管理和溢出警告机制。

(3) 性能分析：对历史数据进行分析、统计和整理，计算性能指标，对性能状况做出判断，为网络规划提供参考。

(4) 可视化的性能报告：对数据进行扫描和处理，生成性能趋势曲线，以直观的图形反映性能分析的结果。

(5) 实时性能监控：提供了一系列实时数据采集、分析和可视化工具，用以对流量、负载、丢包、温度、内存、延迟等网络设备和线路的性能指标进行实时检测，可任意设置数据采集间隔。

(6) 网络对象性能查询：可通过列表或按关键字检索被管理网络对象及其属性的性能记录。

(五) 安全管理

安全性一直是网络的薄弱环节之一，而用户对网络安全的要求又相当高，因此网络安全管理非常重要。网络中主要有以下几大安全问题：网络数据的私有性(保护网络数据不被侵入者非法获取)、授权(防止侵入者在网络上发送错误信息)、访问控制(控制对网络资源的访问)。

相应的，网络安全管理应包括对授权机制、访问控制、加密和加密关键字的管理，另外还要维护和检查安全日志。

网络管理过程中，存储和传输的管理及控制信息对网络的运行和管理至关重要，一旦泄密、被篡改和伪造，将给网络造成灾难性的破坏。网络管理本身的安全由以下机制来保证。

(1) 管理员身份认证：采用基于公开密钥的证书认证机制。为提高系统效率，对于信任域内(如局域网)的用户，可以使用简单口令认证。

(2) 管理信息存储和传输的加密与完整性：Web 浏览器和网络管理服务器之间采用安全套接字层(SSL)传输协议，对管理信息加密传输并保证其完整性；内部存储的机密信息，如登录口令等，也是经过加密的。

(3) 网络管理用户分组管理与访问控制：网络管理系统的用户(即管理员)按任务的不同分成若干用户组，不同的用户组中有不同的权限范围，对用户的操作由访问控制检查，保证用户不能越权使用网络管理系统。

(4) 系统日志分析：记录用户所有的操作，使系统的操作和对网络对象的修改有据可查，同时也有助于故障的跟踪与恢复。

网络对象的安全管理有以下功能：

(1) 网络资源的访问控制：通过管理路由器的访问控制链表，完成防火墙的管理功能，即从网络层(IP)和传输层(TCP)控制对网络资源的访问，保护网络内部的设备和应用服务，防止外来的攻击。

(2) 告警事件分析：接收网络对象所发出的告警事件，分析与安全相关的信息(如路由器登录信息、SNMP 认证失败信息)，实时地向管理员告警，并提供历史安全事件的检索与分析机制，及时地发现正在进行的攻击或可疑的攻击迹象。

(3) 主机系统的安全漏洞检测：实时监测主机系统重要服务(如 WWW、DNS 等)的状态，提供安全监测工具，以搜索系统可能存在的安全漏洞或安全隐患，并给出弥补的措施。

任务四 典型的网络管理协议

(一) SNMP 协议

1. SNMP 协议的发展

早在 20 世纪 80 年代，负责 Internet 标准化工作的国际性组织 IETF(Internet Engineering Task Force)意识到单靠人工是无法管理以爆炸速度增长的 Internet。于是经过一番争论，最终决定采用基于 OSI 的 CMIP(Common Management Information Protocol)协议作为 Internet 的管理协议。为了让它适应基于 TCP/IP 的 Internet，必须进行大量的繁琐的修改，修改后的协议被称作 CMOT(CMIP Over TCP/IP)。由于 CMOT 的出台遥遥无期，为了应急，IETF 决定把现有的 SGMP(Simple Gateway Monitoring Protocol)进一步开发成一个临时的替代解决方案，这个在 SGMP 基础上开发的临时解决方案就是著名的 SNMP。

1988 年，IAB 提出了简单网络管理协议(SNMP)的第一个版本，与 TCP 一样，SNMP 也是一个 Internet 协议，是 Internet 网络管理体系中的一部分。SNMP 定义了一种在工作站或 PC 等典型的管理平台与设备之间使用 SNMP 命令进行设备管理的标准。SNMP 具有以下特点。

(1) 简单性：SNMP 非常简单，容易实现且成本低。

(2) 可伸缩性：SNMP 可管理绝大部分符合 Internet 标准的设备。

(3) 扩展性：通过定义新的"被管理对象"，即 MIB，可以非常方便地扩展管理能力。

(4) 健壮性：即使在被管理设备发生严重错误时，也不会影响管理工作站的正常工作。

SNMP 出台后，在短短几年内得到了广大用户和厂商的支持。现在 SNMP 已经成为 Internet 网络管理最重要的标准，SNMP 以其简单易用的特性成为企业网络计算中居于主导地位的一种网络管理协议，实际上已是一个事实上的网络管理标准。它可以在异构的环境中进行集成化的网络管理，几乎所有的计算机主机、工作站、路由器、集线器厂商均提供基本的 SNMP 功能。

SNMP v1 如同 TCP/IP 协议簇的其他协议一样，并没有考虑安全问题，因此许多用户和厂商提出了修改初版 SNMP、增加安全模块的要求。于是，IETF 于 1992 年开始了 SNMP v2 的开发工作。IETF 于 1993 年完成了 SNMP v2 的制定工作，在 SNMP v2 中重新定义了安全级并提供了管理程序到管理程序之间通信的支持，解决了 SNMP 网络管理系统的安全性和分布管理的问题。为了提高鉴别控制，SNMP v2 还使用 MD5 鉴别协议，此协议通过对收到的每个与管理有关的信息包的内容进行验证来保证网络的完整性。通过加密和鉴别技术，SNMP v2 提供了更强的安全能力。

1998 年 IETF 完成制定 SNMP v3，RFC 2271 定义了 SNMP v3 的体系结构，SNMP v3 体现了模块化的设计思想，SNMP 引擎和它支持的应用被定义为一系列独立的模块。应用主要

新世纪高职高专规划教材

有命令产生器(Command Generator)、通知接收器(Notification Receiver)、代理转发器(Proxy Forwarder)、命令响应器(Command Responder)、通知始发器(Notification Originator)和一些其他应用。作为 SNMP 实体核心的 SNMP 引擎用于发送和接收消息、鉴别消息、对消息进行解密和加密，以及控制对被管理对象的访问等功能。

SNMP v3 可运用于多种操作环境，可根据需要增加、替换模块和算法，具有多种安全处理模块，有极好的安全性和管理功能，既弥补了前两个版本在安全方面的不足，同时又保持了 SNMP v1 和 SNMP v2 易于理解、易于实现的特点。随着 SNMP v3 的逐步扩充和完善，必将进一步推动网络管理技术的发展。

2. SNMP 协议工作原理

网络管理中的简单网络管理协议(SNMP)模型由 3 部分组成：管理站(Management Station)、代理(Agent)、管理信息库(Management Information Base，MIB)和管理协议(Management Protocol)。

管理站(网管工作站)是网络管理系统的核心，管理站向网络设备发送各种查询报文，并接收来自被管理设备的响应及陷阱(Trap)报文，将结果显示出来。

代理(Agent)是驻留在被管理设备(也称为管理节点，Management Node)上的一个进程，这一进程在服务器上一般是一个后台服务，在交换机、路由器中通常是嵌入式系统中的一个进程。代理负责接收、处理来自网管工作站的请求报文，然后从设备上其他模块中取得管理变量的数值，形成响应报文，反送给 NMS。在一些紧急情况下，如接口状态发生改变、呼叫成功等时候，主动通知管理站(发送陷阱 TRAP 报文)。

MIB 是一个所监控网络设备标准变量定义的集合，通常可以理解为保存网络管理信息定义的数据库。

管理协议是定义管理站和代理之间通信的规则集，SNMP 代理和管理站通过 SNMP 协议中的标准消息进行通信，每个消息都是一个单独的数据报。SNMP 使用 UDP(用户数据报协议)作为第四层协议(传输协议)，进行无连接操作。SNMP 消息报文包含两个部分：SNMP 报头和协议数据单元 PDU。

3. SNMP 的操作

SNMP 是一个异步的请求/响应协议。SNMP 实体不需要在发出请求后等待响应到来。SNMP 中包括了 4 种基本的协议交互过程，即有 4 种操作。

(1) get 操作：用于提取指定的网络管理信息。

(2) get-next 操作：用于提供扫描 MIB 树和依次检索数据的方法。

(3) set 操作：用于对管理信息进行控制，网管站使用 set 操作来设置被管设备参数。

(4) trap 操作：用于通报重要事件的发生，被管设备遇到紧急情况时主动向网管站发送消息。网管站收到 trap pdu 后要将其变量对应表中的内容显示出来。一些常用的 trap 类型有冷、热启动，链路状态发生变化等。

在这 4 个操作中，前 3 个是请求由管理者发给代理，需要代理发出响应给管理者，最后一个则是由代理发给管理者，但并不需要管理者响应。

4. SNMP 的 MIB

由于网络设备种类繁多，新的数据和管理信息还在不断增加，因此 SNMP 用层次结构命名方案来识别管理对象，就像一棵树，树的节点表示管理对象，它可以用从根开始的一条路径来唯一地识别一个节点，可以非常方便地扩充。

5. SMI 和 ASN.1

SNMP 作为一个网络管理协议，要管理从机房空调、电源到路由器、服务器等各类设备，这些设备有不同的 CPU，不同的操作系统，由不同的厂家生产，因此必须有一个与操作系统、CPU、厂家等都无关的数据编码规范，保证在代理和网管站之间能正确解读数据。SNMP 协议中 SMI(Struct of Management Information)通过定义一个宏 OBJECT-TYPE，规定了管理对象的表示方法，另外它还定义了几个 SNMP 常用的基本类型和值，SMI 是 ASN.1(抽象语法规范)的一个子集，SNMP 使用 SMI 来描述管理信息库 MIB 和协议数据单元 PDU。

(二) RMON

SNMP 作为一个基于 TCP/IP 并在 Internet 中应用最广泛的网管协议，网络管理员可以使用 SNMP 监视和分析网络运行情况，但是 SNMP 也有一些明显的不足之处：由于 SNMP 使用轮询采集数据，在大型网络中轮询会产生巨大的网络管理报文，从而导致网络拥塞；SNMP 仅提供一般的验证，不能提供可靠的安全保证；不支持分布式管理，而采用集中式管理；由于只由网管工作站负责采集数据和分析数据，所以网管工作站的处理能力可能成为瓶颈。

为了提高传送管理报文的有效性，减少网管工作站的负载，满足网络管理员监控网段性能的需求，IETF 开发了 RMON(Remote Monitoring，远程监控)用以解决 SNMP 在日益扩大的分布式互联网中所面临的局限性。

RMON 规范是由 SNMP MIB 扩展而来。RMON 中定义了设备必须实现的一组用于监控网络流量等运行状态的 MIB，它可以使各种网络监控器(或称探测器)和网管站之间交换网络监控数据。监控数据可用来监控网络流量、利用率等，为网络规划及运行提供调控依据，同时通过分析流量可以协助网络错误诊断。

当前 RMON 有两种版本：RMON v1 和 RMON v2。RMON v1 在目前使用较为广泛的网络硬件中都能发现，它定义了 9 个 MIB 组服务于基本网络监控。RMON v2 是 RMON 的扩展，集中在 MAC 层以上更高的流量层，它主要强调 IP 流量和应用程序的水平流量。RMON v2 允许网络管理应用程序监控所有网络层的信息包，这与 RMON v1 不同，RMON v1 只允许监控 MAC 及其以下层的信息包。

RMON 监视系统由两部分构成：探测器(代理或监视器)和管理站。RMON 代理在 RMON MIB 中存储网络信息，如一台 PC 正在运行的程序，它们被直接植入网络设备(如路由器、交换机等)，使它们成为带 RMON 探测器功能的网络设备，代理只能看到信息传输流量，所以在每个被监控的 LAN 段或 WAN 链接点都要设置 RMON 代理，网管工作站用 SNMP 的基本命令与其交换数据信息，获取 RMON 数据信息。

RMON 监视器可用两种方法收集数据：一种是通过专用的 RMON 探测器，网管工作站直接从探测器获取管理信息，这种方式可以获取 RMON MIB 的全部信息；另一种方法是将 RMON 代理直接植入网络设备(路由器、交换机、HUB 等)使它们成为带 RMON probe 功能的网络设施，网管工作站用 SNMP 的基本命令与其交换数据信息，收集网络管理信息，但这种方式受设备资源限制，一般不能获取 RMON MIB 的所有数据，大多数只收集四个组的信息。

RMON MIB 由一组统计数据、分析数据和诊断数据组成，不像标准 MIB 仅提供被管理对象大量的关于端口的原始数据，它提供的是一个网段的统计数据和计算结果。RMON MIB 对网段数据的采集和控制通过控制表和数据表完成。RMON MIB 按功能分成 9 个组，每个组有自己的控制表和数据表。其中，控制表可读写，用于描述数据表所存放数据的格式。配置的时候，由管理站设置数据收集的要求，存入控制表。开始工作后，RMON 监控端根据控制表的配置，把收集到的数据存放到数据表。RMON 在监控元素的 9 个 RMON 组中传递信息，各个组通过提供不同的数据来满足网络监控的需要。每个组都是可选项，所以，销售商不必在 MIB 中支持所有的组。

目前大部分网络设备的 RMON Agent 只支持统计、历史、告警、事件 4 个组，如 Cisco、3COM、华为的路由器或交换机都已实现这些功能，不但支持网管工作站为 Agent 记录的任何计数和整数类对象设置取样间隔和报警阈值，而且允许网管工作站根据需要以表达式形式对多个变量的组合进行设置。

(三) CMIS/CMIP

公共管理信息服务/公共管理信息协议(CMIS/CMIP)是由 ISO 提供的网络管理协议簇。CMIS 定义了每个网络组成部分提供的网络管理服务，这些服务在本质上是很普通的，CMIP 则是实现 CMIS 服务的协议。

ISO 网络协议旨在为所有设备在 ISO 参考模型的每一层提供一个公共网络结构，而 CMIS/CMIP 正是这样一个用于所有网络设备的完整网络管理协议簇。

出于通用性的考虑，CMIS/CMIP 的功能与结构跟 SNMP 很不相同，SNMP 是按照简单和易于实现的原则设计的，而 CMIS/CMIP 则能够提供支持一个完整网络管理方案所需的功能。

CMIS/CMIP 的整体结构是建立在使用 ISO 网络参考模型的基础上的，网络管理应用进程使用 ISO 参考模型中的应用层。也在这层上，公共管理信息服务单元(CMISE)提供了应用程序使用 CMIP 协议的接口。同时该层还包括了两个 ISO 应用协议:联系控制服务元素(ACSE)和远程操作服务元素 (ROSE)，其中 ACSE 在应用程序之间建立和关闭联系，而 ROSE 则处理应用之间的请求/响应交互。另外，值得注意的是 ISO 没有在应用层之下特别为网络管理定义协议。

(四) CMOT

公共管理信息服务与协议(CMOT)是在 TCP/IP 协议簇上实现 CMIS 服务，这是一种过渡性的解决方案，直到 ISO 网络管理协议被广泛采用。

　　CMIS 使用的应用协议并没有根据 CMOT 而修改，CMOT 仍然依赖于 CMISE、ACSE 和 ROSE 协议，这和 CMIS/CMIP 是一样的。但是，CMOT 并没有直接使用参考模型中表示层实现，而是要求在表示层中使用另外一个协议轻量表示协议(LPP)，该协提供了目前最普通的两种传输层协议 TCP 和 UDP 的接口。

　　CMOT 的一个致命弱点在于它是一个过渡性的方案，没有人会把注意力集中在一个短期方案上。相反，许多重要厂商都加入了 SNMP 潮流并在其中投入了大量资源。事实上，虽然存在 CMOT 的定义，但该协议已经很长时间没有得到任何发展了。

(五) LMMP

　　局域网个人管理协议(LMMP)试图为 LAN 环境提供一个网络管理方案。LMMP 以前称为 IEEE 802 逻辑链路控制上的公共管理信息服务与协议 (CMOL)。由于该协议直接位于 IEEE 802 逻辑链路层(LLC)上，它可以不依赖于任何特定的网络层协议进行网络传输。

　　由于不要求任何网络层协议，LMMP 比 CMIS/CMIP 或 CMOT 都易于实现，然而没有网络层提供路由信息，LMMP 信息不能跨越路由器，从而限制了它只能在局域网中发展。但是，跨越局域网传输局限的 LMMP 信息转换代理可能会克服这一问题。

任务五　主流的网络管理软件

　　由于网络管理已经有了一系列的标准，以及 ISO 定义的网络管理 5 大功能，使得具有配置管理、性能管理、故障管理、安全管理和计费管理 5 大功能的管理系统成为可能。同时，也正是得益于这样的网络管理系统，我们才能对网络进行充分、完备和有序的管理。但是由于涉及众多的网络管理协议和 5 个方面所要求的功能以及不同网络的实际情况，使得网络管理系统在技术上具有很强的挑战性。现在市场上号称是网络管理系统的软件不少，但真正具有网络管理 5 大功能的网络管理系统却不多。我们下面将介绍 4 种网络管理系统，并给出它们的优缺点比较。这 4 种网络管理系统是：惠普(HP)公司的 Open-View，国际商用公司(IBM)的 NetView，SUN 公司(现已被 Oracle 公司收购)的 SunNet Manager 以及近年来代表未来智能网络管理方向的 Cabletron 公司的 SPECTRUM。

(一) HP 的 OpenView

　　HP 的 OpenView 是第一个真正兼容的、跨平台的网络管理系统，因此也得到了广泛的市场应用。但是，OpenView 被认为是一个企业级的网络管理系统颇具争议，因为它跟大多数别的网络管理系统一样，不能提供 NetWare、SNA、DECnet、X.25、无线通信交换机以及其他非 SNMP 设备的管理功能。另一方面，HP 努力使 OpenView 由最初的提供给第三方应用开发厂商的开发系统，转变为一个跨平台的最终用户产品。它的最大特点是被第三方应用开发厂商所广泛接受。比如 IBM 就把 OpenView 增强功能并扩展成为自己的 NetView 产品系列，从而与 OpenView 展开竞争。特别在最近几年，OpenView 已经成为网络管理市场的领导者，与其他网络管理系统相比，OPenView 拥有更多的第三方应用开发厂商。在近期，OpenView 看上去更像一个工业标准的网络管理系统。

1. 网络监管特性

OpenView 不能处理因为某一网络对象故障而导致的其他对象的故障。具体说来就是，它不具备理解所有网络对象在网络中相互关系的能力，因此一旦某个网络对象发生故障，导致其他正常的网络对象停止响应网络管理系统,它会把这些正常网络对象当作故障对象对待。同时，OpenView 也不能把服务的故障与设备的故障区分开来，比如是服务器上的进程出了问题还是该服务器出了问题，它不能区分。这是 OpenView 的最大弱点。

另外，在 OpenView 中，性能的轮询与状态的轮询是截然分开的，这样导致一个网络对象响应性能轮询失败但不触发一个报警，仅仅只有当该对象不响应状态的轮询才进行故障报警。这将导致故障响应时间的延长，当然两种轮询的分开将带来灵活性上的好处，第三方的开发商可以对不同轮询的事件分别处理。

OpenView 还使用了商业化的关系数据库,这使得利用 OpenView 采集来的数据开发扩展应用变得相对容易。但第三方应用开发厂商需要自己找地方存放自己的数据，这又限制了这些数据的共享。

2. 管理特性

OpenView 的 MIB 变量浏览器相对而言是最完善的,而且正常情况下使用该 MIB 变量浏览器只会产生很少的流量开销。但 OpenView 仍然需要更多、更简洁的故障工具以对付各种各样的故障与问题。

3. 可用性

OpenView 的用户界面显得干净以及相对的灵活，但在功能引导上显得笨拙。同时 OpenView 还在简单、易用的 Motif 的图形用户界面上提供状态信息和网络拓扑结构图形，虽然这些信息和图形在大多数网络管理系统中都提供。但是一个问题是 OpenView 的所有操作(至少现在)都在 X-Windows 界面上进行，它还缺乏一些其他的手段，比如 WWW 界面和字符界面，同时它还缺乏开发基于其他界面应用的 API。

4. 小结

OpenView 是一个昂贵的但相对够用的网络管理系统，它提供了基本层次上的功能需求。它的最大优势在于它被第三方开发厂商所广泛接受。但得到了 NetView 许可证的 IBM 已经加强并扩展了 OpenView 的功能，以此形成了 IBM 自己的 NetView/6000 产品系列，该产品可以在很大程度上被视为 OpenView 的一种替代选择。

(二) IBM 的 NetView

IBM 的 NetView 是一个相对比较新，同时又具有兼容性的网络管理系统。NetView 既可以作为一个跨平台的、即插即用的系统提供给最终用户，也可以作为一个开发平台，在上面开发新的网络管理应用。IBM 从 HP 得到 OpenView 3.1 的许可证，并在此基础上大大扩展了它的功能，并将与其他软件产品集成起来，从而形成了自己的 NetView 产品系列。跟 OpenView 一样，NetView 作为企业级的网络管理系统，但它也不能提供 Net-Ware、SNA、DECnet、X.25、无线通信交换机以及其他非 SNMP 设备的管理功能。在网络管理产品市场上，NetView 在过去几年得到广泛的关注。NetView 的市场人员宣称尽管 IBM 是从 HP 那里得到了 OpenView 的最初许可证，但 IBM 在此基础上自己增加了 70% 的代码，并修正了很多 OpenView 的 bug，因此 NetView 应该被认为是一种新的产品。NetView 产品系列包括一个故障卡片系统、一些新的故障诊断工具，以及一些 OpenView 所不具备的其他特性。虽然目前 NetView 在吸引第三方应用开发厂商方面还不如 Open-View，但这种差距正在缩小。

1. 网络监管特性

NetView 不能对故障事件进行归并，它不能找出相关故障卡片的内在关系，因此对一个失效设备，即使是一个重要的路由器，将导致大量的故障卡片和一系列类似的告警，这是难以接受的。更糟的是，第三方开发的应用似乎也不能确定这样的从属关系，比如一个针对 Cisco 产品的插件不能区分线路故障和 CSU/DSU 故障。因此，NetView 不具备在掌握整个网络结构情况下管理分散对象的能力。在一个大型、异构网络中，这意味着服务的开销不能轻易地从网络开销中区分出来。

同样的，在 NetView 中，性能轮询与状态轮询也是彻底分开的，这也将导致故障响应的延迟。但对第三方而言，NetView 提供了一些某种程度上的灵活性，在系统告警和事件中允许调用用户自定义的程序。NetView 也使用了商业化的关系数据库，这使得利用 NetView 采集来的数据开发扩展应用变得相对容易。但第三方应用开发厂商需要自己找地方存放自己的数据，这又限制了这些数据的共享。

IBM 在 OS/2 Intel 平台上利用 Proxy 代理可以管理内部设备，并通过 SNMP 与 NetView 的管理进程通信。IBM 宣称 NetView 的管理进程具备理解并展示 Novell 的 NetWare 局域网的能力。

2. 管理特性

IBM 极大地简化了 NetView 的安装过程，使得安装 NetView 比安装 OpenView 简单许多，它也是大多数网络管理软件中最容易安装的。

3. 可用性

NetView 用户界面显得干净和相对灵活，它比 OpenView 更容易使用。它的图形用户界面也像大多数网络管理软件一样用图形方式显示对象的状态和网络拓扑结构。IBM 还增加了一种事件卡片机制，并在一个单独的窗口中按照一定的索引显示最近发生的事件。但同样一个问题是 NetView 的所有操作(至少现在)都在 X-Windows 界面上进行，它还缺乏一些其他的手段，比如 WWW 界面和字符界面，同时它也缺乏开发基于其他界面应用的 API。

4. 小结

IBM 在 HP 的 OpenView 上进行了很多改进，在其 NetView 产品系列中提供了更全面的网络管理功能。同时 NetView 还以更便宜的价格、更多的性能和更强的灵活性提供给用户，

新世纪高职高专规划教材

但它仍然存在着一些令人烦恼的限制。缺乏相关性的处理使 NetView 对进行自动管理感到困难，不过它针对一些告警还是有某种程度上的过滤与归并机制。

总之，NetView 在 OpenView 的基础上进行了一系列的改进，我们期待 NetView 的新开发版本能够加入更多的改进，包括处理相关性的能力以及适应不同网络环境的能力等。

(三) SUN 的 SunNet Manager

SunNet Manager(SNM)是第一个重要的基于 Unix 的网络管理系统。SNM 一直主要作为开发平台而存在，它仅仅提供很有限的应用功能。为了实用化，还必须附加很多第三方开发的针对具体硬件平台的网络管理应用。SNM 的开发似乎已经减慢甚至停止，不过 SUN 已经签署一份许可证给 NetLabs DiMONS 3G 公司，授权该公司以 SNM 为基础开发一个名叫 Encompass 的新网络管理系统。对于 SNM，该系统跟其他大多数网络管理系统一样，它也不能提供 NetWare、SNA、DECnet、X.25、无线通信交换机以及其他非 SNMP 设备的管理功能。SNM 只能运行在 SUN 平台上，它需要 32MB 内存和 400MB 硬盘。

作为广泛使用的最早的网络管理平台，SNM 曾经一度占据了市场的领导地位。但后来 SNM 在市场的地位被 HP 的 OpenView 所取代，现在 SNM 在市场中所占的份额越来越少，不过 SNM 仍然具有很多第三方开发的应用。

1. 网络监管特性

SNM 有两个有趣的特性：Proxy 管理代理和集成控制核心。SNM 是第一个提供分布式网络管理的产品，它的数据采集代理可以通过 RPC(远程过程调用)与管理进程通信。这样 Proxy 管理代理就可以像管理进程的子进程一样分布在整个网络；而集成控制核心可以在不同的 SNM 的管理进程之间分享网络状态信息，这种特性在异构网络中显得特别有效。然而，SNM 不支持相关性处理抵消了 Proxy 管理代理的优势，使得 SNM 的 Proxy 管理代理把网络结构并行化的努力得不到有力的支持。

SNM 的 Proxy 管理代理不仅可以运行在 SUN 平台上，也可以运行在 HP/UX 以及 AIX 平台上。一个 Proxy 管理代理可以对一个子网进行轮询，以减少单点的故障、使轮询分布化以及减少网络的流量开销。同时，Proxy 管理代理也能把不可靠的 SNMP trap 转变为可靠的告警，这些 SNMP trap 被送到本地的管理代理，然后送给管理进程。

2. 管理特性

集成控制核心允许多个 SNM 共享网络状态信息，这样在一个子网可以拥有一个自己的 SNM 以监控该子网的状态，然后集成控制核心在不同 SNM 之间共享信息，这样即使是异构的复杂网络也能很好地收集和发布网络信息。

新的 SNM 2.2 版本在易安装性、易配置性以及提供默认配置选项方面有了很大进步，但在这方面，它还赶不上 IBM 的 NetView。

3. 可用性

SNM 更多的是作为一个平台而不是一个网络管理产品出现，它提供了一系列的 API 可供第三方厂商在其上开发自己的应用，因此如果希望使用针对 SNM 的友好的用户界面，则必须购买第三方提供的软件。在某种意义上说，如果购买了 SNM 而不购买第三方的应用软件，那么 SNM 将没有什么用处。另外，SNM 使用一种嵌入式的文件系统来保存数据，但在某些 SNM 的版本中也可以使用关系数据库系统，不过用户得另行付费。

4．小结

SNM 提供一种集成的网络管理，这是一种介于集中式的网络管理和分散的、非共享的对象管理之间的网络管理方式。集成网络管理特别在管理不同独立部门的网络所组成的统一网络时非常有用，而分布式的轮询机制也在一定程度上补偿了缺乏相关性处理的缺陷。

SNM 是处于开发周期最末端的产品，SUN 公司坚持用一种简洁的、使用 NetLabs DIMONS 3G 技术的产品来淘汰 SNM。虽然 SNM 是一个广泛使用的同时被很多第三方厂商支持的软件，但它似乎将不再具有未来的发展前景。

(四) Cabletron 的 SPECTRUM

Cabletron 的 SPECTRUM 是一个可扩展的、智能的网络管理系统，它使用了面向对象的方法和 Client/Server 体系结构。SPECTRUM 构筑在一个人工智能的引擎之上，该引擎称为 Inductive Modeling Technology(IMT)，同时 SPECTRUM 借助于面向对象的设计，可以管理多种对象实体；该网络管理系统还提供针对 Novell 的 NetWare 和 Banyan 的 VINES 这些局域网操作系统的网关支持。另外，一些本地的协议支持(比如 AppleTalk、IPX 等)都可以利用外部协议 API 加入到 SPECTRUM 中，当然这样需要进一步的开发。

虽然 SPECTRUM 是一个优秀的网络管理软件，但它却只有很低的市场占有率。同时与前面 3 种网络管理系统相比，SPECTRUM 只得到少数第三方开发厂商的支持。而缺乏第三方厂商的支持，将损害 SPECTRUM 的长期发展前景，虽然它现在拥有很多先进的特性。

1．网络的监管特性

SPECTRUM 是 4 种网络管理软件中唯一具备处理网络对象相关性能力的系统。SPECTRUM 采用的归纳模型可以使它检查不同的网络对象与事件，从而找到其中的共同点，以归纳出同一本质的事件或故障。比如，许多同时发生的故障实际上都可最终归结为一个同一路由器的故障，这种能力减少了故障卡片的数量，也减少了网络的开销。

SPECTRUM 服务器提供两种类型的轮询：自动轮询与手动轮询；在每次自动轮询中，服务器都要检查设备的状态并收集特定的 MIB 变量值。与其他网络管理系统一样，SPECTRUM 也可设定哪些设备需要轮询，哪些 MIB 变量需要采集数据，但不同之处在于，对同一设备对象 SPECTRUM 中没有冗余监听。

SPECTRUM 提供多种形式的告警手段，包括弹出报警窗口、发出报警声响、发送报警电子邮件以及自动寻呼等。在一个附加产品中，甚至允许 SPECTRUM 提供一种语音响应支持。

SPECTRUM 的自动拓扑发现非常灵活，但相对比较慢。它提供交互式发现的功能，即

新世纪高职高专规划教材

用户指定要发现的子网去进行自动发现，或用户可以指定特定的 IP 地址范围、路由器以及设备等。单一网络和异构网络都支持自动发现。SFECTRUM 使用一种集成的关系数据库系统来保存数据，但它不支持直接对该数据库的 SQL 语言操作。SPECTRUM 的数据网关提供类似 SAS 的访问接口，用户可以用 SAS 语言来访问数据库，同时它还提供针对其他数据库系统的 SQL 接口。

2．管理特性

在 SPECTRUM 中，管理员可以控制网络操作人员访问系统的界面，以控制系统的使用权限，同时严格控制一个域的操作人员只能控制自己的这一个管理域。但是在管理员的这一层次上只有一级控制，因此一个部门的管理员可以访问其他部门的用户文件。SPECTRUM 的MIB 浏览器称为 Attribute Walk，非常复杂与笨拙，甚至要求用户给出 MIB 变量的标识才能查询，当然也存在很出色的第三方 MIB 浏览器。

3．可用性

通过 SPECTRUM 的图形用户界面，用户可以定义自己的操作环境并设置自己的快捷方式。不过在 SPECTRUM 中没有在线帮助。另外，SPECTRUM 提供了 X-Windows 和行命令两种方式来查询和操作数据库中的数据。

4．小结

SPECTRUM 是一个性能强大同时非常灵活的网络管理系统，一些用户给予了它很高的评价。SPECTRUM 还提供一些独特的功能，比如相关性的分析和错误告警的控制等。SPECTRUM 也是 4 种网络管理系统中最复杂的产品，这种复杂性是由它的灵活性带来的，而这种灵活性是必要的。但这种灵活性，或者说是复杂性，限制了 SPECTRUM 的第三方开发厂商的数量。

【思考练习】

(1) 什么是网络管理？网络管理的功能是什么？

(2) 什么是网络管理体系结构？典型网络管理体系结构有哪几种？

(3) ISO 定义了网络管理的 5 大功能，并被广泛接受。这 5 大功能各是什么？

(4) 主流的网络管理协议有哪几种？各个协议各有什么特点？

(5) SNMP 协议分为哪几个版本？各版本之间有何差别？

(6) 简述几种主流的网络管理软件。

模块十

网络用户与资源管理

【学习任务分析】

在网络中，每台计算机和它的用户都有一个身份，它决定了用户和计算机拥有不同的访问和管理权限，这个身份就是用户账户和计算机账户。用户账户是计算机的基本安全组件，计算机通过用户账户来辨别用户身份，让有使用权限的用户登录计算机，访问本地计算机资源或网络共享资源。指派不同用户不同的权限，可以让用户执行不同的计算机管理任务。每台运行 Windows Server 2003 的计算机，都需要用户账户才能登录计算机。计算机账户和用户账户相似，它提供了一种验证和审核计算机访问网络资源的方法，标识一台现实中的计算机，一台计算机只可能有一个账户。账户表现为一条记录，它记录着该用户的所有信息，包括用户名称、密码、用户权限与访问权限等。

Windows Server 2003 是一个可供多人使用的操作系统，为了整个系统的安全并提供更好的服务，通常会为每个用户建立各自的账户，并对不同级别的用户进行分类形成相关的组，不同的组设置不同的权限。组是账户的集合，包含用户、联系人、计算机和可作为单个管理单元的组，以及其他组的活动目录或本机对象。使用组，可以管理用户和计算机对共享资源的访问，包括活动目录对象及其属性、网络共享位置、文件、目录、打印机列队等。利用组，管理员可以同时向一组用户分配权限，简化对用户和计算机访问网络资源的管理。同一个用户账户可以同时为多个组的成员，这样该用户的权限就是所有组权限的合并。

【学习任务分解】

本模块中，学习任务有以下几个方面：

➢ 创建和管理本地用户账户。

➢ 创建和管理本地组。

➢ 活动目录概念、特性与安装。

➢ NTFS 文件权限类型和基本原则。

➢ 文件夹共享设置。

任务一 创建和管理本地用户账户

Windows Server 2003 支持两种用户账户：域账户和本地账户。域账户驻留在活动目录中，可以登录到域上，并获得访问该网络的权限；本地账户驻留在本地安全账户数据库 SAM 中，只能登录到一台特定的计算机上，并访问该计算机上的资源。Windows Server 2003 还提供内置用户账户，它用于执行特定的管理任务或使用户能够访问网络资源。本地用户账户仅允许用户登录并访问创建该账户的计算机。当创建本地用户账户时，Windows Server 2003 仅在计算机位于%Systemroot%\system32\config 文件夹下的安全数据库(SAM)中创建该账户。

Windows Server 2003 默认的本地用户账户有 Administrator 账户和 Guest 账户。Administrator 账户可以执行计算机管理的所有操作；而 Guest 账户是为临时访问计算机的用户而设置的，但默认是禁用的，如表 10-1 所示。

表 10-1 Windows Server 2003 默认的本地用户账户

默认本地用户账户	描　述
Administrator 账户	Administrator 账户是系统的最高级管理员，具有服务器的完全控制权限，可以根据需要向用户指派用户权利和访问控制权限
Guest 账户	Guest 账户也称来宾账户，是供在这台计算机上没有实际账户或那些账户已被禁用但还未删除的用户使用

Windows Server 2003 通过建立账户(包括用户账户和组账户)，并赋予账户合适的权限来保证使用网络和计算机资源的合法性，以确保数据访问、存储和交换服从安全需要。保证 Windows Server 2003 安全性的主要方法有以下 4 点：

(1) 严格定义各种账户权限，阻止用户可能进行具有危害性的网络操作。

(2) 使用组规划用户权限，简化账户权限的管理。

(3) 禁止非法计算机连入网络。

(4) 应用本地安全策略和组策略制定更详细的安全规则。

(一) 创建本地用户账户

1. 本地用户账户创建

在 Windows Server 2003 中，用户可以用"计算机管理"中"本地用户和组"管理单元来创建本地用户账户，但是用户必须拥有管理员权限。创建本地用户账户的过程如下：

(1) 选择"开始"|"程序"|"管理工具"|"计算机管理"命令，或右击"我的电脑"|"管理"菜单项，打开"计算机管理"窗口，选择"本地用户和组"|"用户"选项，如图 10-1 所示。

图 10-1　"计算机管理"窗口

(2) 选择"操作"|"新用户"命令，或右击"用户"选项，在快捷菜单中选择"新用户"命令，打开"新用户"对话框，如图 10-2 所示。

(3) 在"新用户"对话框中输入用户信息和初始密码。出于安全考虑，系统默认用户第一次登录时必须更改密码，如果不需要更改密码可以取消选中"用户下次登录时须更改密码"复选框，这时可以选中"用户不能更改密码"复选框，这是对权限较高用户账户设定的。选中"密码永不过期"复选框，则表示在没更改密码前该密码永远有效，建议不要选中。单击"创建"按钮，再单击"关闭"按钮，完成用户账户创建。

图 10-2　"新用户"对话框

2. 命名约定

命名用户账户时，遵循以下的命名约定和密码规则，可以简化账户创建后的管理工作。

(1) 账户名必须唯一：本地账户必须在本地计算机上唯一。

(2) 账户名不能包含以下字符：* / \ [ ] :; | =, +? < > "。

(3) 账户名最长不能超过 20 个字符。

(4) 账户名不能只由句点(.)和空格组成。

3. 密码原则

(1) 一定要给 Administrator 账户指定一个密码，以防止他人随便使用该账户。

(2) 确定是管理员还是用户拥有密码的控制权。用户可以给每个用户账户指定一个唯一的密码，并防止其他用户对其进行更改，也可以允许用户在第一次登录时输入自己的密码。

(3) 密码的最大长度为 128 位，密码设置不应过于简单，应该使用字母、数字及特殊符

新世纪高职高专规划教材

号的组合。

(二) 管理本地用户账户

对本地用户账户的管理主要涉及以下几个操作。

1．修改本地用户账户密码

只有 Power Users 和 Administrators 组的成员，或被委派了相应权限的用户才可以执行此操作。

(1) 打开"计算机管理"窗口，右击要修改密码的账户，在弹出的快捷菜单中选择"设置密码"命令，也可选择"操作"|"设置密码"命令，弹出"为 User1 设置密码"对话框(User1 为用户账户)，如图 10-3 所示。

(2) 详细阅读提示后，单击"继续"按钮，进入输入密码界面，如图 10-4 所示。

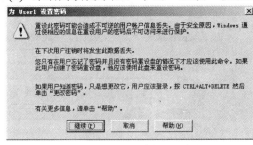

图 10-3　为账户设置密码

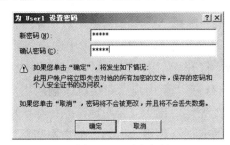

图 10-4　更改密码

(3) 在文本框内输入新密码和确认密码，单击"确定"按钮，弹出"密码已设置"对话框，单击"确定"按钮，即可完成操作。

2．重命名本地用户账户

打开"计算机管理"窗口，右击要重命名的用户账户，在弹出的快捷菜单中选择"重命名"命令，输入新用户账户后按【Enter】键即可，如图 10-5 所示。对用户账户重命名不会改变其安全标识符(SID)，也不会改变它的账户属性信息和任何已指派的权限和用户权利。

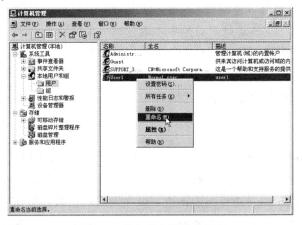

图 10-5　重命名本地用户账户

新世纪高职高专规划教材

3. 删除本地用户账户

当用户不再需要使用某个用户账户时，可以将其删除，但是系统内置账户如 Administrator、Guest 等无法删除。删除用户账户会导致与该账户有关的所有信息的遗失，所以在删除之前，最好确认其必要性或者考虑用其他的方法，例如禁用该账户。许多企业给临时员工设置了 Windows 账户，当临时员工离开企业时将账户禁用，但新来的临时员工需要用该账户时，只需改名即可。

在"计算机管理"窗口中，右击要删除的用户账户，在弹出的快捷菜单中选择"删除"命令，执行删除功能，参照图 10-5 所示。选择"删除"命令后，会弹出一个"确认删除"对话框，如图 10-6 所示，单击"是"按钮即可删除该用户。本地用户账户被删除后不能恢复，即使重新创建一个同名的用户也要重新分配权限，如果这个用户账户是某个组的成员，也将从该组删除。

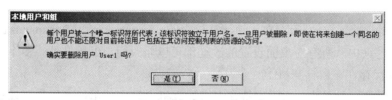

图 10-6　确认删除

4. 设置用户账户的属性

用户账户不只包括用户名和密码等信息，为了管理和使用方便，一个用户还包括其他一些属性，如用户隶属的用户组、用户配置文件、用户的拨入权限、终端用户设置等。在"本地用户和组"右侧栏中，双击某个用户账户，将显示"用户属性"对话框，如图 10-7 所示。

图 10-7　"User1 用户"属性

"常规"选项卡用于设置与账户有关的一些描述信息，包括全名、描述、账户选项等。管理员可以设置密码选项或禁用账户，如果账户已经被系统锁定，管理员可以解除锁定。

"隶属于"选项卡用于将该账户加入到其他本地组中。为了管理方便，通常都需要对用户组进行权限的分配与设置，用户属于哪个组，就具有该用户组的权限。新增的用户账户默认是加入到 Users 组，Users 组的用户一般不具备一些特殊权限，如安装应用程序、修改系统设置等。所以当分配这个用户一些权限时，可以将该用户账户加入到组中。单击"删除"按钮可以将用户从一个或几个用户组中删除。

"配置文件"选项卡用于设置用户账户的配置文件路径、登录脚本和主文件夹路径。在"主文件夹"选项区域的"本地路径"文本框中输入主文件夹位置，如果是网络用户就可以选择"连接"按钮，可以在网络上的任何一台计算机上创建。本地用户账户的配置文件都是保存在本地磁盘%userprofile%文件夹中。注意 3 种不同配置文件类型：

(1) 默认用户配置文件。默认用户配置文件是所有用户配置文件的基础。当用户第一次登录到一台运行 Windows Server 2003 的计算机上时，Windows Server 2003 会将本地默认用户配置文件夹复制到%Systemdrive%\Documents and Settings\%Username%中，以作为初始的本地用户配置文件。

(2) 本地用户配置文件。保存在本地计算机上的%Systemdrive%\Documents and Settings\%Username%文件夹中，所有对桌面设置的改动都可以修改用户配置文件。多个不同的本地用户配置文件可保存在一台计算机上。

(3) 漫游用户配置文件。为了支持在多台计算机上工作的用户，用户可以设置漫游用户配置文件。漫游用户配置文件可以保存在某个网络服务器上，且只能由系统管理员创建。用户无论从哪台计算机登录，均可获得这一配置文件。用户登录时，Windows Server 2003 会将该漫游用户配置文件从网络服务器复制到该用户当前所用的 Windows Server 2003 机器上。因此，用户总是能得到自己的桌面环境设置和网络连接设置。

任务二　创建和管理本地组

组是一组相关账户的集合，在管理网络时可以按照不同用户的操作需求和资源访问需求来创建不同的组，从而实现对多个用户的统一配置和管理。组的出现，极大地方便了账户管理和资源访问权限的设置。安装 Windows Server 2003 以后，系统自建了 14 个内置的本地组，每个本地组都用做不同的目的。例如，Administrators 组的用户都具备系统管理员的权限，拥有对这台计算机最大的控制权；Users 组所能执行的任务和能够访问的资源根据指派给它的权利而定；Power Users 组内的用户可以添加、删除、更改本地用户账户，建立、管理、删除本地计算机内的共享文件夹和打印机。

(一) 创建本地组

要创建新的本地组，需打开"计算机管理"窗口，如图 10-8 所示。在控制台目录树中，展开域节点，选中"组"节点。选择"操作"|"新建组"命令，或右击"组"选项，从弹出的快捷菜单中选择"新建组"命令，打开"新建组"对话框，如图 10-9 所示。在对话框中输入相关信息后，单击"创建"按钮即完成组的创建。

图 10-8　计算机管理-组

图 10-9　新建组

(二) 管理本地组

默认本地组是安装独立服务器或运行 Windows Servers 2003 的成员服务器时自动创建的，它们赋予用户在本地计算机上执行各项任务的权利和能力。管理员可以向本地组里添加本地用户账户、域用户账户、计算机账户以及组账户，还可以进行删除组、重命名组等操作。

1. 为本地组添加成员

打开"计算机管理"窗口，在控制台树中展开域节点，选择要添加成员的组(usergroup)，右击"属性"命令，打开组属性对话框，如图 10-10 所示。

单击"添加"按钮，打开"选择用户"对话框，如图 10-11 所示。

图 10-10　组属性

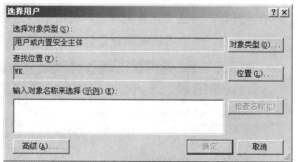

图 10-11　添加组成员

在"输入对象名称来选择"文本框内输入要添加的用户账户。如果记不清用户账户名，可单击"高级"按钮，弹出"搜索用户"对话框，如图 10-12 所示。

单击"立即查找"按钮，在"搜索结果"列表中选择要添加的用户，单击"确定"

按钮返回本地组属性对话框，可看到添加的成员在成员列表中，单击"确定"按钮完成添加。如果要删除该组成员，在本地组属性对话框中选中要删除的成员，单击"删除"按钮，再单击"确定"按钮即可。

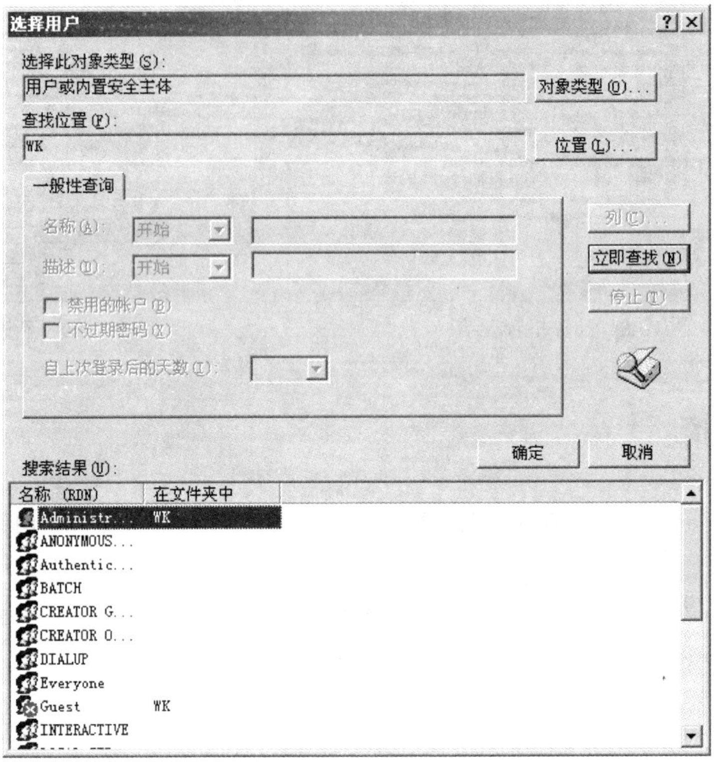

图 10-12　查找组成员

2. 删除组

由于管理需要，管理员需要删除一些不用的组以确保系统或网络的安全。删除组需注意几个问题：系统无法删除默认组；一旦删除组将不能再恢复；删除组不会删除组成员；如果新建一个同名组也不能继承原来组的属性，必须重新分配权限。

要删除组，可在"计算机管理"窗口中右击要删除的本地组，在弹出的快捷菜单中选择"删除"命令，弹出确认删除对话框，如图 10-13 所示，单击"是"按钮完成本地组的删除。

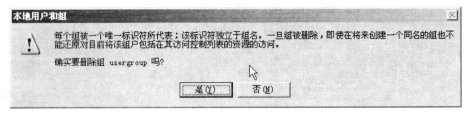

图 10-13　确认删除组

3. 重命名组

要重命名组，可在"计算机管理"窗口中右击要重命名的本地组，在弹出的快捷菜单中选择"重命名"命令，输入新的组名后按【Enter】键即可。对本地组重命名不会改变它的属性信息和任何已指派的权限。

任务三 活动目录

随着计算机和网络技术的发展，共享资源管理成为影响网络环境下协同工作效率的一个大问题。本节从活动目录角度来说明共享资源管理，活动目录在系统管理方面具有非常强大的功能。通过它可进行常见的用户、计算机和组的管理外，还可以对诸如组策略、域、域间信任关系等进行管理。

(一) 活动目录概述

1. 活动目录简介

活动目录是 Windows Server 2003 服务器网络体系结构中一个基本且不可分割的部分。它提供了对基于 Windows 的用户账户、客户、服务器和应用程序的统一管理，使得组织结构可以有效地对有关网络资源和用户信息进行共享和管理，同时也帮助组织结构通过使用基于 Windows 的应用程序和与 Windows 兼容的设备对非 Windows 系统进行集成，从而实现巩固目录服务并简化对整个网络操作系统的管理。

活动目录包括目录和目录服务两个方面。目录是基础，是存储各种对象的一个物理上的容器，从静态的角度来理解等同于"文件夹"；而目录服务是核心，是使得目录中所有信息和资源发挥作用的动态服务。活动目录是一个分布式的目录服务，信息可以分散在多台不同的计算机上，保证用户可以快速访问，因为多台计算机上有相同的信息，所以在信息容斥方面具有很强的控制能力。正因如此，不管信息位于何处或用户从何处访问，都对用户提供统一的视图。

活动目录结构分为逻辑结构和物理结构两种，分别包括不同的内容。活动目录的逻辑结构具有可伸缩性，提供了完全的树状层次结构视图，为用户和管理员的查找、定位对象提供了极大的方便。活动目录中的逻辑单元包括域、组织单元、域树和域林。域既是 Windows 网络系统的逻辑组织单元，也是 Internet 的逻辑组织单元。活动目录中包含一个或多个域，每个域都有自己的安全策略和其他域的信任关系，所以域起着网络安全边界的作用。域树由多个域组成，这些域共享一个连续的名字空间。树中的域通过信任关系连接起来，活动目录中包含一个或多个域树。域林是指由一个或多个没有形成连续名字空间的域树组成。它与域树最明显的区别在于这些域树之间没有形成连续的名字空间，但域林中的所有域树仍共享同一个表结构、配置和全局目录。组织单元是一个逻辑单位，它是域中一些用户和组、文件与打印机等资源对象的集合。

活动目录的物理结构与逻辑结构不同，它的组件是相互独立的，主要包括域控制器和站点。域控制器是使用活动目录安装向导配置 Windows Server 2003 的计算机。域控制器存储着目录数据并管理用户域的交互关系，其中包括用户登录过程、身份验证和目录搜索，一个域可有一个或多个域控制器。站点是指包括活动目录域服务器的一个网络位置，通常是一个或多个通过 TCP/IP 连接起来的子网。站点内部的子网通过可靠、快速的网络连接起来。站点的划分使得管理员可以很方便地配置活动目录的复杂结构，更好地利用物理网络特性，使网络通信处于最优状态。

在活动目录中，逻辑结构一般用来组织网络资源，而物理结构一般用来配置和管理网络交通。

2. 活动目录的特性

Windows Server 2003 活动目录是一个完全可扩展、可伸缩的目录服务，既能满足商业 ISP 的需求，又能满足企业内部网和外联网的需要，充分体现了集成性、深入性、易用性和安全性等优点。

(1) 集成性。Windows Server 2003 活动目录集成了各种管理：用户、资源管理、基于目录的网络服务和基于网络的应用管理。此外，活动目录还广泛地采纳了 Internet 标准，将众多 Internet 服务集成在一起，增强了自身的网络管理功能。目录管理的基本对象是用户和计算机，还包括文件、打印机等资源。用户对象的属性不仅包括常见的账户名、口令等，还包括邮件信箱和个人主页地址等，因此在活动目录中可以向用户对象发送邮件和访问其个人主页。

(2) 深入性。Windows Server 2003 活动目录的深入性主要体现在其企业级的可伸缩性、安全性、互操作性、编程能力和升级能力上。Windows Server 2003 活动目录允许用户组建单域来管理少量的网络对象，也允许用户通过域目录管理成万上亿个对象。活动目录的域树和域林的组建方法，可以帮助管理员使用容器层次来模拟一个企业的组织结构。组织中的不同部门可以成为不同的域，或是一个域中有层次结构的组织单位，从而采用层次化的命名方法反映组织结构和进行管理授权。

(3) 易用性。Windows Server 2003 活动目录安装和管理简便。安装活动目录时，第一个域服务器配置成为域控制器，而其他所有新安装的计算机都安装成为成员服务器。目录服务可以事后使用 DCPromo 图形化的向导程序，引导用户建立域控制器、域树、域林等。很多其他的网络服务，如 DNS 服务、DHCP 服务和证书服务等，都可以在以后与活动目录集成安装，便于实施策略管理等功能。

(4) 安全性。Windows Server 2003 活动目录与其安全服务紧密结合，共同完成安全任务和协同管理。在活动目录中的每一个对象都有一个独有的安全性描述，定义了浏览或更新对象属性所需要的访问权限。此外，Windows Server 2003 提供了一个新的凭证管理器来放置用户的凭证及 X.509 证书。

(二) 活动目录安装

安装 Windows Server 2003 时，系统默认没有安装活动目录。用户要将自己的服务器配置成域控制器，应该首先安装活动目录。系统提供的活动目录安装向导和配置为网络用户和计算机提供活动目录服务的组件，供用户选择使用。如果网络没有其他域控制器，可将服务器配置为域控制器，并新建子域、新建域树或域林。如果网络中有其他域控制器，可将服务器设置为附加域控制器，加入旧域、旧域树或域林。

安装活动目录可按如下步骤进行：

(1) 在"运行"对话框中输入 dcpromo 命令，启动"Active Directory 安装向导"对话框，如图 10-14 所示。

(2) 单击"下一步"按钮，弹出"操作系统兼容性"对话框，再单击"下一步"按钮，弹出"域控制器类型"对话框，如图 10-15 所示。在对话框中选择"新域的域控制器"单选按钮，使得服务器成为新域中第一个域控制器。

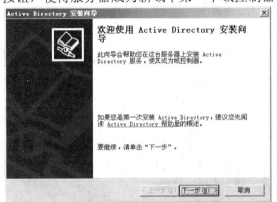
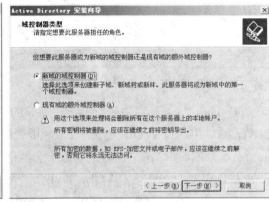

图 10-14 Active Directory 安装向导   图 10-15 域控制器类型

(3) 单击"下一步"按钮，打开"创建一个新域"对话框，如图 10-16 所示。在对话框中选择"在新林中的域"单选按钮。

(4) 单击"下一步"按钮，打开"新的域名"对话框，如图 10-17 所示。在文本框中输入新建域的 DNS 全名，如 ygb.com。

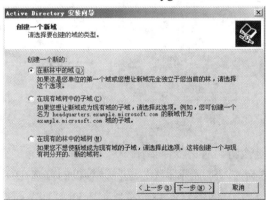
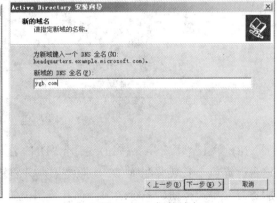

图 10-16 创建一个新域   图 10-17 新的域名

(5) 单击"下一步"按钮，打开"NetBIOS 域名"对话框，如图 10-18 所示。在"域 NetBIOS 名"文本框中输入 NetBIOS 域名，或者接受显示的名称。NetBIOS 域名供早期的 Windows 用户用来识别新域。

(6) 单击"下一步"按钮，打开"数据库和日志文件文件夹"对话框，如图 10-19 所示。

新世纪高职高专规划教材

在"数据库文件夹"文本框中输入保存数据库的位置,或者单击"浏览"按钮选择路径,在"日志文件夹"文本框中输入保存日志的位置或单击"浏览"按钮选择路径。基于最佳性和可恢复性的考虑,最好将活动目录的数据库和日志保存在不同的硬盘上。

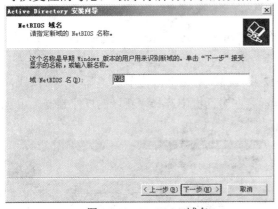 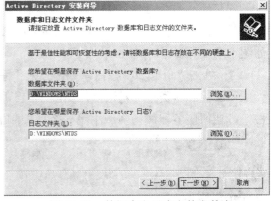

图 10-18　NetBIOS 域名　　　　　　图 10-19　数据库和日志文件文件夹

(7) 单击"下一步"按钮,打开"共享的系统卷"对话框,如图 10-20 所示。在 Windows Server 2003 中,SYSVOL 文件夹存放域的公用文件的服务器副本,它的内容将被复制到域中的所有域控制器上。在"文件夹位置"文本框中输入 SYSVOL 文件夹位置,如本例中对应文件夹为 D:\WINDOWS\SYSVOL,或单击"浏览"按钮选择路径。

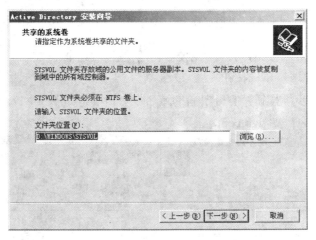

图 10-20　共享的系统卷

(8) 单击"下一步"按钮,打开"DNS 注册诊断"对话框,如图 10-21 所示。选择"在这台计算机上安装并配置 DNS 服务器,并将这台 DNS 服务器设为这台计算机的首选 DNS 服务器"单选按钮,系统会将当前计算机配置为 DNS 服务器,并设置为首选 DNS 服务器。

(9) 单击"下一步"按钮,打开"权限"对话框,如图 10-22 所示。为用户和组选择默认权限,如果在 Windows 2000 之前的服务器操作系统上运行服务器程序,选择"与 Windows 2000 之前的服务器操作系统兼容的权限"单选按钮,否则,选择"只与 Windows 2000 或 Windows Server 2003 操作系统兼容的权限"单选按钮。

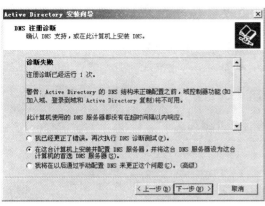

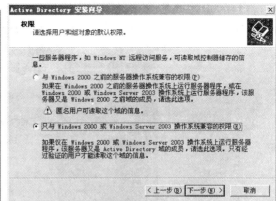

图 10-21　DNS 注册诊断　　　　　　　　　　图 10-22　权限

(10) 单击"下一步"按钮，打开"目录服务还原模式的管理员密码"对话框，如图 10-23 所示。输入并牢记还原密码，以备将来目录服务还原模式下使用。

(11) 单击"下一步"按钮，打开"摘要"对话框，如图 10-24 所示。通过该对话框，用户可检查并确认设置的各个选项。

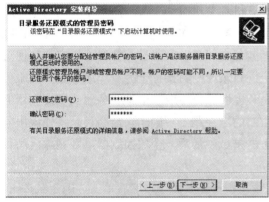

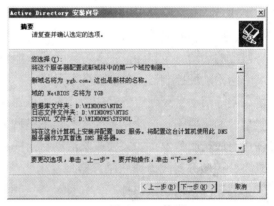

图 10-23　目录服务还原模式的管理员密码　　　　图 10-24　摘要

(12) 单击"下一步"按钮，系统开始配置活动目录，中间将需要 Windows Server 2003 安装光盘，如图 10-25 所示。此时如果将 2003 光盘放入光驱，系统会自动完成对 DNS 服务器的配置。

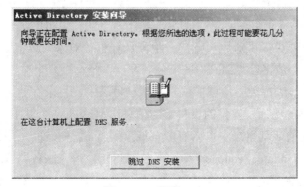

图 10-25　配置 DNS

新世纪高职高专规划教材

(13) 经过几分钟之后，配置完成。同时，打开"完成 Active Directory 安装向导"对话框，如图 10-26 所示，单击"完成"按钮，即完成活动目录的安装。

图 10-26　完成安装

活动目录安装完成之后，必须重新启动计算机，活动目录才会生效。

注意，在活动目录安装之后，不但服务器的开机和关机时间变长，而且系统的执行速度变慢。所以，如果用户对某个服务器没有特别要求或不把它作为域控制器来使用，可将该服务器上的活动目录删除，使其降级为成员服务器或独立服务器。成员服务器是指安装到现有域中的附加域控制器，独立服务器是指在名称空间目录树中直接位于另一个域名之下的服务器。删除活动目录使服务器成为成员服务器还是独立服务器，取决于该服务器的域控制器的类型。如果要删除活动目录的服务器不是域中唯一的域控制器，则删除活动目录将使该服务器成为成员服务器；如果要删除活动目录的服务器是域中最后一个域控制器，则删除活动目录将使该服务器成为独立服务器。

要删除活动目录，打开 "运行"对话框，输入 dcpromo 命令，然后单击"确定"按钮，打开"Active Directory 安装向导"对话框，并根据向导进行删除，过程较为简单，不再赘述。

(三) 域控制器管理

域(Domain)是活动目录的分区，定义了安全边界，允许授权用户访问本域中的资源。域是由管理员安装活动目录时定义的一个网络环境，是一些计算机的集合，这个集合使用一个目录数据库，并为管理员提供对用户账户、组和计算机等对象的集中管理和维护等功能。

活动目录可由一个或多个域组成，每一个域可以存储上百万个对象，域之间有层次关系，可以建立域树和域林，进行无限地域扩展。在活动目录中，目录存储只有一种形式，而域控制器(Domain Controller)包括了完整的域目录的信息。因此，每一个域中必须有一个域控制器。Windows Server 2003 的活动目录中可以有多个域控制器，它们之间采用多主复制技术进行同步，基于更新顺序码(Update Sequence Numbers，USN)，每个服务器跟踪其复制伙伴的最新USN 列表，保证及时更新。

新世纪高职高专规划教材

1. 设置域控制器属性

选择"开始"|"程序"|"管理工具"|"Active Directory 用户和计算机"命令，在控制台目录树中双击展开域节点，单击 Domain Controllers 子节点，详细资料窗格列出当前域控制器的计算机列表。右击需设置的域控制器，在弹出的快捷菜单中选择"属性"命令，打开 "属性"对话框，如图 10-27 所示。

(1) "常规"选项卡："描述"文本框用于对域控制器的一般描述。可以选中"信任计算机作为委派"复选框，以支持其他域内服务器请求本地服务。

(2) "操作系统"选项卡：显示操作系统的名称、版本以及 Service Pack，管理员只能查看但不能修改这些内容。

图 10-27 域控制器属性-常规

(3) "隶属于"选项卡：可以根据需要添加组；要删除某个已经添加的组，可在"隶属于"列表框中选择该组，然后单击"删除"按钮。

(4) "位置"选项卡：可以设置域控制器的位置。

(5) "管理者"选项卡：设置管理者信息，要更改域控制器的管理者，可单击"更改"按钮，打开"选择用户或联系人"对话框，选择新的管理人；要删除管理者，可单击"清除"按钮；要查看和修改管理者属性，可单击"查看"按钮，打开管理者属性对话框来进行操作。

2. 查找域控制器目录内容

在 Windows Server 2003 中，活动目录实际上是一个网络清单，包括网络中的域、域控制器、用户、计算机、联系人、组、组织单位及网络资源等各个方面的信息，使管理员可以方便地管理这些内容。

在"Active Directory 用户和计算机"控制台窗口的目录树中右击域节点，选择"查找"命令，打开"查找用户、联系人及组"对话框，如图 10-28 所示。

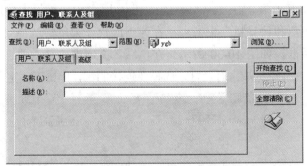

图 10-28 查找用户、联系人及组

在"查找"下拉列表框中可以选择要查的目录内容，包括用户、联系人及组、计算机、打印机、共享文件夹、组织单位、自定义搜索等。例如，在列表中选择"计算机"，在"范

新世纪高职高专规划教材

围"下拉列表框中选择查找范围，如整个目录；这时对话框标题变为"查找计算机"，参照图 10-29 所示。在"计算机"选项卡中，可以设置查找条件。例如，在"计算机"文本框中输入要查找的计算机名，在"所有者"文本框中输入计算机的用户名，在"作用"下拉列表框中选择计算机在网络中作用。

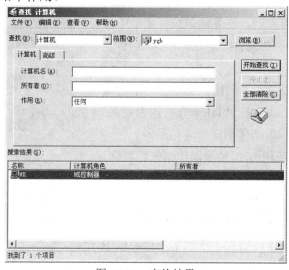

图 10-29　查找结果

单击"高级"选项卡，可设置高级查找条件，单击"字段"按钮选择设置条件的选项，然后在"条件"下拉列表框和"值"文本框中设置查询条件。高级条件设置好之后，单击"添加"按钮，将条件添加到下面的文本框中。如果要继续添加高级条件，可按照上面步骤继续添加。

所有查找条件设置完毕，单击"开始查找"按钮即开始查找，并列出查找结果。

3. 连接到其他域

在一个多域的网络中，用户经常需要将当前域连接到其他域，这样可使当前域中的用户和计算机访问其他域中的资源，也可将当前域控制器的部分操作主机功能传送给其他域控制器，甚至可将当前域控制器更改为其他域中的域控制器。

要连接到网络中其他域，在"Active Directory 用户和计算机"控制台目录树中，右击"Active Directory 用户和计算机"根节点，在弹出的快捷菜单中选择"连接到域"命令，打开"连接到域"对话框，如图 10-30 所示。在"域"文本框中输入要连接的域的名称；或单击"浏览"按钮，打开"浏览域"对话框，选择要连接的域，单击"确定"按钮即可建立连接。

图 10-30　连接到域

一般情况下，一个域网络中至少应有两个域控制器(一个域控制器和一个附加域控制器)，以便在当前域控制器出现故障时，可使用附加域控制器来代替当前域控制器，保证网络的正常运行。

4. 更改域控制器

要更改域控制器，在"Active Directory 用户和计算机"控制台目录树中，右击"Active Directory 用户和计算机"根节点，在弹出的快捷菜单中选择"连接到域控制器"命令，打开如图 10-31 所示的"连接到域控制器"对话框。

在"输入另一个域控制器的名称"文本框中输入要连接的域控制器，或者从域控制器列表中选择一个要连接的域控制器。如果在域中没有列出其他可用的域控制器，可选择"任何可写的域控制器"选项，系统会根据网络连接情况自动选择可用的域控制器。要连接的域控制器选定之后，单击"确定"按钮完成连接。

图 10-31　连接到域控制器

任务四　NTFS 文件权限

网络安全越来越成为网络中不可忽视的问题，设置用户对网络资源访问的权限就是一种非常有效地防止网络入侵的途径。权限决定着用户可以访问哪些数据和资源，决定着用户可以享受哪些服务，甚至决定着用户拥有什么样的桌面。

NTFS 权限是指系统管理员或文件拥有者赋予用户和组访问某个文件和文件夹的权限，即允许或禁止某些用户或组访问文件或文件夹，以实现对资源的保护。NTFS 权限可以应用在本地或者域中。Windows Server 2003 的 NTFS 磁盘上提供 NTFS 权限，在 FAT16 或 FAT32 格式的卷上不能使用 NTFS 权限。

(一) NTFS 文件权限类型

NTFS 分区中，每一个文件以及文件夹都存储一个访问控制列表(ACL)，ACL 中列出了用户和组对该文件或文件夹所拥有的访问权限。当用户或组访问该资源时，ACL 首先查看该用户或组是否在 ACL 上，如果不在 ACL 上，则无法访问这个文件或文件夹；若在 ACL 上，再比较该用户的访问类型与在 ACL 中的访问权限是否一致，如果一致就允许用户访问该资源，否则就无法访问。用 NTFS 权限来指定哪个用户、组和计算机可以在哪个程度上对特定的文件进行访问、作出修改。对于文件，可以赋予用户、组和计算机以下权限：

(1) 读取。此权限允许用户读取文件内的数据、查看文件的属性、查看文件的所有者、查看文件的权限。

(2) 写入。此权限包括写入数据、覆盖文件、改变文件属性、查看文件的所有者、查看

新世纪高职高专规划教材

文件的权限等。

(3) 读取与运行。此权限除了具有"读取"的所有权限，还具有运行应用程序的权限。

(4) 修改。此权限除了拥有"写入""读取及运行"的所有权限外，还能够更改文件内的数据、删除文件、改变文件名等。

(5) 完全控制。对文件的最高权力，在拥有上述其他权限所有的权限以外，还可以修改文件权限以及替换文件所有者。

除此之外，NTFS 还有一些特殊权限，如图 10-32 所示。

其中比较重要的是更改权限和取得所有权，通常情况下，这两个特殊权限要慎重使用。一旦为某用户授予更改权限，该用户就具有了针对文件或者文件夹修改权限的功能。借助于更改权限，可以将针对某个文件或者文件夹修改权限的能力授予其他管理员和用户，但是不授予他们对该文件或文件夹的"完全控制"权限。同样，一旦为某用户授予取得所有权权限，该用户就具有了取得文件和文件夹的所有权的能力。借助于该权限，可以将文件和文件夹的拥有权从一个用户账号或者组转移到另一个用户账号或者组。

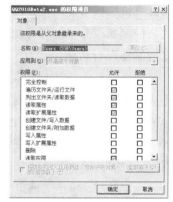

图 10-32　特殊权限

(二) NTFS 权限的基本原则

1. 权限的累加

用户对某文件的有效权限是分配给该用户和该用户所属的所有组的 NTFS 权限的总和。例如，用户 User1 同时属于组 Group A 和组 Group B，它们对某文件的权限分配如表 10-2 所示。

表 10-2　用户文件权限累计示例表

用　户　和　组	权　　　限
User1	写入
Group A	读取
Group B	运行

用户 User1 的有效权限为这 3 个权限的总和，即"写入＋读取＋运行"。

2. 文件权限优先于文件夹权限

如果既对某文件设置了 NTFS 权限，又对该文件所在的文件夹设置了 NTFS 权限，那么文件的权限高于文件夹的权限。例如，用户 User1 对文件夹 D:\test 有"读取"权限，但该用户又对文件 D\test\aaa.txt 有"修改"权限，则该用户最后的有效权限为"修改"。

3. 拒绝权限优先于其他权限

当用户对某个资源拥有"拒绝权限"和其他权限时，拒绝权限优先于其他权限。"拒绝权限"提供了强大的手段来保证文件或文件夹被适当保护。例如，用户 User1 同时属于组 Group A 和组 Group B，它们对某文件的权限分配如表 10-3 所示。

表 10-3　用户文件拒绝权限示例表

用 户 和 组	权　　限
User1	读取
Group A	拒绝写
Group B	写入

用户 User1 的有效权限为"读取"。因为 User1 是 Group A 的成员，Group A 对该文件的权限是"拒绝写"，根据拒绝权限优先于其他权限，Group B 赋予成员 User1 写入的权限不生效。

4. 权限的继承性

默认情况下，分配给父文件夹的权限可被子文件夹和包含在父文件夹中的其他文件继承。当授予某个文件夹的 NTFS 权限时，就将授予该文件夹的 NTFS 权限同时授予了该文件夹中任何现有的文件和子文件夹。但是可以阻止这种权限的继承，也就是阻止子文件夹和文件从父文件夹继承权限，这样该子文件夹和文件的权限将被重新设置。

(三) 文件复制和移动对权限的影响

复制和移动 NTFS 文件时，这些文件的权限可能改变。如果文件从一个文件夹移动到同一分区中的另一个文件夹，则保持原有的权限，因为对 Windows Server 2003 来说，这个文件只是指针改变而已，并不是真正的移动。如果文件从一个文件夹移动到不同分区中的另一文件夹，则文件与目标文件夹有相同的权限。例如，若 a.txt 文件从 C:\test 文件夹移动到 D:\work 文件夹，则 a.txt 文件继承 D:\work 文件夹的权限。

如果将文件从一个文件夹复制到相同或不同盘符中的另一文件夹，则新文件与目标文件夹有相同的权限。例如，C:\test 具有"读取"权限，D:\work 具有"完全控制"权限，当 a.txt 文件被复制到 D:\work 后，对此新文件就具有"完全控制"权限。

如果文件从 NTFS 分区复制或移动到 FAT32 分区，则原有权限设置都将被删除。将文件移动或复制到目的地的用户，将成为该文件的所有者。

任务五　文件权限与文件夹共享配置

(一) 文件权限设置方法

文件权限的设置与文件夹的设置方式相似，在文件的属性对话框中，通过"安全"选项卡便可为其设置权限。文件默认已经有一些权限设置，这些设置是从父文件夹(或磁盘)所继

新世纪高职高专规划教材

承的，如图 10-33 所示，在 SYSTEM 账户的权限中，灰色阴影复选框对应的权限就是继承来的。SYSTEM 账户是代表操作系统本身，默认权限是完全控制。

更改权限时，只需选中权限右方的"允许"或"拒绝"复选框。虽然可更改从父项对象所继承的权限，例如添加其权限，或通过选中"拒绝"复选框删除权限，但是不能直接取消灰色复选框的选中。

如果要给"组或用户名称"列表中没有显示的其他用户指派权限，可单击"添加"按钮，弹出"选择用户、计算机或组"对话框，如图 10-34 所示，在其中添加拥有对该文件访问和控制权限的用户或组，单击"确定"按钮完成添加，新增用户或组就出现在"组或用户名称"列表中，此时就可为新添加用户设置权限。不过，新添加用户的权限不是从父项继承的，因此，它们的所有的权限都可以被修改。

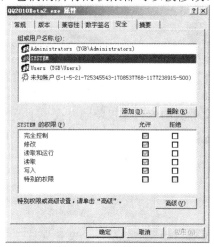 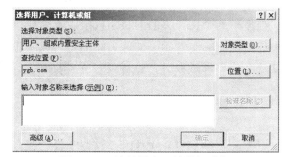

图 10-33　文件权限　　　　　　　　图 10-34　选择用户、计算机或组

删除现在用户对相应文件所具有的访问权限，可在"组或用户名称"列表框中选择相应组或用户，然后单击"删除"按钮。

如果要设置其他高级权限配置，则可单击"高级"按钮，打开"高级安全设置"对话框，如图 10-35 所示，可通过选中某一权限项目，单击"编辑"按钮，查看或更改现有组或用户的特殊权限。

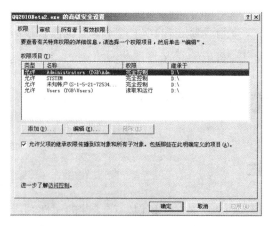

图 10-35　高级安全设置

单击"添加"按钮,添加其他组或用户并设置特殊权限;单击"删除"按钮,删除现有组或用户及其特殊权限。如果选中"允许父项的继承权限传播到该对象和所有子对象。包括那些在此明确定义的项目"复选框,那么该文件或文件夹将从父对象继承权限项。要使设置生效,必须单击"应用"按钮,再单击"确定"按钮完成高级权限配置。

(二) 文件夹共享设置方法

资源共享是网络最重要的特性,通过共享文件夹可使网络用户通过网络方便地使用文件夹,而与客户端计算机使用何种文件系统格式无关。

1. 创建共享文件夹

右击要共享的文件夹(包括驱动器),在弹出的快捷菜单中选择"共享与安全"命令,打开文件夹属性对话框,选择"共享"选项卡,如图 10-36 所示。

选择"共享此文件夹"单选按钮,激活下面各共享设置选项。在"共享名"文本框中输入该文件夹的共享名。如果在共享文件名后加"$"符号,则该文件夹共享后只能由管理员看见(当文件是用户主目录时,相应的用户可以看到),其他用户看不到该共享文件夹。

如果要限制共享用户数量,可在"用户数限制"选项组中设置从网络上同时与该文件夹连接的最多用户个数,默认为"最多用户"单选项,也就是没有限制。

单击"权限"按钮,打开权限对话框,如图 10-37 所示。可以对用户访问文件夹中的文件权限进行设置。系统默认的是对所有文件夹设置了所有用户(Everyone)具有"读取"权限。

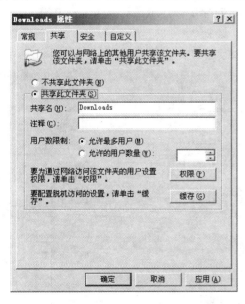

图 10-36　文件共享

图 10-37　共享权限

要添加权限高一些的用户或组,可以在图 10-37 中单击"添加"按钮,打开"选择用户或组"对话框,如图 10-38 所示。在该对话框中输入要添加的用户或组账户,然后单击"确定"按钮即可完成新的共享该文件夹的用户。

要设置让用户在脱机情况下使用共享文件夹，单击图 10-36 中的"缓存"按钮，打开"脱机设置"对话框，如图 10-39 所示。按具体需要来进行设置后单击"确定"按钮，完成脱机使用设置。

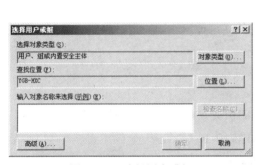

图 10-38　选择用户或组

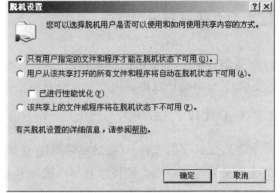

图 10-39　脱机设置

在返回的"共享"选项卡中单击"确定"按钮，完成共享文件夹的创建，创建后的共享文件夹的图标变为向上手托的图标。

创建共享文件夹还可以通过"共享文件夹向导"来创建，创建方法如下：打开"计算机管理"窗口，在控制台树中选择"共享文件夹"项下的"共享"选项，如图 10-40 所示；右击"共享"选项，在弹出的快捷菜单中选择"新建共享"命令，打开"共享文件夹向导"对话框，如图 10-41 所示；单击"下一步"按钮，按照向导步骤提示操作即可完成共享文件夹的创建。

图 10-40　计算机管理-共享

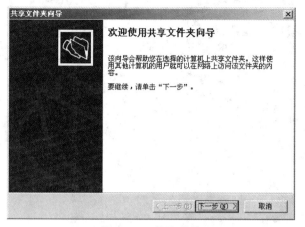

图 10-41　共享向导

2. 停止共享文件夹

当用户不想共享某个文件夹时，可以停止对其的共享。在停止前，应确定已经没有用户和该文件夹连接，否则该用户的数据可能丢失。停止共享较为简单，只需在图 10-36 中选择"不共享该文件夹"单选按钮，单击"确定"按钮即可。停止共享也可以通过"计算机管理"窗口进行，在图 10-40 中右击要停止共享的文件夹，在弹出的快捷菜单中选择"停止共享"命令。

3. 修改共享文件夹属性

在实际使用中，有时需要修改共享文件夹的属性，如更改共享用户个数、权限等。可在图 10-37 中直接更改，然后单击"确定"按钮即可。

【思考练习】

(1) 用户账户命名时有哪些约定？设置密码的原则是什么？

(2) 简述本地组的创建和管理。

(3) 活动目录的特性有哪些？

(4) 简述活动目录的安装过程。

(5) NTFS 文件权限类型有哪些？

(6) 简述 NTFS 权限的 4 个基本原则。

新世纪高职高专规划教材

模块十一

Internet基础及服务

【学习任务分析】

Internet 是指一个由计算机构成的交互网络，是一个世界范围内的巨大的计算机网络体系，它把全球数万个计算机网络、数千万台主机连接起来，包含了难以计数的信息资源，向全世界提供信息服务。从网络通信的角度来看，Internet 是一个以 TCP/IP 网络协议连接各个国家、各个地区、各个机构的计算机网络的数据通信网。从信息资源的角度来看，Internet 是一个集各部门、各领域的各种信息资源为一体，供网上用户共享的信息资源网。现在，Internet 已经远远超过了一个网络的含义，它是一个信息社会的缩影。

Internet 中文正式译名为因特网，又称国际互联网。它是以相互交流信息资源为目的，由那些使用公用语言互相通信的计算机连接而成的全球网络。有一种粗略的说法，认为 Internet 是由许多小的网络(子网)互连而成的一个逻辑网，每个子网中连接着若干台计算机(主机)。一旦连接到它的任何一个节点上，就意味着计算机已经连入 Internet 了。Internet 目前的用户已经遍及全球，有超过几亿人在使用 Internet，并且它的用户数还在以等比级数上升。

随着 Internet 技术和规模的不断发展，向全世界提供的信息资源无所不包，提供的服务也越来越丰富，例如 WWW 服务、E-mail 服务、FTP 服务、Telnet 服务和 BBS 服务等等。通过这些服务可以方便地实现全球范围的电子邮件通信、WWW 信息查询与浏览、电子新闻、文件传输、语音与图像通信服务、电子商务等功能。

【学习任务分解】

本模块中，学习任务有以下几个方面：

➢ Internet 基本服务。

➢ Telnet 服务的概念、工作原理和使用。

➢ E-mail 服务的概念、相关协议和工作过程。

➢ FTP 服务的概念、工作过程和匿名 FTP。

➢ WWW 服务的概念和相关知识。

➢ BBS 服务的概念和管理。

任务一 Internet 服务

Internet 应用在近年来成为科技发展对社会生活产生重大影响的范例,它提供了远程登录 Telnet、电子邮件 E-mail、文件传输 FTP、万维网 WWW、电子公告 BBS 等多种网络应用。

(一) 远程登录 Telnet

Telnet 是 Internet 提供的基本信息服务之一,是提供远程连接服务的终端仿真协议。它可以使用户的计算机登录到 Internet 上的另一台计算机上。用户的计算机就成为所登录计算机的一个终端,可以使用那台计算机上的资源,例如打印机和磁盘设备等。Telnet 提供了大量的命令,这些命令可用于建立终端与远程主机的交互式对话,可使本地用户执行远程主机的命令。

(二) 电子邮件 E-mail

E-mail 是指 Internet 上或常规计算机网络上的各个用户之间,通过电子信件的形式进行通信的一种现代邮政通信方式。电子邮件最初是作为两个人之间进行通信的一种机制来设计的,目前已扩展到可以与一组用户或与一个计算机程序进行通信。由于计算机能够自动响应电子邮件,任何一台连接 Internet 的计算机都能够通过 E-mail 访问 Internet 服务,并且一般的 E-mail 软件设计时就考虑到如何访问 Internet 的服务,使得电子邮件成为 Internet 上使用最为广泛的服务之一。事实上,电子邮件已是 Internet 最为基本的功能之一,在浏览器技术产生之前,Internet 网上用户之间的交流大多通过 E-mail 方式进行。

(三) 文件传输 FTP

FTP(File Transfer Protocol)是 Internet 上最广泛的应用之一,是专门为简化在网络计算机之间的文件存取而设计的。借助于 FTP,可以在远程计算机的目录之间移动,查看目录中的内容,从远程计算机上取回文件,也可以将用户的文件放到远程计算机上。这一点与 Telnet 不同,Telnet 只能取回文件,一般不设上传文件的功能。与大多数 Internet 服务一样,FTP 也是一个客户机/服务器系统。用户通过一个支持 FTP 协议的客户机程序,连接到远程主机上的 FTP 服务器程序。用户通过客户机程序向服务器程序发出命令,服务器程序执行用户所发出的命令,并将执行的结果返回到客户机。在 FTP 的使用当中,用户经常遇到两个概念:"下载"(Download)和"上载"(Upload)。"下载"文件就是从远程主机复制文件至自己的计算机上,"上载"文件就是将文件从自己的计算机中复制至远程主机上。

(四) 万维网 WWW

WWW(World Wide Web)也称 Web,中文译名为万维网或环球网。WWW 的创建是为了解决 Internet 上的信息传递问题，在 WWW 创建之前，几乎所有的信息发布都是通过 E-mail、FTP 和 Telnet 等。但由于 Internet 上的信息散乱地分布在各处，因此除非知道所需信息的位置，否则无法对信息进行搜索。它采用超文本和多媒体技术，将不同文件通过关键字建立链接，提供一种交叉式查询方式。在一个超文本的文件中，一个关键字链接着另一个与关键字有关的文件，该文件可以在同一台主机上，也可以在 Internet 的另一台主机上，同样该文件也可以是另一个超文本文件。

(五) Web 的网络应用

在网页设计中我们将 Web 称为网页，现广泛用于网络、互联网等技术领域，表现为 3 种形式，即超文本(Hypertext)、超媒体(Hypermedia)、超文本传输协议(HTTP)。

Web 应用程序是一种可以通过 Web 访问的应用程序，一个 Web 应用程序是由完成特定任务的各种 Web 组件构成，并通过 Web 将服务展示给用户。在实际应用中，Web 应用程序是由多个 Servlet、JSP 页面、HTML 文件以及图像文件等组成。所有这些组件相互协调为用户提供一组完整的服务。常见的计数器、留言板、聊天室和论坛 BBS 等，都是 Web 应用程序，不过这些应用相对比较简单，而 Web 应用程序的真正核心主要是对数据库进行处理，管理信息系统(Management Information System，MIS)就是这种架构最典型的应用。

Web 结构的核心是一台 Web 服务器，它一般由一台独立的服务器承担，数据库服务器为信息管理系统数据库服务器，各客户机数据请求均由 Web 服务器提交给数据库服务器，再由 Web 服务器返回发给请求的客户机。

(六) P2P 网络应用

对等网络(Peer to Peer，P2P)又称工作组或对等连接，网上各台计算机有相同的功能，无主从之分，任一台计算机既可作为服务器，设定共享资源供网络中其他计算机所使用，又可以作为工作站。在对等网络中，用户之间可以直接通信、共享资源、协同工作，是一种新的通信模式，每个参与者具有同等的能力，可以发起一个通信会话。

对等网不像企业专业网络中那样通过域来控制，在对等网中没有"域"，只有"工作组"。因此，在具体网络配置中，就没有域的配置，而需配置工作组。在对等网络中，计算机的数量通常不会超过 20 台，所以对等网络相对比较简单。在对等网络中，对等网上各台计算机有相同的功能，无主从之分，网上任意节点计算机既可以作为网络服务器，为其他计算机提供资源；也可以作为工作站，以分享其他服务器的资源；任一台计算机均可同时兼作服务器和工作站，也可只作其中之一。同时，对等网除了共享文件之外，还可以共享打印机，对等网上的打印机可被网络上的任一节点使用，如同使用本地打印机一样方便。因为对等网不需要专门的服务器来做网络支持，也不需要其他组件来提高网络的性能，因而对等网络的组网成本较低。

新世纪高职高专规划教材

任务二 Telnet 服务

(一) Telnet 服务概念

远程登录 Telnet 是 Internet 最早提供的基本服务功能之一。它可以让用户坐在自己的计算机前通过 Internet 网络登录到另一台远程计算机上，这台计算机可以在隔壁的房间里，也可以在地球的另一端。当用户登录远程计算机后，就可以用自己的计算机直接操纵远程计算机，享受与远程计算机同样的权力。用户可在远程计算机启动一个交互式程序，检索远程计算机的某个数据库，利用远程计算机强大的运算能力对某个方程式求解。为了达到这种目的，人们开发了远程终端协议，即 Telnet 协议。Telnet 协议是 TCP/IP 协议的一部分，它精确地定义了远程登录客户机与远程登录服务器之间的交互过程。

Internet 中的用户远程登录是指用户使用 telnet 命令，使自己的计算机暂时成为远程计算机的一个仿真终端的过程。一旦用户成功实现了远程登录，用户使用的计算机就可以像一台与对方计算机直接连接的本地终端一样进行工作。远程登录允许任意类型的计算机之间进行通信。远程登录之所以能提供这种功能，主要是因为所有的运行操作都是在远程计算机上完成的，用户的计算机仅仅是作为一台仿真终端向远程计算机传送关键信息和显示结果。

Internet 远程登录服务的主要功能如下：

(1) 允许用户与在远程计算机上运行的程序进行交互。

(2) 当用户登录到远程计算机时，可以执行远程计算机的任何应用程序，并且能屏蔽不同型号计算机之间的差异。

(3) 用户可以利用个人计算机去完成许多只有大型计算机才能完成的任务。

但现在 Telnet 已经越用越少了，主要有如下 3 方面原因：

(1) 个人计算机的性能越来越强，致使在别人的计算机中运行程序要求逐渐减弱。

(2) Telnet 服务器的安全性欠佳，因为它允许他人访问其操作系统和文件。

(3) Telnet 使用起来不是很容易，特别是对初学者。

不过 Telnet 的主要用途还是使用远程计算机上所拥有的信息资源，如果用户的主要目的是在本地计算机与远程计算机之间传递文件，则使用 FTP 会有效得多。

(二) Telnet 协议与工作原理

TCP/IP 协议中有两个远程登录协议 Telnet 协议和 Rlogin 协议。Telnet 协议的主要优点之一是能够解决多种不同的计算机系统之间的互操作问题。为了解决系统的差异性，Telnet 协议引入了网络虚拟终端(Network Virtual Terminal，NVT)的概念，它提供了一种专门的键盘定义，用来屏蔽不同的计算机系统对键盘输入的差异性。Rlogin 协议是 Sun 公司专为 BSD UNIX 系统开发的远程登录协议，它只使用于 UNIX 操作系统，因此还不能很好地解决异质系统的互操作性。

Telnet 采用了客户机/服务器模式。在远程登录过程中，事实上启动了两个程序：一个是 Telnet 客户程序，它运行在用户的本地机上；另一个是 Telnet 服务器程序，它运行在用户要登录的远程计算机上。用户的实终端采用用户终端的格式与本地 Telnet 客户机程序通信；远程主机采用远程系统的格式与远程 Telnet 服务器程序进行通信。通过 TCP 连接，Telnet 客户机程序与 Telnet 服务器程序之间采用了网络虚拟终端 NVT 标准来进行通信。网络虚拟终端 NVT 格式将不同的用户本地终端格式统一起来，使得各个不同的用户终端格式只与标准的网络虚拟终端 NVT 格式打交道，而与各种不同的本地终端格式无关。Telnet 客户机程序与 Telnet 服务器程序一起完成用户终端格式、远程主机系统格式与标准网络模拟终端 NVT 格式的转换。

(三) Telnet 的使用

使用 Telnet 的条件是用户本身的计算机或向用户提供 Internet 访问的计算机是否支持 Internet 命令。用户进行远程登录时，在远程计算机上应该具有自己的用户账户与用户密码。远程计算机提供公共的用户账户，供没有账户的用户使用。用户在使用 telnet 命令进行远程登录时，首先应在 telnet 命令中给出对方计算机的主机名或 IP 地址，然后根据对方系统的询问正确输入自己的用户名与用户密码。用户只能使用基于终端的环境，因为 Telnet 只为普通终端提供终端仿真。

telnet 命令的一般形式为：

telnet 主机名/IP

其中，"主机名/IP"是要连接的远程机的主机名或 IP 地址。例如 telnet 192.168.0.1，如果这一命令执行成功，将从远程机上得到 login：提示符。

一旦 telnet 成功地连接到远程系统上，就显示登录信息并提示用户输入用户名和口令。如果用户名和口令输入正确，就能成功登录并在远程系统上工作。在 telnet 提示符后面可以输入很多命令，用来控制 telnet 会话过程。一旦用户成功地实现了远程登录，用户就可以像远程主机的本地终端一样进行工作，并可使用远程主机对外开放的全部资源，如硬件、程序、操作系统、应用软件及信息资料等。

任务三　E-mail 服务

(一) E-mail 服务简介

E-mail 服务是用户通过 Internet 与其他用户进行联系的快速、简洁、高效、价廉的现代化通信手段。E-mail 服务具有与社会中的邮政系统相似的结构与工作规程。不同之处在于，社会中的邮政系统是由人在运转着，而电子邮件是在计算机网络中通过计算机、网络、应用软件与协议来协调、有序地运行着。目前，E-mail 服务几乎可以运行在任何硬件与软件平台上。虽然各种 E-mail 系统在功能、界面等方面各有特点，但所提供的服务都有以下基本功能：

(1) 创建与发送电子邮件：创建邮件并将其传递到指定的电子邮件地址。

(2) 接收、阅读与管理电子邮件：可以自动接收对方发送的邮件；可以选择某一邮件，查看其内容；可将重要邮件转存在一般文件中。

(3) 通讯簿管理：可以管理通讯簿成员，方便邮件发送。

如果要使用 E-mail 服务，首先要拥有一个电子邮箱(Mail Box)。电子邮箱是由提供电子邮件服务的机构(一般是 ISP)为用户建立的。它包括用户名(User Name)与用户密码(Password)。任何人都可以将电子邮件发送到某个电子邮箱中，但只有电子邮箱的拥有者输入正确的用户名与用户密码，才能查看到电子邮件内容或处理电子邮件。

电子邮件与传统邮件一样，也需要一个地址。在 Internet 上，每一个使用电子邮件的用户都必须在各自的邮件服务器上建立一个邮箱，拥有一个全球唯一的电子邮件地址，也就是邮箱地址。每台邮件服务器就是根据这个地址将邮件传送到每个用户的邮箱中。

E-mail 与传统的通信方式相比有着巨大的优势，它所体现的信息传输方式与传统的信件有较大的区别。

(1) 速度快：电子邮件通常在数秒钟内即可送达至全球任意位置的收件人信箱中，其速度比电话通信更为高效快捷。

(2) 信息多样化：电子邮件发送的信件内容除普通文字内容外，还可以是软件、数据，甚至是录音、动画、电视或各类多媒体信息。

(3) 收发方便：E-mail 采取的是异步工作方式，允许收件人自由决定在任意时间、任意地点接收和回复，收件人无须固定守候从而跨越了时间和空间的限制。

(4) 成本低廉：E-mail 最大的优点还在于其低廉的通信价格，用户花费极少的上网费用即可将重要的信息发送到远在地球另一端的用户手中。

(5) 安全：E-mail 软件是高效可靠的，如果目的地的计算机正好关机或暂时从 Internet 断开，E-mail 软件会每隔一段时间自动重发；如果电子邮件在一段时间之内无法递交，电子邮件会自动通知发信人。作为一种高质量的服务，电子邮件是安全可靠的高速信件递送机制，Internet 用户一般只通过 E-mail 方式发送信件。

(二) E-mail 服务工作过程

E-mail 服务基于客户机/服务器结构，它的具体工作过程如图 11-1 所示。首先，发送方将写好的邮件发送给自己的邮件服务器；发送方的邮件服务器接收用户送来的邮件，并根据收件人地址发送到对方的邮件服务器中；接收方的邮件服务器接收到其他服务器发来的邮件，并根据收件人地址分发到相应的电子邮箱中；最后，接收方可以在任何时间或地点从自己的邮件服务器中读取邮件，并对它们进行处理。发送方将电子邮件发出后，通过什么样的路径到达接收方，这个过程可能非常复杂，但是不需要用户介入，一切都是在 Internet 中自动完成的。

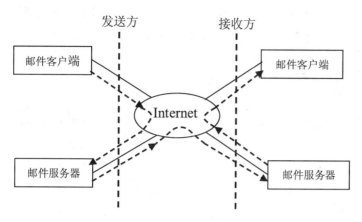

图 11-1　电子邮件服务的工作过程

任务四　FTP 服务

(一) FTP 服务简介

在 Internet 中，FTP 服务提供了任意两台计算机之间相互传输文件的机制，它是广大用户获得丰富的 Internet 资源的重要方法之一。TCP/IP 中的文件传输协议 FTP(File Transfer Protocol)负责将文件从一台计算机传输到另一台计算机上，并且保证其传输的可靠性。因此，人们将这一类服务称为 FTP 服务。通常，人们也把 FTP 看成是用户执行文件传输协议所使用的应用程序。

任意两台与 Internet 连接的计算机无论地理位置上相距多远，只要它们都支持 FTP 协议，就可以随时随地相互传送文件。这样做不仅可以节省实时联机的通信费用，而且可以方便地阅读与处理传输来的文件。更为重要的是，Internet 上许多公司、大学的主机上都存储有数量众多的公开发行的各种程序与文件，这是 Internet 上巨大和宝贵的信息资源。Internet 与 FTP 的结合等于使每个联网的计算机都拥有了一个容量巨大的备份文件库，这是单个计算机所无法比拟的。

当用户计算机与远端计算机建立 FTP 连接后，就可以进行文件传输了。FTP 的主要功能如下：

(1) 从远程计算机上获取文件(下载)，或把本地计算机上的文件传送到远程计算机上(上载)，传送文件实质上是将文件进行复制。

(2) 采用 FTP 传输文件时，不需要对文件进行复杂的转换，并且文件的类型不限，可以是文本文件，也可以是二进制可执行文件、声音文件、图像文件、数据压缩文件等。此外，还可以选择文件的格式控制以及文件传输的模式等。

(3) 提供对本地计算机和远程计算机的目录操作功能。可在本地计算机或远程计算机上建立或者删除目录、改变当前工作目录以及打印目录和文件的列表等。

新世纪高职高专规划教材

能够实现 FTP 功能的客户端软件种类很多，有字符界面的，也有图形界面的，常用的 FTP 下载工具主要有 CuteFTP、LeapFTP、WS-FTP 和 AceFTP 等。

(二) FTP 服务工作过程

FTP 服务采用的是典型的客户机/服务器模式进行工作，它的工作过程如图 11-2 所示。文件传送协议 FTP 是 Internet 文件传送的基础。本地计算机作为客户端提出请求和接受服务，提供 FTP 服务的计算机作为服务器接受请求和执行服务。进行文件传输时，客户端启动本地 FTP 程序，并与服务器系统建立连接，激活服务器系统上的远程 FTP 程序，它们之间要经过 TCP 协议(建立连接，默认端口为 21)进行通信。每次用户请求传送文件时，服务器便负责找到用户请求的文件，利用 FTP 协议将文件通过 Internet 网络传送给客户端。而客户端收到文件后，将文件写到用户本地计算机系统的硬盘。

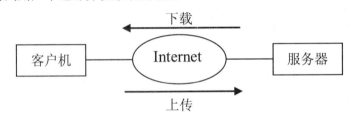

图 11-2　文件传输工作过程

FTP 是一种实时的联机服务，在进行工作前必须首先登录到对方的计算机上，登录后才能进行文件的搜索和文件传送的有关操作。普通的 FTP 服务需要在登录时提供相应的用户名和口令，当用户不知道对方计算机的用户名和口令时就无法使用 FTP 服务。为此，一些信息服务机构为了方便 Internet 的用户通过网络使用它们公开发布的信息，提供了一种"匿名 FTP 服务"。

(三) 匿名 FTP 服务

Internet 上有很多的公共 FTP 服务器，也称为匿名 FTP 服务器，它们提供了匿名 FTP 服务。匿名 FTP 服务的实质是，提供服务的机构在它的 FTP 服务器上建立一个公共账户，并赋予该账户访问公共目录的权限。若用户要登录到匿名 FTP 服务器上时，无须事先申请用户账户，可以使用 anonymous 作为用户名，并用自己的电子邮件地址作为用户密码，匿名 FTP 服务器便可以允许这些用户登录，并提供文件传输服务。

匿名 FTP 使用户有机会存取到世界上最大的信息库，而且这一切是免费的。匿名 FTP 同时也是 Internet 网上发布软件的常用方法。Internet 中有数目巨大的匿名 FTP 主机以及很多的文件，那么到底怎样才能知道某一特定文件位于哪个匿名 FTP 主机上的那个目录中呢？这正是 Archie 服务器所要完成的工作。Archie 将自动在 FTP 主机中进行搜索，构造一个包含全部文件目录信息的数据库，使用户可以直接找到所需文件的位置信息。

采用匿名 FTP 服务的优点如下：

(1) 用户不需要账户就可以方便、免费地获得 Internet 大量有价值的文件。

(2) FTP 服务器的系统管理员可以掌握用户的情况，以便在必要时同用户进行联系。

(3) 为了保证 FTP 服务器的安全，匿名 FTP 对公共账户 anonymous 做了许多目录限制，其中主要有两点：一是该账户只能在一个公共目录中查找文件，二是该账户用户仅拥有公共目录中的读权限，在服务器上没有写权限。

任务五　WWW 服务

(一) WWW 服务简介

WWW(World Wide Web)简称 Web，中文译名为万维网、环球信息网等，是一个在 Internet 上运行的全球性的分布式信息系统。它是由欧洲粒子物理实验室(CERN)研制的，将位于全世界 Internet 网上不同地点的相关数据信息有机地编织在一起。WWW 提供友好的信息查询接口，用户仅需要提出查询要求，而到什么地方查询及如何查询则由 WWW 自动完成。因此，WWW 为用户带来的是世界范围的超文本服务。只要操纵计算机，就可以通过 Internet 从全世界任何地方调来所希望得到的文本、图像(包括活动影像)和声音等信息。WWW 使非常复杂的 Internet 使用起来异常简单，一个不熟悉网络的用户，也可以很快成为应用 Internet 的行家。

WWW 采用客户机/服务器工作方式，以超文本信息的组织与传递为内容，工作原理如图 11-3 所示。用户访问的服务器运行 WWW 服务器程序，用户通过 WWW 客户程序向 WWW 服务器发出查询请求，WWW 服务器则检索所有储存在服务器内的信息。WWW 的客户程序也称为浏览器。WWW 与传统的 Internet 信息查询工具 Gopher、WAIS 最大的区别是它展示给用户的是一篇篇文章，而不是那种令人时常费解的菜单说明。因此，用它查询信息具有很强的直观性。

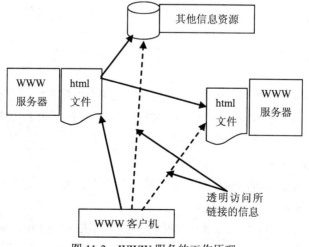

图 11-3　WWW 服务的工作原理

WWW 的成功在于它制定了一套标准的、易为人们掌握的超文本标记语言 HTML(Hyper

Text Mark-up Language)、信息资源的统一定位格式 URL 和超文本传送通信协议 HTTP。

(二) WWW 的相关知识

1. 超文本标记语言

超文本标记语言(HTML)是 WWW 的描述语言。设计 HTML 语言的目的是为了能把存放在一台计算机中的文本或图形与另一台计算机中的文本或图形方便地联系在一起，形成有机的整体。HTML 是一种用来定义信息表现方式的格式，它告诉 WWW 浏览器如何显示文字、图形、图像等各种信息以及如何进行链接等。一份文件如果想通过 WWW 主机来显示，就必须符合 HTML 标准。实际上，HTML 是 WWW 上用于创建和制作网页的基本语言，通过它就可以设置文本的格式、网页的色彩、图像与超文本链接等内容。通过标准化的 HTML 规范，不同厂商开发的 WWW 浏览器和 WWW 编辑器等各类软件可以按照同一标准对主页进行处理，这样，用户就可以自由地在 Internet 上漫游了。

HTML 文本是由 HTML 命令组成的描述性文本，HTML 命令可以说明文字、图形、动画、声音、表格、链接等。HTML 的结构包括头部(Head)、主体(Body)两大部分。头部描述浏览器所需的信息，主体包含所要说明的具体内容。

2. 超文本传输协议

超文本传输协议(HyperText Transfer Protocol，HTTP)是 WWW 服务器上使用的最主要协议。HTTP 负责用户与服务器之间的超文本数据传输。HTTP 是 TCP/IP 协议组中的应用层协议，建立在 TCP 之上，它面向对象的特点和丰富的操作功能，能满足分布式系统和多种类型信息处理的要求。通过这一跨平台的通信协议，在任何平台上的计算机都可以阅读远程服务器上的同一文件。HTTP 协议经常用来在网络上传送 Web 页。当用户以 http://开始一个超链接的名字时，就是告诉浏览器去访问使用 HTTP 协议的 Web 页。HTTP 协议不仅能保证正确传输超文本文档，还可以确定传输文档中的哪一部分，以及哪部分内容首先显示(如文本先于图形)等。

3. 统一资源定位器

统一资源定位器(Uniform Resource Locator，URL)使用数字和字母来代表网页文件在网上的地址。Web 上所能访问的资源都有唯一的 URL。URL 包括所用的传输协议、服务器名称、文件的完整路径。标准的 URL 由 3 部分组成：协议类型、主机名和路径名。例如：

http://www.163.com/index.html

第一部分 http://表示要访问的资源类型。其他常见资源类型中，ftp://表示 FTP 服务器，new://表示 Newsgroup 新闻组。

第二部分 www.163.com 是主机名，它说明了要访问服务器的 Internet 名称。其中，www 表示要访问的文件存放在名为 www 的服务器中，163 则表示该网站的名称，com 则指出了该网站的服务类型。常用的网站服务类型有: .com 特指事务和商务组织，.edu 表示教育机构，.gov 表示政府机关，.mil 表示军用服务，.org 一般表示公共服务或非正式组织。

第三部分/index.html 表示要访问的主页的路径及文件名。

4. 主页

主页(Homepage)是指个人或机构的基本信息页面，用户通过主页可以访问有关的信息资源。主页通常是用户使用 WWW 浏览器访问 Internet 上的任何 WWW 服务器所看到的第一个页面。主页一般包含文本、图像、表格和超链接等基本元素。主页通常是用来对运行 WWW 服务器的单位进行全面介绍，同时也是人们通过 Internet 了解一个公司、政府部门、学校的重要手段。例如要了解 IBM 公司的情况，在浏览器地址栏中输入 http://www.ibm.com 后，就可以浏览 IBM 公司的主页。

任务六　Web 的网络应用

(一) Web 服务

Internet采用超文本和超媒体的信息组织方式，将信息的链接扩展到整个Internet上。Web 就是一种超文本信息系统，Web 的一个主要概念就是超文本链接，它使得文本不再像一本书一样是固定的线性的，而是可以从一个位置跳到另外的位置，可以从中获取更多的信息，可以转到别的主题上，想要了解某一个主题的内容只要在这个主题上点一下，就可以跳转到包含这一主题的文档上。正是这种多连接性把它称为 Web。Web 有以下特点：

(1) 图形化。Web 非常流行的一个重要原因就在于它具有可以在一页上同时显示色彩丰富的图形和文本的性能。Web 可以提供将图形、音频、视频信息集合于一体的特性。同时，Web 是非常易于导航的，只需要从一个链接跳到另一个链接，就可以在各页各站点之间进行浏览了。

(2) 与平台无关。无论用户的系统平台是什么，都可以通过 Internet 访问 WWW。

(3) 分布式的。大量的图形、音频和视频信息会占用相当大的磁盘空间，对于 Web 没有必要把所有信息都放在一起，信息可以放在不同的站点上，只需要在浏览器中指明这个站点，使在物理上并不一定在一个站点的信息在逻辑上一体化，从用户来看这些信息是一体的。

(4) 动态的。由于各 Web 站点的信息包含站点本身的信息，信息的提供者可以经常对站上的信息进行更新。一般各信息站点都尽量保证信息的时间性，所以 Web 站点上的信息是动态的，经常更新的。

(5) 交互的。Web 的交互性表现在它的超链接上，用户的浏览顺序和所到站点完全由用户自己决定。另外通过 FORM 的形式可以从服务器方获得动态的信息，用户通过填写 FORM 可以向服务器提交请求，服务器可以根据用户的请求返回相应信息。

(二) 电子商务应用

电子商务是指在互联网(Internet)、企业内部网(Intranet)和增值网(Value Added Network，

VAN)上以电子交易方式进行交易活动和相关服务活动，是传统商业活动各环节的电子化、网络化。电子商务是利用微计算机技术和网络信技术进行的商务活动。电子商务是一个不断发展的概念，使在各国或不同的领域有不同的定义，但其关键依然是依靠着电子设备和网络技术进行的商业模式，随着电子商务的高速发展，它已不仅仅包括其购物的主要内涵，还应包括了物流配送等附带服务。

电子商务应用是指企业运用互联网开展经营取得营业收入的基本方式。传统的观点是将企业的电子商务模式归纳为：B2C(Business to Consumer)、B2B(Business to Business)、C2B(Consumer to Business)、C2C(Consumer to Consumer)、B2G(Business to Government)、BMC(Business Medium Consumer)、ABC(Agents Business Consumer)等经营应用模式。

电子商务的形成与交易离不开以下 3 方面的关系：

(1) 交易平台。第三方电子商务平台是指在电子商务活动中为交易双方或多方提供交易撮合及相关服务的信息网络系统总和。

(2) 平台经营者。第三方电子商务平台经营者是指在工商行政管理部门登记注册并领取营业执照，从事第三方交易平台运营并为交易双方提供服务的自然人、法人和其他组织。

(3) 站内经营者。第三方电子商务平台站内经营者是指在电子商务交易平台上从事交易及有关服务活动的自然人、法人和其他组织。

(三) 电子政务应用

所谓电子政务，就是应用现代信息和通信技术，将管理和服务通过网络技术进行集成，在互联网上实现组织结构和工作流程的优化重组，超越时间和空间及部门之间的分隔限制，向社会提供优质和全方位的、规范而透明的、符合国际水准的管理和服务。

电子政务是政府部门/机构利用现代信息科技和网络技术，实现高效、透明，规范的电子化内部办公，协同办公和对外服务的程序、系统、过程和界面。与传统政府的公共服务相比，电子政务除了具有公共物品属性，如广泛性、公开性、非排他性等本质属性外，还具有直接性、便捷性、低成本性以及更好的平等性等特征。电子政务是一个系统工程，应该符合三个基本条件：

(1) 电子政务是必须借助于电子信息化硬件系统、数字网络技术和相关软件技术的综合服务系统。硬件部分包括内部局域网、外部互联网、系统通信系统和专用线路等；软件部分包括大型数据库管理系统、信息传输平台、权限管理平台、文件形成和审批上传系统、新闻发布系统、服务管理系统、政策法规发布系统、用户服务和管理系统、人事及档案管理系统、福利及住房公积金管理系统等。

(2) 电子政务是处理与政府有关的公开事务、内部事务的综合系统，包括政府机关内部的行政事务，立法、司法部门以及其他一些公共组织的管理事务，如：检务、审务、社区事务等。

(3) 电子政务是新型的、先进的、革命性的政务管理系统。电子政务并不是简单地将传统的政府管理事务原封不动地搬到互联网上，而是要对其进行组织结构的重组和业务流程的再造。因此，电子政府在管理方面与传统政府管理之间有显著的区别。

在电子政务中，政府机关的各种数据、文件、档案、社会经济数据都以数字形式存储于网络服务器中，可通过计算机检索机制快速查询、即用即调。目前电子政务的类型主要有：G2G(政府间电子政务)、G2B(政府-商业机构间电子政务)、G2C(政府-公民间电子政务)、G2E(政府-雇员间电子政务)。

(四) 远程教育应用

现代远程教育也称为网络教育，是成人教育学历中的一种，是指使用电视及互联网等传播媒体的教学模式，是现代信息技术应用于教育后产生的新概念，即运用网络技术与环境开展的教育。狭义的远程教育是指由特定的教育组织机构，综合应用一定社会时期的技术，收集、设计、开发和利用各种教育资源、建构教育环境，并基于一定社会时期的技术、教育资源和教育环境为学生提供教育服务，以及出于教学和社会化的目的进而为学生组织一些集体会议交流活动(以传统面对面方式或者以现代电子方式进行)，以帮助和促进学生远程学习为目的的所有实践活动的总称。广义的远程教育则是指通过音频、视频(直播或录像)以及包括实时和非实时在内的计算机技术把课程传送到校园外的教育。

远程教育在中国的发展经历了 3 代：第一代是函授教育，这一方式为我国培养了许多人才，但是函授教育具有较大的局限性；第二代是 20 世纪 80 年代兴起的广播电视教育，我国的这一远程教育方式和中央电视大学在世界上享有盛名；20 世纪 90 年代，随着信息和网络技术的发展，产生了以信息和网络技术为基础的第三代现代远程教育。

远程教育组织模式可以分为：个体化学习模式和集体学习模式，也即个别学习和班组学习两种模式。其最重要的差异在于：班组集体教学方式是建立在同步通信基础上的，教师和学生必须进行实时交流；而个别化学习方式是建立在非同步通信基础上的，学生可以在适合的时间进行学习。两种学习模式在本质上同教育资源的传输和发送模式有关。

通过网络来实现教学过程中的交互，主要有以下几种形式：

(1) 使用 BBS 技术，构建课程教学留言板。学生可以将学习过程中遇到的问题提交到留言板，教师或其他学生可以为其解答。

(2) 使用 MSN、QQ、NetMeeting 软件，构建实现辅导室。这几个软件均是实现信息交流软件，支持文字、声音、视频、电子白板等形式的交流，可以提高教学过程中的交互性。

(3) 使用 Email 技术，设置教学辅导信箱。这两种形式均有实时性要求，如果教师或学生未实时参与，那么不能保证事后能收到(看到)相应的教学信息，为此可以使用教学信箱加以弥补。教学信箱的账号、密码可以公开，以便学生间也可以相互解答问题。

(4) 借助于编程技术，进一步加强交互性，实现个性化教学。编程语言的特点是根据不同的信息输入可以产生不同的信息输出，使用 Visual Basic、Flash 等编程语言，根据教学内容、教学进度等，以适当逻辑设置信息群，就可以达到加强交互性的目的。

(五) 博客应用

博客(Blog或Weblog)，又译为网络日志、部落格或部落阁等，是一种通常由个人管理、

新世纪高职高专规划教材

不定期张贴新的文章的网站。博客上的文章通常根据张贴时间，以倒序方式由新到旧排列。许多博客专注在特定的课题上提供评论或新闻，其他则被作为比较个人的日记。一个典型的博客结合了文字、图像、其他博客或网站的链接及其他与主题相关的媒体，能够让读者以互动的方式留下意见。大部分的博客内容以文字为主，仍有一些博客专注在艺术、摄影、视频、音乐、播客等各种主题。博客是社会媒体网络的一部分。比较著名的有新浪、网易、搜狐等博客。

不同的博客可能使用不同的编码，所以相互之间也不一定兼容。而且，很多博客都提供丰富多彩的模板等功能，这使得不同的博客各具特色。Blog是继Email、BBS、ICQ之后出现的第四种网络交流方式，是以超链接为武器的网络日记，代表着新的生活方式和新的工作方式。具体说来，博客(Blogger)这个概念解释为使用特定的软件，在网络上出版、发表和张贴个人文章的人。按功能划分，博客分为基本博客和微型博客。

(1) 基本博客。单个的作者对于特定的话题提供相关的资源，发表简短的评论。这些话题几乎可以涉及人类的所有领域。

(2) 微型博客。即微博，目前是全球最受欢迎的博客形式，博客作者不需要撰写很复杂的文章，而只需要抒写 140 字(这是大部分的微博字数限制，网易微博的字数限制为 163 个)以内的心情文字即可。

此外，按用户分类，博客又分为个人博客和企业博客；按存在方式划分，博客分为托管博客、自建独立网站的博客、附属博客、独立博客。

(六) 播客与网络电视应用

1. 播客

播客(Podcast)，中文译名尚未统一，但最多的是将其翻译为"播客"。它是数字广播技术的一种。2005 年 6 月 28 日，苹果公司 iTunes 4.9 的推出掀起了一场播客的高潮，一些播客网站甚至因为访问量过大而暂时瘫痪。

iTunes 4.9 是一款优秀的播客客户端软件，或者称为播客浏览器。通过它，用户可以在互联网上浏览、查找、试听并订阅播客节目。同主流媒体音频所不同的是，播客节目不是实时收听的，而是独立的可以下载并复制的媒体文件，因此用户可以自行选择收听的时间与方式。播客是自由度极高的广播，人人可以制作，随时可以收听，这就是播客。

播客与其他音频内容传送的区别在于其订阅模式，它使用 RSS 2.0 文件格式传送信息。该技术允许个人进行创建与发布。订阅播客节目可以使用相应的播客软件，这种软件可以定期检查并下载新内容，并与用户的便携式音乐播放器同步内容。播客并不强求使用 iPod 或 iTunes，任何数字音频播放器或拥有适当软件的计算机都可以播放播客节目，相同的技术亦可用来传送视频文件。

播客与博客都是个人通过互联网发布信息的方式，并且都需要借助于博客/播客发布程序进行信息发布和管理。博客与播客的主要区别在于，博客所传播的以文字和图片信息为主，而播客主要传递的是音频和视频信息。

"播客"这一概念来源自苹果计算机的"iPod"与"广播"(Broadcast)的合成词，其指的是一种在互联网上发布文件并允许用户订阅 feed 以自动接收新文件的方法，或用此方法来制作的电台节目。博客是把自己的思想通过文字和图片的方式在互联网上广为传播，而播客则是通过制作音频甚至视频节目的方式。从某种意义上来说，播客就是一个以互联网为载体的个人电台和电视台，但就目前而言，播客主要还是以音频为主。

2. 网络电视

网络电视又称 IPTV(Interactive Personality TV)，它基于宽带高速 IP 网，以网络视频资源为主体，将电视机、个人计算机及手持设备作为显示终端，通过机顶盒或计算机接入宽带网络，实现数字电视、时移电视、互动电视等服务。网络电视改变了以往被动的电视观看模式，实现了电视以网络为基础按需观看、随看随停的便捷方式。

从总体上讲，网络电视可根据终端分为 4 种形式，即 PC 平台、TV(机顶盒)平台、平台(网络电视)和手机平台(移动网络)。通过 PC 机收看网络电视是当前网络电视收视的主要方式，因为互联网和计算机之间的关系最为紧密，已经商业化运营的系统基本上属于此类。基于TV(机顶盒)平台的网络电视以 IP 机顶盒为上网设备，利用电视作为显示终端。平台是建立在网络电视的基础上自主研发的 3G 网络技术平台，融合了 3D 显示、纯光侧置技术、互动网络技术于一体的智能终端。严格来说，手机电视是 PC 网络的子集和延伸，它通过移动网络传输视频内容，可以随时随地收看。

网络电视的基本形态包括视频数字化、传输 IP 化、播放流媒体化。流媒体技术是采用流式传输方式使音/视频(A/V)及三维(3D)动画等多媒体能在互联网上进行播放的技术。流媒体技术的核心是将整个 A/V 等多媒体文件经过特殊的压缩方式分成一个个压缩包，由视频服务器向用户终端连续地传送，因而用户不必像下载方式那样等到整个文件全部下载完毕，而是只需要经过几秒或几十秒的启动延时，即可在用户终端上利用解压缩设备(或软件)，对压缩的 A/V 文件解压缩后进行播放和观看。多媒体文件的剩余的部分可在播放前面内容的同时，在后台的服务器内继续下载，这与单纯的下载方式相比，不仅使启动延时大幅度缩短，而且对系统的缓存容量需求也大大降低。流媒体技术的发明使得用户在互联网上获得了类似于广播和电视的体验，它是网络电视中的关键技术。

目前流行的网络电视软件有：BB 高清网络电视、PPTV网络电视、风云网络电视、PPS网络电视、中华网视 CCIPTV 等。

(七) IP 电话与无线 IP 电话应用

1. IP 电话

IP 电话是一种通过互联网或其他使用 IP 技术的网络，来实现新型的电话通信。随着互联网日渐普及，以及跨境通信数量大幅上升，IP 电话亦被应用在长途电话业务上。同时，IP电话也开始应用于固网通信，其低通话成本、低建设成本、易扩充性及日渐优良化的通话质量等主要特点，被目前国际电信企业看成是传统电信业务的有力竞争者。

新世纪高职高专规划教材

IP 电话是按国际互联网协议规定的网络技术内容开通的电话业务，中文翻译为网络电话或互联网电话，简单来说就是通过 Internet 进行实时的语音传输服务。它是利用国际互联网 Internet 为语音传输的媒介，从而实现语音通信的一种全新的通信技术。其原理是将普通电话的模拟信号进行压缩打包处理，通过 Internet 传输，到达对方后再进行解压，还原成模拟信号，对方用普通电话机等设备就可以接听。IP 电话其实就是通信网络通过 TCP/IP 协议实现的一种电话应用，而这种应用主要包括 PC to PC、PC to Phone 和 Phone to Phone。

(1) PC to PC

最初的 IP 电话是个人计算机与个人计算机之间的通话。通话双方拥有计算机，并且可以上互联网，利用双方的计算机与调制解调器，再安装好声卡及相关软件，加上送话器和扬声器，双方约定时间同时上网，然后进行通话。在这一阶段，只能完成双方都知道对方网络地址及必须约定时间同时上网的点对点的通话。

(2) PC to Phone

随着 IP 电话的优点逐步被人们认识，许多电信公司在此基础上进行了开发，从而实现了通过计算机拨打普通电话。作为呼叫方的计算机，要求具备多媒体功能，能连接上因特网，并且要安装 IP 电话的软件。拨打从计算机到市话类型的电话的好处是显而易见的，被叫方拥有一台普通电话即可，但这种方式除了付上网费和市话费用外，还必须向 IP 电话软件公司付费。目前这种方式主要用于拨打到国外的电话，但是这种方式仍旧十分不方便，无法满足公众随时通话的需要。

(3) Phone to Phone

普通电话与普通电话之间的通话，是普通电话客户通过本地电话拨号上本地的互联网电话的网关，输入账号、密码，确认后键入被叫号码，这样本地与远端的网络电话通过网关透过 Internet 网络进行连接，远端的 Internet 网关通过当地的电话网呼叫被叫用户，从而完成普通电话客户之间的电话通信。作为网络电话的网关，一定要有专线与 Internet 网络相连，即是 Internet 上的一台主机，目前双方的网关必须用相同一家公司的产品。这种通过 Internet 从普通电话到普通电话的通话方式就是人们通常讲的 IP 电话，也是目前发展得最快而且最有商用化前途的电话。

2. 无线 IP 电话

无线 IP 电话将语音信号转换成使用 802.11 标准的 IP 数据包，以便通过遵循 VoIP 协议的 Wi-Fi 网络进行传输。它允许用户在全球任何地方通过宽带 IP 连接拨打免费的面对面电话。新增的视频功能使用户能够通过任何无线 LAN 进行视频会议。未来的 IP 通信系统可将 PBX 电话系统、音频/视频会议桥接器、数据协同和 IM 服务器无缝集成到一个平台中。随着 IP 网络部署的继续增长，消费者期望获得额外功能和经济高效地集成视频流功能。

无线 IP 电话，包括 CPU、电源电路、连接于 CPU 输入端口的键盘以及连接于 CPU 输出端口的液晶显示屏，还包括网络通信电路和连接于 CPU 的 I/O 端口的音频信号编/译码器，该音频信号编/译码器的输出端连接语音收发电路。无线 IP 电话不需要铺设电话线，其使用方便，用户可以拿着电话任意走动。另外无线 IP 电话建立在 WLAN 上，可以集成诸如视频、短消息、来电跟踪数据库等面向数据的应用。

任务七　P2P 的网络应用

P2P 即 Peer-to-Peer，称为对等连接或对等网络，是指不同系统之间通过直接交换，实现计算机资源和服务共享的一种应用模式。P2P 使得网络上的沟通变得容易、更直接共享和交互，真正地消除中间商。简单地说，P2P 就是人可以直接连接到其他用户的计算机、交换文件，而不是像过去那样连接到服务器去浏览与下载。P2P 另一个重要特点是改变互联网现在的以大网站为中心的状态，重返"非中心化"，并把权力交还给用户。

点对点技术有许多应用。共享包含各种格式音频、视频、数据等的文件是非常普遍的，实时数据也可以使用 P2P 技术来传送。有些网络和通信渠道，像 Napster、OpenNAP 和 IRC @find，一方面使用了 C/S 结构来处理一些任务，另一方面又同时使用 P2P 结构来处理其他任务。而有些网络，如 Gnutella 和 Freenet，使用 P2P 结构来处理所有的任务，有时被认为是真正的 P2P 网络。对等网络软件类型主要有：即时通信软件，如 ICQ，2 个或多个用户可以通过文字、语音或文件进行交流，甚至还可以与手机通信；实现共享文件资源的软件；游戏软件；存储软件，如 Farsite，用于在网络上将存储对象分散存储；数据搜索及查询软件，如 InfraSearch、Pointera，用来在对等网络中完成信息检索；协同计算软件，如 NetBatch，可连接几千或上万台 PC，利用其空闲时间进行协同计算；协同处理软件，如 Groove，可用于企业管理等。

(一) 文件共享 P2P 应用

网络给我们带来了许多方便，我们可以用文件共享轻轻松松地与其他人分享文件，文件共享是指主动地在网络上共享自己的计算机文件。文件共享是当前对等网的最主要应用。

1. 文件共享对等网的分类

文件共享对等网分为中心式对等网、非中心-无结构对等网、非中心-结构化对等网、混合式对等网 4 种类型。

中心式对等网中，存在中心服务器为用户提供集中式的文件搜索服务，其文件共享的特点是集中式搜索、分布式下载。

非中心-无结构对等网和非中心-结构化对等网这两类都是纯粹的对等网，没有服务器这样的中心节点，系统中各节点间是完全平等的关系，各节点在网络拓扑的自组织维护、文件查询和文件传输等方面发挥的作用都是相同的。非中心-无结构对等网和非中心-结构化对等网的差别是：前者网络拓扑是随机的、无结构的，网络的自组织简单而开销小，但文件搜索效率较低；后者网络拓扑严格按照预定的结构，文件搜索效率有保证，但网络的自组织复杂而开销大。

混合式对等网通过局部中心化来改善非中心-无结构对等网的低效率搜索，但不得不面对一定程度的中心化问题。

中心式对等网、非中心-无结构对等网和混合式对等网的共同特点是，内容的存放位置是

新世纪高职高专规划教材

随机的、与网络拓扑无关的。在后两类系统中由于无法知道哪个节点可能含有要查找的内容，文件查询只能采用随机搜索的方式。

2. 文件共享对等网的主要研究问题

(1) 内容定位

内容定位是文件共享对等网中的基本功能，它向用户指明系统中可获取的内容和共享相应内容的节点，以便用户可以直接与相应节点进行数据文件的传输。

(2) 文件传输

文件传输是指文件共享对等网中，在完成内容定位之后，多个节点之间如何传输、复制文件。主要的传输模式有单对单传输和多对多传输。

Napster 等早期对等网系统中，用户从选中的一个源节点下载某个文件，而不能同时从多个源节点下载同一文件，因此是单对单的传输模式。

BitTorrent 等系统中由于采用分片传输技术，一个节点可以同时从多个节点下载不同的文件分片，同时将自己的文件分片上传给不同的节点，实现了多对多的传输模式。

(3) 激励机制

文件共享对等网的成功运行依赖于节点之间充分的资源共享。然而用户具有自私性，倾向于多使用别人的资源，少贡献自己的资源。如何激励用户多贡献自己的资源，保证交换中的公平性便成为文件共享对等网中的重要问题。

BitTorrent 系统通过 tit-for-tat 策略激励用户贡献资源，而 eDonkey、Maze 根据节点的资源贡献历史记录来确定目前所能享用的资源。

(4) 内容搜索和定位

除了中心式对等网，在其他三类对等网中的内容搜索和定位都是对等网研究的主要课题。评价内容定位性能的常用指标包括：搜索的成功率，定位的开销，搜索的平均路径长度。

在非中心-无结构对等网中，如何避免泛洪式的低效率搜索是一个研究方向。除了路由设计外，还可采用在节点本地进行内容缓存和定位信息缓存的方法来提高内容搜索的效率。

(5) 文件传输性能

文件传输性能主要研究的是文件大小与用户下载文件所用时间这两者之间的关系。对等网系统提供的文件共享的服务质量取决于内容定位用时和文件传输用时两个方面。

当用户下载的文件以小尺寸为主，比如 MP3 文件，内容定位用时与文件传输用时有可比性。但当用户下载的文件都是大尺寸，文件搜索用时相对文件传输用时可以忽略，此时决定文件下载的服务质量的则是文件在节点间传输的效率。因此，文件传输性能是对等网性能研究的核心问题之一。

评价文件传输性能的常用指标包括：节点下载文件的平均用时、系统中所有节点得到某文件的用时，也称文件分发用时。前者偏重用户个体的体验，后者从系统整体角度评价文件传输的服务质量。缩短平均用时或文件分发用时是系统优化的主要目标之一。

系统中节点之间采用何种方式互相协作传输数据，如何将大型文件快速地分发到系统中每个节点上，如何有效利用节点的接入带宽，当采用分片下载技术时节点如何选择分片的顺序，源节点和接收节点间如何相互选择，这些都是需要深入研究的问题。

(6) 系统性能的总体评价

由于文件共享对等网的巨大规模、动态变化和分布式的特点，对系统性能进行全面的评价是对等网研究中的难点；同时此类研究对于对等网的设计和改进具有指导作用，又是不可缺少的。系统性能主要体现在内容定位性能和文件传输性能，而节点行为——包括动态加入或离开系统、共享文件的合作程度、节点的处理能力和接入带宽等——都对系统性能造成影响。

一部分现有研究以网络测量或服务器日志数据提取的方法来考察系统性能；另一类研究基于测量数据以建模的方法进行系统级分析，常用的模型有排队模型、流体模型等。评价系统整体性能的指标包括：系统中的流量分布、内容可获得性、系统可用服务容量、文件传输用时、用文件数据下载量来度量的系统吞吐量等。

(7) 网络拓扑结构设计

在文件共享对等网中，节点数量巨大并且分布地非常广泛。此外节点的异构性很强，参与节点在存储能力、计算能力和带宽上存在很大差异。如何将对等网中的大量动态节点组成特定的结构，以便充分利用节点资源是文件共享对等网研究的重要问题。

改进现有拓扑结构、寻找新型拓扑结构引发了大量研究。

(8) 无线环境下的新应用

在移动环境中构建对等网进行文件共享应用成为趋势，同时具有高接入带宽的新兴无线网络也迫切需要文件共享这类杀手级应用来吸引大量用户，因此相关研究成为对等网研究中新的热点，引起了学者们的广泛关注。

但因特网上流行的文件共享对等网应用并不适合直接用于移动环境中。如何克服移动环境中用户频繁离线造成的扰动，如何有效利用节点有限的接入带宽，都是设计无线环境下文件共享应用需要考虑的问题。

BitTorrent (简称 BT)是因特网上最流行的文件共享对等网应用，是最有代表性的文件共享对等网系统。它的成功之处在于能快速地分发大型文件。BT 引入了分片传输机制，实现了对用户上行带宽的高效利用，取得了用户所称道的"下载人数越多，下载越快"的效果。BT 的成功引发了学术界的大量研究，并对其后的对等网系统设计产生了深远影响。

(二) 即时通信 P2P 应用

即时通信是指能够即时发送和接收互联网消息等的业务。自 1998 年面世以来，特别是近几年的迅速发展，即时通信的功能日益丰富，逐渐集成了电子邮件、博客、音乐、电视、游戏和搜索等多种功能。即时通信不再是一个单纯的聊天工具，它已经发展成集交流、资讯、娱乐、搜索、电子商务、办公协作和企业客户服务等为一体的综合化信息平台。

即时通信讲究的是点对点或者一对多的通信。因此，P2P 作为一种网络新技术被即时通信技术所采用。针对可不经过服务器中转的音/视频应用，采用了 P2P 通信技术。使用 P2P 通信技术，可以大大减轻系统服务器的负荷，并成倍地扩大系统的容量，且并不会因为在线用户数太多而导致服务器的网络阻塞。其支持 UPNP 协议，自动搜索网络中的 UPNP 设备，主动打开端口映射，提高 P2P 通信效率。

新世纪高职高专规划教材

即时通信系统一般有两种模式：一个是用户/服务器模式，即发信端用户和收信端用户必须通过服务器来交流；另一个是用户/用户模式，即服务器给每对用户建立一个 TCP/UDP 通道，交流在这个 TCP/UDP 之上进行，无须通过服务器。

P2P 即时消息传递系统采用点对点工作模式，信息交换不经过服务器而在客户端之间直接进行。目前大多数的即时通信系统都能够同时提供即时消息传递和文件传输两种服务，有的甚至支持语音传输、视频会议等，这些系统一般同时采用以上两种工作模式。文本消息通过服务器进行交换，这样还允许给不在线的用户发送消息，服务器暂时存储离线消息，等到用户上线时再转发。对于文件和其他多媒体信息的传输，由于内容多，如果通过服务器中转时会占用大量带宽，形成瓶颈制约，所以一般通过点对点工作模式在客户端之间直接发送。

目前的即时通信技术一般采用一个中心服务器控制着用户的认证等基本的信息，节点之间通过使用 P2P 客户端软件进行即时交流。典型应用包括 ICQ、OICQ、Yahoo Messenger、MSN 等。

(三) 流媒体 P2P 应用

随着互联网的发展，流媒体业务逐渐增多，网络电视、远程教育、视频点播已成为流媒体技术的热门应用。流媒体是应用流式传输技术在网络上传播音频、视频或多媒体文件；而流技术就是将影像和声音信息经过压缩处理后转换成流媒体，用视频服务器把节目流媒体当成数据包发出，传送到网络上，用户通过解压设备对这些数据进行解压后，节目就会像发送前那样显示出来。这个过程的一系列相关的数据包称为"流"。

在基于 P2P 的流媒体技术中，每个流媒体用户是一个 P2P 中的一个节点，用户可以根据它们的网络状态和设备能力与一个或几个用户建立连接来分享数据。基于 P2P 的流媒体服务系统并不改变现有的流媒体服务架构，只是在现有系统的基础上，改变传统模式下的服务方式和数据传输路径，使请求同一媒体流的客户端组成一个 P2P 网络，使服务器只需向这个 P2P 网络中的少数节点发送数据，而这些节点可以把得到的数据共享给其余的节点，每个节点依然可以通过流媒体系统得到高质量的视频服务。在一个 P2P 流媒体系统中，一个对等节点的子集拥有一个特定的媒体文件(或文件的一部分)，并为对此文件感兴趣的其他节点提供媒体数据。与此同时，请求数据的节点在下载媒体数据的过程中回放并存储这个媒体的数据，并成为可以为其他节点提供流媒体数据上载的节点。

P2P 流媒体的关键技术主要包括：应用层组播技术、容错机制、媒体同步技术、激励机制和安全机制。

P2P 流媒体系统按照其播送方式可分为直播系统和点播系统，此外近期还出现了一些既可以提供直播服务也可以提供点播服务的 P2P 流媒体系统。

P2P 流媒体系统网络结构可以被大体分成两大类，即基于树的覆盖网络结构和数据驱动随机化的覆盖网络结构。

由于 P2P 流媒体系统中节点存在不稳定性，P2P 流媒体系统需要解决如下几个关键技术：文件定位、节点选择、容错以及安全机制等。

网络的迅猛发展和普及为 P2P 流媒体业务发展提供了强大市场动力，P2P 流媒体技术的应用将为网络信息交流带来革命性变化。目前常见的 P2P 流媒体的应用主要有：①视频点播(VOD)；②视频广播：视频广播可以看作视频点播的扩展，它把节目源组织成频道，以广播的方式提供；③交互式网络电视(IPTV)：IPTV 利用流媒体技术通过宽带网络传输数字电视信号给用户，这种应用有效地将电视、电信和计算机 3 个领域结合在一起；④远程教学；⑤交互游戏。其他流媒体系统的一些新的应用和服务，例如虚拟现实漫游、无线流媒体、个人数字助理(PDA)等也在迅速地变革和发展。

(四) 分布式计算 P2P 应用

　　分布式计算是利用网络把成千上万台计算机连接起来，组成一台虚拟的超级计算机，完成单台计算机无法完成的超大规模的问题。分布式计算研究主要集中在分布式操作系统研究和分布式计算环境研究两个方面，在过去的 20 多年间出现了大量的分布式计算技术，如中间件技术、网格技术、移动 Agent 技术、P2P 技术以及最近推出的 Web Service 技术。

　　要想实现分布式计算，首先就要满足 3 方面的条件：①计算机之间需要能彼此通信；②需要有实施的"交通"规则(例如，决定谁第一个通过，第二个做什么，如果某事件失败会发生什么情况等)；③计算机之间需要能够彼此寻找。只有满足了这 3 点，分布式计算才有可能实现。

　　目前，一个分布式网络体系结构包括了安装了超轻量软件代理客户端系统，以及一台或多台专用分布计算管理服务器。此外，还会不断有新的客户端申请加入分布式计算的行列。当代理程序探测到客户端的 CPU 处于空闲时，就会通知管理服务器此客户端可以加入运算行列，然后就会请求发送应用程序包。客户端接收到服务器发送的应用程序包之后，就会在机器的空闲时间里运行该程序，并且将结果返回给管理服务器。应用程序会以屏保程序，或者直接在后台运行的方式执行，不会影响用户的正常操作。当客户端需要运行本地应用程序的时候，CPU 的控制权会立即返回给本地用户，而分布式计算的应用程序也会中止运行。

　　P2P 系统由若干互连协作的计算机构成，是 Internet 上实施分布式计算的新模式。它把 C/S 与 B/S 系统中的角色一体化，引导网络计算模式从集中式向分布式偏移，也就是说，网络应用的核心从中央服务器向网络边缘的终端设备扩散，通过服务器与服务器、服务器与 PC 机、PC 机与 PC 机、PC 机与 WAP 手机等两者之间的直接交换而达成计算机资源与信息共享。

　　此外一个 P2P 系统至少应具有如下特征之一：①系统依存于边缘化(非中央式服务器)设备的主动协作，每个成员直接从其他成员而不是从服务器的参与中受益；②系统中成员同时扮演服务器与客户端的角色；③系统应用的用户能够意识到彼此的存在，构成一个虚拟或实际的群体。P2P 技术已发展为一种重要的分布式计算技术，典型代表就是 Napster。

【思考练习】

　　(1) 什么是 Internet？Internet 的基本服务有哪些？

　　(2) 远程登录服务的主要功能是什么？简单说明远程登录服务的工作原理。

　　(3) 什么是电子邮件服务？简述电子邮件服务的工作过程。

　　(4) 简述 FTP 的主要功能。匿名 FTP 服务的优点有哪些？

　　(5) 什么是 WWW 服务？标准统一资源定位器的组成部分有哪些？

新世纪高职高专规划教材

模块十二

使用浏览器上网

【学习任务分析】

在使用 IE 进行网上冲浪时，合理地使用一些技巧和方法可以大大加快浏览和查找速度。其实很多技巧和方法都是很简单的，需要平时注意去使用它。IE 浏览器是 Internet Explorer 的简称，即互联网浏览器。它是 Windows 系统自带的浏览器。通俗讲就是上网查看网页，最基本的使用方法必须要掌握。

【学习任务分解】

本模块中，学习任务有以下几个方面：

➢ IE 7 介绍。

➢ IE 浏览器的界面组成。

➢ IE 基本操作。

➢ IE 的安全设置。

➢ IE 浏览器使用技巧。

任务一　WWW 服务

WWW 是目前 Internet 上应用最为广泛的服务，它把 Internet 上不同地点的相关数据信息有机地组织起来，可以看新闻、炒股票、在线聊天、玩游戏和进行查询检索等。因此，熟练使用和掌握与 WWW 相关的服务和技术是一种必须掌握的技能。下面通过一个任务举例如何使用 WWW。

(一) 任务环境

软件环境：Windows 2000 Professional/XP 操作系统。
硬件环境：计算机。

网络环境：要求本地网络连接到 Internet 上。

(二) 任务内容及要求

(1) 了解并熟练使用一种浏览器，具体内容有：了解浏览器的界面、菜单功能和工具栏中各按钮的功能，以及高版本浏览器的新增功能。

(2) 保存网页上的各种信息，包括文字、图像、音频和视频数据。

(3) 下载 WWW 上的资源，掌握一种支持断点续传、多线程的下载工具软件。

(4) Internet 上资源非常丰富，如何快速有效地获取资源是一个必须具备的技能。要了解查找资源的技巧，掌握分类查询、组合查询等查询策略。

(5) 掌握高效的浏览技巧也是本任务的一个基本要求，要掌握收藏夹、历史记录的使用，以及如何实现脱机浏览。

通过本任务学会了使用 WWW 的主要内容，下面我们来学习无线局域网上网的有关知识。

任务二 浏览器基础知识

(一) IE 7 介绍

Internet Explorer 7 开发代号为 Rincon。IE 7 与以往任何一个版本的 IE 相比，有了显著的变化和改进，一些功能可以说是革命性的，这些新特性主要如下：

(1) 新界面。告别纷繁复杂的工具栏，Internet Explorer 7 的新界面显示的信息量超过用户访问的每个网页。简洁的工具栏更便于向收藏夹添加网站、搜索 Web、清除历史记录以及访问最常用的其他任务和工具。

(2) 选项卡式浏览(即 Tab 标签)。无论用户是在搜索 Web、比较价格还是仅停留在喜爱的主题上，Internet Explorer 7 使用户可以同时查看多个不同的网站，所有网站在一个有组织的窗口中。

(3) 搜索。Internet Explorer 7 为用户提供喜爱的 Web 搜索提供商。使用内置搜索框，无须打开搜索提供商页面即可随时搜索 Web。用户可以在单独选项卡上显示搜索结果，然后在其他选项卡上打开结果以快速比较站点并找到所需的信息。甚至可以通过将喜爱的搜索提供商设置为默认搜索提供商自定义的搜索。

(4) RSS 订阅源。无须浪费时间检查不同站点和网络日志来获取更新。只需选择关注的站点和主题，Internet Explorer 7 将为用户的收藏中心提供所有新标题和更新。

(5) 安全性。在用户浏览到潜在仿冒网站，即看似合法网站，实际上却是设计用于捕获个人信息的网站时，Internet Explorer 7 通过发出警报来帮助用户保持信息安全。它还更易于查看哪些网站提供安全数据交换，以便用户可以安全放心地在线购物和办理银行业务。

(二) IE 浏览器的界面组成

启动 IE 后，其界面如图 12-1 所示。

图 12-1　浏览器的基本组成元素

IE 界面的基本组成元素及其功能如下。

> 标题栏：一般显示当前网页的标题。
> 菜单栏：包含了浏览器操作的所有命令，如文件、编辑、查看、收藏、工具、帮助。
> 工具栏：提供了浏览器的常用操作功能，包括后退(浏览过的上一网页)⊙后退 ▾、前进(浏览过的下一网页)⊙、停止浏览⊠、刷新▣、浏览主页🏠、搜索🔍搜索、收藏夹★收藏夹、历史🕒等。
> 地址栏：用于输入网址。
> 内容显示区：显示网页内容。
> 状态栏：显示当前浏览器状态。

任务三　浏览器基本操作

(一) 启动 Internet Explorer

启动 Internet Explorer 的方法有很多，下面是几种常用的方法：

(1) 选择"开始"|"所有程序"|Internet Explorer 命令，如图 12-2 所示。

新世纪高职高专规划教材

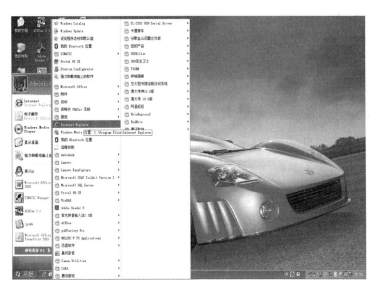

图 12-2　启动 Internet Explorer

(2) 在桌面上双击 Internet Explorer 图标。

(3) 单击"启动"栏的"启动 Internet Explorer 浏览器"按钮。

(二) IE 的快捷菜单条

打开 IE 浏览器窗口，如图 12-3 所示，可以看到以下几部分内容。

图 12-3　IE 浏览器窗口

➢ 标题栏：显示当前打开页面的标题。

➢ 菜单栏：IE 的所有功能指令都可以在这里找到。

➢ 快捷菜单栏：包括常用命令的快捷图标。

➢ 地址栏：在这里输入 URL 地址来访问网站。

➢ 浏览窗口：所访问站点的内容。

➢ 状态栏：显示当前窗口的状态。

新世纪高职高专规划教材

(三) IE 快捷菜单中一些常用按钮

IE 快捷菜单中的常用按钮如图 12-4 所示。

图 12-4　常用按钮

1.“后退”按钮和“前进”按钮

使用“后退”和“前进”按钮可以按原路返回或前进。比如在看新闻网站时，会有许多不同的新闻标题，单击其中一个标题的超链接就可以看到标题下面的新闻内容。看完这则新闻后只要单击浏览器菜单中的“后退”按钮，就可以返回到新闻标题的页面选择其他标题来进行浏览。通过“后退”按钮可以一直返回到前面看过的所有页面，而单击“前进”按钮则可以回到后面看过的新闻内容。

直接单击“后退”和“前进”按钮，就可以按顺序切换页面。如果不想一页一页地返回，可以单击一下在“后退”和“前进”按钮旁边的黑色小箭头，在其下拉菜单中直接选择要返回的页面标题就可以返回到该页面了。

2.“停止”按钮和“刷新”按钮

Internet 服务器允许很多人在同一时间访问同一网页。但是有时候服务器可能来不及处理多人发来的浏览器请求。如果下载一网页时要花费的时间很长的话，就不妨过一会再试。这时候就要使用“停止”按钮暂停对它的访问，而先打开另一个窗口去访问其他站点。等过了一定时间，想继续访问这个页面的话，只要单击“刷新”按钮就可以继续下载这个页面了。

3.“主页”按钮

不论用户现在在浏览哪个站点，也不论访问过了多少站点，单击“主页”按钮，就可以迅速地回到设置为“主页”的站点，而不用在地址栏里输入地址，或者不断地按“后退”按钮。

这里说的“主页”是指用户的浏览器一打开所链接的那个页面。比如正在默认主页是微软中文，那么只要单击“主页”按钮，浏览器就自动链接到微软中文站点。通常为了使用方便，都把速度最快或者自己最常使用的站点设为主页。

4.“收藏夹”按钮

单击“收藏夹”按钮后，在浏览窗口的左侧就出现了一个新的分栏，如图 12-5 所示。其中列出了收藏夹中收藏的站点。要访问哪个站点，只要直接单击这个站点的链接就可以了。

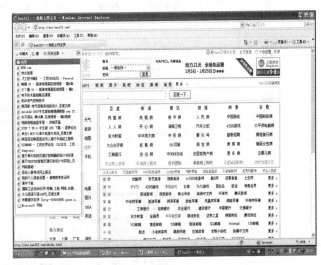

图 12-5　收藏夹

5. "历史"按钮

发现了好的站点可以把它添加到收藏夹中去。但是如果当时忘记及时收藏，可以通过单击"历史"按钮查看，如图 12-6 所示。在新出现的分栏中列出最近几天曾经去过的站点和访问过的页面。

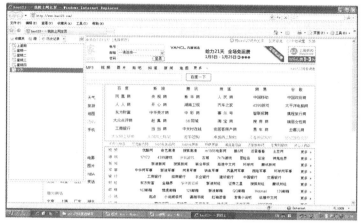

图 12-6 "历史"按钮

(四) 浏览页面

我们可以把 WWW 看作是一个大型图书馆，而每一个网站就是这个图书馆中的一本书。为了使用户查找方便，每个网站都有一个地址，简称网址，例如"搜狐"的网址是 http://www.sohu.com。要在网上查看资源，首先要在地址栏中输入用户要浏览网页的网址。

输入了网址之后，按【Enter】键，这时状态栏上会显示一个蓝色的进度条，反映传送网页的进度。网页传送完毕，Internet Explorer 窗口中将显示所需的网页。

例如，要进入"新浪"网站，可首先打开 Internet Explorer。然后在"地址"栏中输入 http://www.sina.com.cn，按【Enter】键，Internet Explorer 就会自动登录"新浪"网站，如图 12-7 所示。

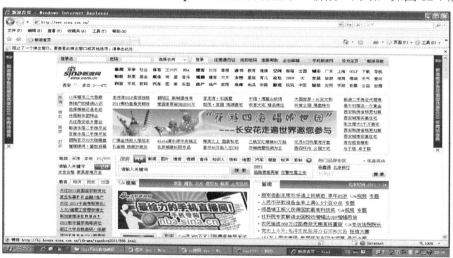

图 12-7 Internet Explorer 浏览器登录"新浪"

在打开的 Web 网页中，常常会有一些文字、图片、标题等，将光标放到其上面，光标指针会变成手形，这表明此处是一个超链接。单击该超链接，即可进入其所指向的新的 Web 页。

若用户想快速打开某个 Web 站点，可单击地址栏右侧的小三角，在其下拉列表框中选择该 Web 站点地址即可，或选择工具栏上的"收藏"|"添加收藏"命令，在弹出的"添加收藏"对话框中输入 Web 站点地址(如图 12-8 所示)，单击"确定"按钮，将该 Web 站点地址添加到收藏夹中。

图 12-8　"添加收藏"对话框

若要打开该 Web 站点，只需单击工具栏上的收藏夹按钮，打开"收藏夹"窗格，在其中单击该 Web 站点地址，或单击"收藏夹"菜单，在其下拉菜单中选择该 Web 站点地址即可快速打开该 Web 网页。

(五) 保存网页和图片

1. 只保存文字部分

如果浏览的网页上只有一部分文字资料是用户所需要并想保存下来的，那么把这部分内容用鼠标拖动选中，选择"编辑"|"复制"命令(或使用【Ctrl+C】组合键)，如图 12-9 所示，然后打开 Word 或者记事本文件，选择"粘贴"命令，把刚才复制的部分粘贴在新文件中，保存这个文件即可(注：在 Word 中应选择"编辑"|"选择性粘贴"|"无格式文本"命令，单击"确定"按钮)。

图 12-9　保存网页文字

2. 只保存图片

如果用户在浏览过程中发现有一幅图片需要保存下来，那么就把光标放在这幅图片上，然后右击，在弹出的快捷菜单中选择"图片另存为"命令，在弹出的"保存图片"对话框中指定一下图片在硬盘上保存的位置就可以了，如图 12-10 所示。

图 12-10　"图片另存为"命令

3. 将图片发送给其他人

有时用户可能想将在浏览网页过程中发现的一些比较精美、比较有意思的图片通过电子邮件发送给自己的亲人朋友，这时可执行以下操作：

(1) 打开该网页。

(2) 将光标指向要发送的图片并右击，在弹出的快捷菜单中选择"电子邮件图片"命令，将弹出"通过电子邮件发送照片"对话框，如图 12-11 所示。

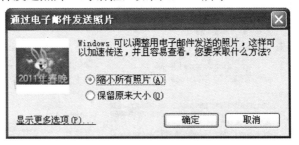

图 12-11　"通过电子邮件发送照片"对话框

(3) 在该对话框中用户可选择发送图片的尺寸，设置完毕后，单击"确定"按钮即可通过 Outlook 电子邮件发送软件发送到指定的地址。

(4) 如果整个页面对用户来说都有用处，想把它们全都保存下来，可选择"文件"|"另存为"命令，然后在弹出的"保存网页"对话框中选择在硬盘上的保存位置就可以了，如图 12-12 所示。使用这种方法可以把这一页所有的网页内容都保存下来。

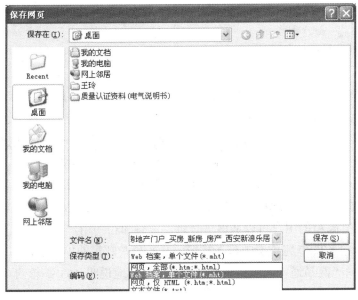

图 12-12　"保存网页"对话框

需要注意的是，在保存类型里有 4 个选项，如果选择默认的"网页，全部(*.htm, *.html)"选项就会把本页面保存为一个 htm 文件，并把所有的相关内容(比如图片、脚本程序等)都保存在一个和文件同名的目录下面；如果选择的是"Web 档案，单个文件(*.mht)"选项，就会把本页面保存为一个 mht 文件，这个文件页是用 IE 浏览器来打开的，而所有的相关内容(比如图片等)就都集成到这个单一文件中了；如果选择的是"网页，仅 HTML(*.htm, *.html)"选项，那么本页保存下来的虽然还是一个 htm 页面，但是所有的其他相关内容，比如图片什么的就都没有了；如果选择了"文本文件(*.txt)"选项，那么就把这个页面保存成了一个文本文件，当然，保存下来的只有页面上的文字内容。

(六) 同步更新脱机 Web 页

下载的脱机网页用户还可以设置其在以后上网时自动同步更新为 Internet 上最新的内容，具体操作如下：

(1) 打开要同步的脱机 Web 页。

(2) 选择"工具"|"同步"命令，打开"要同步的项目"对话框。

(3) 在该对话框中，用户可在"选定要同步的项目"列表中选定要同步的项目。若选择"脱机 Web 页"选项，则同步选定脱机网页；若选择"当前主页"选项，则同步更新活动桌面。

(4) 单击"设置"按钮，打开"同步设置"对话框。

(5) 在该对话框中的"在使用这个网络链接时"下拉列表中选择"拨号连接"选项；在"同步以下选定项目"列表框中选择要同步的项目；在"自动同步所选项目"选项组中，用户可选择"登录计算机时"或"从计算机注销时"同步所选项目；若选中"同步项目之前发出提示"复选框，则在同步项目之前会通知用户。

(6) 设置完毕后，单击"应用"按钮或"确定"按钮即可回到"要同步的项目"对话框。

新世纪高职高专规划教材

(7) 单击"同步"按钮，即可开始同步更新所选项目。

(七) 申请免费的 E-mail 信箱

很多站点提供免费的电子信箱服务，不管从哪个 ISP 上网，只要能访问这些站点的免费信箱服务网页，就可以免费建立并使用用户自己的电子信箱。这些站点大多提供基于 Web 页的电子邮件服务，即用户要使用建立在这些站点上的电子信箱时，可使用浏览器进入主页，登录后，在 Web 页上收发电子邮件。也即所谓的在线电子邮件收发。

下面以网易免费邮箱提供站点 mail.163.com 为例，介绍免费邮箱的申请过程。

(1) 联机状态下，在 IE 地址栏中输入 mail.163.com，这是 163 专门为电子邮箱服务设立的区域。已经拥有邮箱的用户可以从这里登录，没有邮箱的用户可以在这里申请。

(2) 单击"注册 2280 兆免费邮箱"按钮，开始免费邮箱的申请过程。

(3) 在出现的"网易通行证服务条款"页面，详细地说明 163 邮箱的功能和用户要遵守的事项。

(4) 单击"我同意"按钮，进入"选择用户名"页面，需要说明的是，这个用户名必须是没有人用过的，这是为了保证电子信箱的唯一性。由于 163 邮箱的用户比较多，因此所选择的用户名可能已经有人用过了，这时就要重新选择，直到满足要求为止。在这些资料中需要记住用户名、密码、提示问题与答案等几项。提示问题与答案的作用是当忘记密码时，通过回答提示问题来取回密码。

(5) 选择完毕后，单击"提交表单"按钮，进入"填写个人资料"页面，按实际情况填写即可。

(6) 填写完毕后，单击"提交表单"按钮，将出现"163 免费邮箱申请成功"页面。

任务四　IE 的安全设置

除了安装使用最高版本的 IE，并打上所有 IE 补丁外，还可以从以下方面保护 IE 的安全性。

(一) 安全级别设定

如果想屏蔽 Cookie 与 ActiveX 控件功能，可以很容易地通过 IE 的安全级别设定功能加以实现，如图 12-13 所示。

IE 的安全机制共分为高、中、中低、低 4 个级别，分别对应着不同的网络功能。高级是最安全的浏览方式，但功能最少，而且由于禁用 Cookies 可能造成某些需要进行验证的站点不能登录；中级是比较安全的

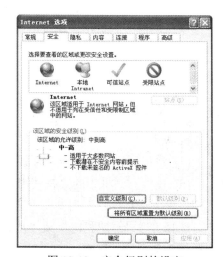

图 12-13　安全级别的设定

浏览方式，能在下载潜在的不安全内容之前给出提示，同时屏蔽了 ActiveX 控件下载功能，适用于大多数站点；中低的浏览方式接近于中级，但在下载潜在的不安全内容之前不能给出提示，同时，大多数内容运行时都没有提示，适用于内部网络；低级别的安全机制不能屏蔽任何活动内容，大多数内容自动下载并运行，因此，它只能提供最小的安全防护措施。

选择"工具"|"Internet 选项"|"安全"命令，打开如图 12-13 所示的对话框，拖动滑块就能完成安全级别的设定。

(二) 建议禁用自动完成功能

IE 的自动完成功能非常实用，可以让用户实现快速登录、快速填写的目的，但它的缺陷也同样明显。许多站点在进行登录时会自动搜索与读取历史操作以便获取用户信息，包括用户在地址栏中输入的历史地址，以及一些填过的表单信息；同时，那些经常在网吧上网又不想让其他人知道自己历史操作的用户，最好禁用 IE 的自动完成功能，因为后来上网的用户只需单击"历史"按钮就能让之前用户的所有隐私无所遁形。

(三) 清除 IE 历史记录

"历史"也是非常有用的一项功能，但对于公共用户，正如上面谈到的，极容易造成个人信息的泄露，因此，对于这部分用户，建议在离开计算机前清除历史纪录。

选择"工具"|"常规"|"清除历史记录"命令，打开"删除浏览的历史记录"对话框，如图 12-14 所示。

如果要清除单个网址记录，可以直接单击"历史"按钮，找到要删除的网址并右击，在弹出的快捷菜单中选择"删除"命令。

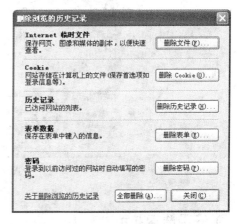

图 12-14　删除浏览的历史纪录

(四) 清除 Cookies

IE 的"历史"并不是唯一纪录用户操作过程的地方，许多站点在用户访问时会在用户计算机中放置一些小文件用以跟踪用户姓名、密码、访问时间等信息，而这些小文件，就是常说的 Cookies。用户可以通过安全机制的设定禁止 Cookies 功能，但那样的话就不能访问需要 Cookies 验证的网站了。

清除 Cookies 的步骤是：找到 C 盘下 Windows 文件夹，然后清除 Cookies 与 Temporary Internet 文件夹中的内容。

新世纪高职高专规划教材

(五) 使用 IE 保护小工具

目前网上有多款不错的小工具可以即时保护 IE,如超级兔子 IE 保护器、IE 修复专家、IE 浏览器精灵等。

任务五　IE 浏览器使用技巧

(一) 保存当前网页的全部内容

完整地保存当前网页的全部内容的方法如下:

(1) 进入待保存的网页,选择"文件"|"另存为"命令,进入到"保存 Web 页"对话框。

(2) 指定文件保存的位置、文件名称和文件类型。文件类型是指保存文件为 Web 页(*.html,*.htm)、Web 电子邮件档案(*.mht)、文本(*.txt)等。通常选择"Web 页,全部"。

(3) 文件编码一般选择"简体中文(GB2312)"。

(4) 单击"保存"按钮,如图 12-15 所示。这样一个完整的页面就保存到自己的硬盘上了。

图 12-15　保存网页

(二) 使用搜索助手

一般在查找需要的信息时,往往借助于搜索工具、搜索引擎,如 sohu、sina 等。但是要进行搜索,必须先进入到拥有这些引擎的站点。IE 5.0 出现以后,用户便可以不进入到这些站点,而直接利用 IE 5.0 进行搜索工作,这便是搜索助手。

使用搜索助手的方法如下:

(1) 单击工具栏中的"搜索"按钮,此时浏览器便被分成左右两个窗格,左边是搜索栏(见图 2-16),

图 12-16　搜索

新世纪高职高专规划教材

在这里可以利用 IE 的 excite 搜索引擎来查找信息，右边是网页部分。

(2) 在搜索框中输入待查询的关键词，单击"搜索"按钮。

(3) 单击搜索栏显示的结果，右边窗格便会链接到相应的网页上。

(4) 单击搜索栏左上角的"新建"按钮，开启一个新的搜索窗口，在这里可以输入新的关键字进行查询。该工具还记住上几次的查询结果，只要选择"以前的搜索"选项，在搜索出口中会列出最近的查询。当然，IE 不可能记住无限多个查询结果，这里最多是 10 个。

(三) 将自己喜爱的页面设置为 IE 的启动页面

启动 IE 后，总是会显示微软公司的有关网站信息，只有再输入网址后才能打开自己所需的网页，这样做很浪费时间。用户可以将自己常去的网址(如洪恩在线)设置为 IE 的启动界面，以后每次启动 IE 时就可以直接进入自己喜爱的网址。

打开自己喜爱的网址，如 www.hongen.com，选择"工具"|"Internet 选项"命令，弹出"Internet 选项"对话框，单击"常规"选项卡，单击"使用当前页"按钮，单击"确定"按钮，如图 12-17 所示。

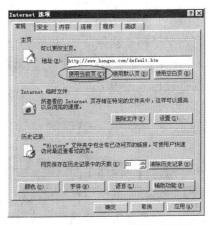

图 12-17　"Internet 选项"对话框

(四) 用电子邮件发送 Web 页

要想把自己做好的或是特别喜爱的 Web 页用电子邮件发给好朋友，可先在 IE 中打开要发送的页面，选择"文件"|"发送"|"电子邮件页面"或"电子邮件链接"命令，在这里选择"电子邮件页面"命令，弹出"选取配置文件"对话框，如图 12-18 所示，默认的配置文件是 Microsoft Outlook。

单击"新建"按钮可以设置新的"收件箱"，这里使用默认的 Microsoft Outlook，单击"确定"按钮，弹出 Outlook 窗口，选好收信人，单击"发送"按钮，就把 Web 页面发送出去了，如图 12-19 所示。

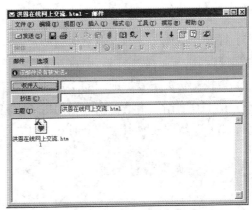

图 12-19　收发邮件

图 12-18　"选取配置文件"对话框

(五) 设置默认电子邮件

在 IE 7 中，不仅可以将微软自带的 Outlook、Outlook Express 等电子邮件软件作为默认的电子邮件软件，还可以将 Foxmail、Hotmail 等软件作为默认的电子邮件软件，从而可以满足不同用户的需求和爱好。

设置默认电子邮件软件的方法如下：

(1) 选择"工具"菜单下的 Internet 命令。

(2) 在弹出的选项对话框中单击"程序"选项卡，如图 12-20 所示。

(3) 在"电子邮件"下拉列表中选择自己使用的电子邮件软件，如 Hotmail 等。

(4) 单击"确定"按钮，这样就完成了电子邮件软件的设置了。

图 12-20　设置默认电子邮件

(六) 加快网页的下载速度

一般来说，网络上的网页会包含声音、图片和动画，甚至还有视频信息。这些信息的容量很大，这样与低网络传输速度相比，网页的下载速度可能更加让人难以忍受。

用户在网络上查找的信息往往以文字形式存在，因此，相对来说其他的图片信息显得不是十分重要，而上面所说的声音、图片以及视频信息是使网页下载显得"慢"的关键。可以将这些内容屏蔽掉，而在需要时显示它，这样就可以大大加快网页的浏览速度。

屏蔽声音、图片和动画的具体操作方法如下：

(1) 选择"工具"|"Internet 选项"命令，在弹出的对话框中选择"高级"选项卡。

(2) 在"设置"列表中找到"多媒体"选项，取消选中"播放网页中的动画""播放网页中的声音"等复选框，此后，浏览网页时，就不会再传输这些视频文件了。

如果用户还需要个别地查看某些图片，此时，可以在未显示图片的区域右击，在弹出的快捷菜单中选择"显示图片"命令，网络便开始传输图片信息，这样就可以看到图片了。

【思考练习】

(1) 打开"搜狐"网站，然后用它的搜索功能找到北京大学的网站，进入查看北京大学的相关信息。

(2) 查找一份关于爱护地球的文章，并保存相关内容在 Word 中。

(3) 在 126 网站上申请一个自己的电子邮箱。

(4) 用 QQ 软件在网上找一个朋友，用电子邮箱给她(他)发一份邮件。

模块十三

信息搜索和文件传递技术

【学习任务分析】

Internet 上提供了成千上万的信息资源和各种各样的信息服务，而且信息源和服务种类、数量还在不断快速地增长。从这些信息资源中找到自己所需要的信息，就必须采用一定的搜索技术，也就是使用搜索引擎进行查找。

搜索引擎是指根据一定的策略、运用特定的计算机程序搜集互联网上的信息，在对信息进行组织和处理后，将处理后的信息显示给用户，是为用户提供检索服务的系统。搜索引擎的主要任务是在 Internet 中主动搜索其他 Web 服务器中的信息并对其自动索引,将索引内容存储在可供查询的大型数据库中，用户可以利用搜索引擎所提供的分类目录和查询功能查找所需要的信息。著名的搜索引擎有 Google、AllTheWeb、Yahoo、Baidu、天网搜索等。我们学习 Internet 的信息搜索技术，掌握搜索引擎使用方法，可以从互联网中快速查找想获取的信息，提高工作和学习效率。

资源共享是互联网的重要作用。通过资源共享，人们能够在互联网上获取各种各样的资料，当用户在网上搜索到自己需要的资源时，经常希望将其保存在自己的计算机中，以便在需要时使用；而有的用户则希望将一些有价值的资料发到网上，和大家共享。为了在网络上完成这些活动，我们可以通过下载和上传文件来达到这些目的。

【学习任务分解】

本模块中，学习任务有以下几个方面：

- ➢ 百度搜索引擎的概念、分类及工作过程。
- ➢ 搜索引擎及相关知识。
- ➢ 搜索引擎使用技巧与注意事项。
- ➢ 使用浏览器下载文件。
- ➢ 使用 FlashGet(网际快车)下载文件。
- ➢ 使用 BT 下载文件。

任务一　搜索引擎的使用方法

(一) Google 搜索引擎

1. Google 搜索简介

Google 搜索引擎(现已全面退出中国大陆)是由两位斯坦福大学的博士 Larry Page 和 Sergey Brin 在 1998 年创立的。谷歌每天需要处理 2 亿次搜索请求，数据库存有 30 亿个 Web 文件。提供常规搜索和高级搜索两种服务。Google 有四大功能模块：网站、图像、新闻组和目录服务。Google 搜索速度极快，网页数量在搜索引擎中名列前茅，支持多达 132 种语言，搜索结果准确率极高，具有独到的图片搜索功能和强大的新闻组搜索功能。

Google 搜索网站主页地址是 http://www.google.com.hk。Google 搜索引擎具有以下特点：

(1) Google 具有强大的新闻组搜索功能。

(2) Google 具有二进制文件搜索功能(PDF、DOC、SWF 等)。

(3) 只显示网页标题、链接及网页字节数。匹配的关键词以粗体显示。

(4) Google 具有独到的图片搜索功能。

(5) Google 的"网页快照"功能，能从 Google 服务器里直接取出缓存的网页。

(6) Google 智能化的"手气不错"功能，提供可能最符合要求的网站。

2. 使用 Google 搜索

使用 Google 搜索时，首先在浏览器的地址栏中输入网址http://www.google.com.hk，即可打开 Google 首页，如图 13-1 所示。

图 13-1　Google 首页

(1) 搜索结果要求包含两个及两个以上关键字

在 Google 搜索中要表示逻辑"与"操作，只要使用空格就可以了。例如，我们需要了解一下搜索引擎的历史，因此期望搜得的网页上有"搜索引擎"和"历史"两个关键字，即搜索所有包含关键词"搜索引擎"和"历史"的中文网页，在 Google 主页的搜索文本框内输入：搜索引擎　历史，按【Enter】键或单击 Google 搜索按钮，即可显示搜索结果，如图 13-2 所示。

图 13-2　关键字搜索

(2) 搜索结果要求不包含某些特定信息

Google 用减号 "-" 表示逻辑 "非" 操作。"A-B" 表示搜索包含 A 但没有 B 的网页。例如：搜索所有包含 "搜索引擎" 和 "历史" 但不含 "文化""中国历史" 和 "世界历史" 的中文网页，在 Google 主页的搜索文本框内输入：搜索引擎　历史　文化　中国历史　世界历史，按【Enter】键或单击 Google 搜索按钮，即可显示搜索结果。

注意：这里的空格和 "-" 号是英文字符，此外操作符与作用的关键字之间不能有空格。比如 "搜索引擎　文化"，搜索引擎将视为关键字为 "搜索引擎" 和 "文化" 的逻辑 "与" 操作，中间的 " " 被忽略。

(3) 使用通配符搜索

很多搜索引擎支持通配符号，如 "*" 代表一连串字符，"?" 代表单个字符等。Google 对通配符支持有限。它目前只可以用 "*" 来替代单个字符，而且包含 "*" 必须用""引起来。比如，""以*治国""，表示搜索第一个字为 "以"，末两个字为 "治国" 的四字短语，中间的 "*" 可以为任何字符。搜索结果如图 13-3 所示。

图 13-3　通配符搜索

(4) 图片搜索

在 Google 首页单击 "图像" 链接就进入了 Google 的图像搜索界面。用户可以在关键字栏位内输入描述图像内容的关键字，然后按【Enter】键或单击搜索按钮，即可显示搜索结果。Google 给出的搜索结果具有一个直观的缩略图，以及对该缩略图的简单描述，如图像文件名称以及大小等。点击缩略图，页面分成两帧：上帧是图像之缩略图，以及页面链接；而下帧，则是该图像所处的页面。屏幕右上角有一个"Remove Frame"的按钮，可以把框架页面迅速切换到单祯的结果页面。Google 图像搜索目前支持的语法包括基本的搜索语法如""""、"OR""site"和"filetype:"。其中"filetype:"的后缀只能是几种限定的图片类型，如 JPG、GIF 等。

(二) 百度搜索引擎

1. 百度搜索引擎简介

百度是目前中国最成功的一个商业搜索引擎之一，主要提供中文信息检索，并且为门户站点提供搜索结果服务。百度在中国各地和美国均设有服务器，搜索范围涵盖了中国内地、香港、台湾、澳门，以及新加坡等华语地区和北美、欧洲的部分站点。拥有的中文信息总量达到 6 亿页以上，并且还在以每天几十万页的速度快速增长。百度搜索网站主页地址是 http://www.baidu.com。

百度搜索引擎具有以下突出特点：

(1) 百度搜索分为新闻、网页、MP3、图片、FLASH 和信息快递六大类。

(2) 繁体和简体都可以转换。

(3) 百度支持多种高级检索语法。

(4) 百度搜索引擎还提供相关检索。

(5) 百度是全球最大的中文搜索引擎。

(6) 百度是全球第二大搜索引擎。

2. 使用百度搜索

使用百度搜索时，首先打开 IE，并在 IE 地址栏中输入 http://www.baidu.com，打开百度首页，如图 13-4 所示，默认页面是网页搜索。

图 13-4　百度主页

新世纪高职高专规划教材

(1) 网页搜索

百度网页搜索简单方便，只需要在搜索文本框内输入需要查询的内容，按【Enter】键，或者单击"百度一下"按钮，就可以得到最符合查询需求的网页内容。当要使用多个关键词搜索时，不同字词之间用一个空格隔开，就可以获得更精确的搜索结果。

在百度搜索结果页面中，有搜索结果标题、搜索结果摘要、百度快照和相关搜索。用户可根据搜索结果摘要，选择单击某一标题，查看更为详细的内容，如图 13-5 所示。

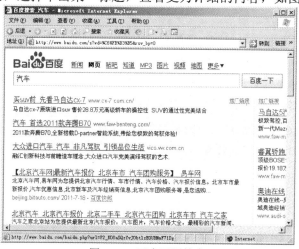

图 13-5　百度网页搜索

(2) 图片搜索

百度图片搜索是世界上最大的中文图片搜索，从数十亿中文网页中提取各类图片，建立了世界第一的中文图片库。目前为止，百度图片搜索可检索图片已经近亿张。

图片搜索过程是：首先在图 13-4 所示百度主页中单击"图片"链接，打开百度图片。在图片搜索文本框中输入要搜索的关键词(例如旅游胜地)，再单击"百度一下"按钮，即可搜索出相关的全部图片，如图 13-6 所示。用户还可通过"新闻图片""壁纸"等单选按钮匹配要搜索的图片类型。

图 13-6　百度图片搜索

在搜索结果页面中，单击合适的图片，可将图片放大观看。如果想看到更多的图片，可以单击页面底部的翻页(或使用键盘的←、→方向键)来查看更多搜索结果。翻页后页面将自动定位到第一行图片上方，无须滚动页面即可浏览本页全部图片。

"筛选栏"位于搜索结果页面的左侧，默认为隐藏状态。使用该工具栏，可以同时对搜索结果的尺寸、颜色和类型进行筛选。当输入的关键词为某位明星时(例如梁咏琪)，搜索结果将按壁纸桌面、生活照等进行分类，用户可以通过单击标签，进行分类浏览。

(3) 高级搜索语法

在特定标题中搜索关键词 intitle。网页标题通常是对网页内容提纲挈领式的归纳。把查询内容范围限定在网页标题中，有时能获得良好的效果。例如，intitle:家居 装饰 房产，这表示搜索标题中含有关键词"家居 装饰 房产"的网页。其他的网页就自然地被屏蔽掉了。注意，"intitle:"和后面的关键词之间，不要有空格。

在特定站点中搜索关键词 site。如果知道需要查找的内容在某个站点，就可以把搜索范围限定在这个站点中，提高查询效率。例如，想在天空网搜索 MSN，就可以这样查询：msn site:skycn.com。注意，"site:"后面跟的站点域名不要带"http://"；另外，"site:"和站点名之间不要带空格。

在 url 链接中搜索关键词 inurl。对搜索结果的 url 做某种限定，可以限制只搜索 url 中含有这些文字的网页。例如，找关于 photoshop 的使用技巧，可以这样查询"photoshop inurl:jiqiao"。这个查询串中的 photoshop 是可以出现在网页的任何位置，而 jiqiao 则必须出现在网页 url 中。注意，"inurl:"和后面的关键词不要有空格。

精确匹配关键词可使用双引号和书名号。百度搜索时，如果查询词较长，则搜索结果中的查询词可能是拆分的。如果不希望拆分查询词，就可以给查询词加上双引号。在其他搜索引擎中，书名号会被忽略，而在百度中，加上书名号的查询词，有两层特殊功能：一是书名号会出现在搜索结果中；二是被书名号包括起来的内容，不会被拆分。

任务二 搜索引擎相关知识

WWW(Web)搜索引擎，简称搜索引擎。其一般的工作过程是：首先对互联网上的网页进行搜集，然后对搜集来的网页进行预处理，建立网页索引库，通过客户端程序接收来自用户的检索请求，并对查找到的结果按某种规则进行排序后返回给用户。搜索引擎现在最常见的客户端程序就是浏览器。用户输入的检索请求一般是关键词或者是用逻辑符号连接的多个关键词，搜索服务器根据系统关键词字典进行搜索匹配，提取满足条件的网页，然后计算网页和关键词的相关度，并根据相关度的数值将结果按顺序返回给用户。

按照搜索引擎工作原理的不同，搜索引擎可分为 4 类，即全文搜索引擎、目录索引引擎、元搜索引擎和垂直搜索引擎。

(1) 全文搜索引擎是从互联网中提取各个网站的信息(以网页文字为主)，建立起数据库，并能检索与用户查询条件相匹配的记录，按一定的排列顺序返回结果。著名代表有 Google 和百度。

(2) 目录索引引擎虽然有搜索功能，但严格意义上不能称为真正的搜索引擎，只是按目录分类的网站链接列表而已。用户完全可以按照分类目录找到所需要的信息，不依靠关键词进行查询。目录索引中最具代表性的是 Yahoo、新浪分类目录搜索。

(3) 元搜索引擎接受用户查询请求后，同时在多个搜索引擎上搜索，并将结果返回给用户。著名的中文元搜索引擎是搜星搜索引擎，可以同时搜索中文 Google、百度、中文雅虎、搜狗、新浪搜索、中华搜索和 TOM 搜索等 7 个大型搜索引擎。

(4) 垂直搜索引擎专注于特定的搜索领域和搜索需求(例如机票搜索、旅游搜索、生活搜索、小说搜索、视频搜索等)，在其特定的搜索领域有更好的用户体验。相对而言，垂直搜索需要的硬件成本低、用户需求特定、查询的方式多样。

用户在使用搜索引擎之前，必须知道搜索引擎站点的主机域名，通过该主机域名，用户便可以访问搜索引擎站点的主页。使用搜索引擎，用户只需要将自己要查找信息的关键词告诉搜索引擎，搜索引擎就会返回给用户包含该关键词信息的 URL，并提供通向该站点的链接，用户通过这些链接便可以获取所需要的信息。

使用搜索引擎需清楚以下两点：一是搜索引擎并不是搜索整个互联网，而是事先已"搜集"了一批网页并整理成网页索引数据库，搜索只是在系统内部进行而已；二是从理论上讲搜索引擎并不保证用户在返回结果列表上看到的标题和摘要内容与单击 URL 所看到的内容一致，甚至不保证那个网页还存在。为了弥补这个差别，现代搜索引擎都保存搜集过程中得到的网页全文，并提供"网页快照"或"历史网页"链接，保证让用户能看到和摘要信息一致的内容。

任务三　搜索引擎使用技巧

使用搜索引擎时使用以下技巧，可令搜索更精确、迅速。

(1) 选择合适的搜索工具。每种搜索引擎都有不同的特点，只有选择合适的搜索工具才能得到最佳的结果。一般而言，如果需要查找非常具体或者特殊的问题，用全文搜索引擎，比如 Google 比较合适。如果希望浏览某方面的信息或者专题，类似 Yahoo 的分类目录可能会更合适。如果需要查找的是某些确定的信息，比如 MP3、地图等，就最好使用专门的 MP3、地图等垂直搜索引擎。

(2) 提炼搜索关键词。毋庸置疑，选择正确的关键词是一切搜索的开始。学会从复杂搜索意图中提炼出最具代表性和指示性的关键词对提高信息查询效率至关重要，这方面的技巧(或者说经验)是所有搜索技巧之母。

(3) 细化搜索条件。如果在搜索引擎中输入过少的关键词，它可能会返回很多并不是需要的结果。因此建议使用多个关键词查询的方法来减少搜索结果数。比如，如果想了解西安旅游方面的信息，就输入"西安　旅游"这样才能获取与西安旅游有关的信息。

新世纪高职高专规划教材

(4) 切勿使用错误的搜索条件。一是很多搜索引擎都会屏蔽一些关键词，这是因为这些词本身缺乏实际意义或者使用过于广泛，大都是副词、连词之类的，一旦用来搜索的话，会返回大量无用的搜索结果甚至导致搜索引擎错误。二是不使用过于通俗简单的词语。由于网上相关信息的数量是巨大的，如果使用过于通俗简单的词语，就会返回过多的搜索结果，从而很难查到有用的信息。三是要注意一词多义的问题。比如，"笔记本"可以指用来手写的本子，现在也作为笔记本电脑的简称。遇到这类词，可能需要在搜索框中输入尽量减少歧义的词语，比如改输入"笔记本电脑"。

(5) 正确使用布尔检索。正确地使用布尔检索方式可以减少搜索结果的返回数，但要注意不同搜索引擎工具的布尔检索的表达方法有所不同。因此，在使用布尔检索之前，必须了解不同搜索引擎的使用方法。例如，百度搜索引擎中，空格或"+""&"表示"AND/且"的关系，"|"表示"OR/或"的关系，"-"表示"NOT/非"的关系。

(6) 浏览之前要分析。成功的搜索等式为：正确地提问产生准确有用的结果。但是在返回的搜索结果中究竟哪个是真正满意的？在单击之前，仍然需要思考决定。需要通过比较排序位置、网址链接、文字说明等来分析。这就需要对各种搜索引擎的排序方式做一简单的了解。

任务四　使用浏览器下载文件

在所有下载资源的方式中，利用浏览器下载是许多上网初学者常用的一种方式，它具有操作简单方便的特点。下面介绍使用浏览器进行资源的下载。

(一) 浏览器下载文件的方法

在网页中，找到资源的下载链接，单击此链接，浏览器便会自动启动下载，用户只需在弹出的对话框中单击"保存"按钮，然后设置存储路径即可。

如果用户要保存网页中的图片，则只需右击该图片，在弹出的快捷菜单中执行"另存为"命令，设置存储路径即可。

例如，使用 IE 浏览器下载 FlashGet，操作方法如下：

(1) 找到需要下载的文件所在页面，如 FlashGet 所在页面，然后单击下载链接"官方下载"，如图 13-7 所示。

新世纪高职高专规划教材

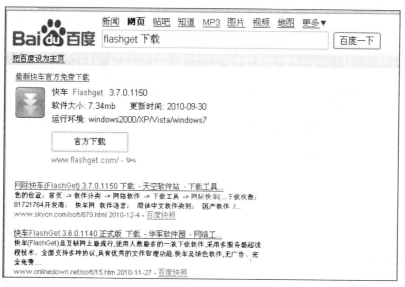

图 13-7 查找 FlashGet

(2) 单击"官方下载"链接即可打开"另存为"对话框，如图 13-8 所示。在"另存为"对话框中选择保存位置及文件名，单击"保存"按钮，便开始下载并显示下载进度，如图 13-9所示。

图 13-8 "另存为"对话框

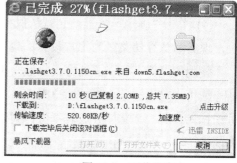

图 13-9 下载进度

(二) 修改下载默认保存位置

一般情况下，当第一次下载资源时，IE 浏览器会自动将资源存储在其默认的保存位置，用户每次下载时需要更改文件保存位置，如果希望每次下载文件时，不更改保存位置也可以将文件存入用户文件夹，可以通过修改注册表的方法，将指定的位置设置为 IE 浏览器的默认保存位置。

修改 IE 浏览器的默认保存位置的方法如下：

(1) 单击"开始"按钮，执行"运行"命令，在弹出的"运行"对话框中输入 regedit，并单击"确定"按钮，即可打开"注册表编辑器"窗口，如图 13-10 所示。

新世纪高职高专规划教材

(2) 依次展开 HKEY_CURRENT_USER\software\Microsoft 子选项，并选择 Internet Explorer 选项。

(3) 双击"注册表编辑器"窗口右侧 Download Directory 的字符串值，在弹出的"编辑字符串"对话框的"数值数据"文本框中，输入要设置为默认保存位置的路径，如图 13-11 所示。

图 13-10　修改 IE 默认保持路径

图 13-11　编辑字符串

(4) 单击"确定"按钮，IE 默认保存位置就修改完成了。当再次使用 IE 下载资源时，即可发现其默认存储路径为用户设置的位置了。

使用浏览器下载资源的方式虽然简单，但它也有自己的缺点，那就是功能太少，不支持断点续传。对于拨号上网的用户来说，其下载速度非常慢，而专业的下载软件可以使用文件分切技术，将一个文件分成若干份，同时进行下载，从而大大提高了下载资源的速度。更重要的是，当下载过程中出现故障而断开之后，下载时仍然可以接着上次断开的地方继续下载。专业的下载软件有多种，其中常用的有 FlashGet、BitComet(比特彗星)、迅雷等。

(三) 常用的 FTP 客户端软件

目前使用范围最广、最受欢迎的 FTP 客户端程序有 FileZilla、SmartFTP、FlashFXP、CuteFTP 和 WinSCP 等。

1. FileZilla

FileZilla 是一种快速、可信赖的 FTP客户端以及服务器端开放源代码程式，具有多种特色、直觉的接口。可控性、有条理的界面和管理多站点的简化方式使得 FileZilla客户端版成为一个方便高效的 FTP 客户端工具，而 FileZilla Server 则是一个小巧并且可靠的支持FTP&SFTP 的FTP服务器软件。其主要功能包括：①可以断点续传进行上传、下载；②可进行站点管理；③超时侦测；④支持防火墙；⑤可进行 SSL 加密连接；⑥支持 SFTP(Secure FTP)等。

2. SmartFTP

SmartFTP 是一套以 IE 及资源管理器为概念、简易操作的传输程序，可用来做 Local 端的文件管理，对于 FTP 站更如同资源管理器般的操作方式。支持鼠标右键的各项快捷功能，且对于站台更以 IE 的"收藏夹"方式来管理，支持同时登录多个站台。可使用 FTP Search 来搜寻文件，而直接开启站台下载。其界面特征有：提供浮动式功能键、支持多窗口排列、可更改文字颜色及标题列渐进色彩，动作上也可有声音的提示功能。SmartFTP 是一款超强的 FTP 客户端工具，使用与资源管理器类似的操作界面，支持鼠标拖放操作，支持多线程、单进程多窗口，支持皮肤功能。

3. FlashFXP

FlashFXP 是一款功能强大的FXP/FTP软件，集成了其他优秀的 FTP 软件的优点，如 CuteFTP 的目录比较、支持彩色文字显示； BPFTP 的支持多目录选择文件、暂存目录；LeapFTP 的界面设计；支持目录(和子目录)的文件传输、删除；支持上传、下载，以及第三方文件续传；可以跳过指定的文件类型，只传送需要的文件；可自定义不同文件类型的显示颜色；暂存远程目录列表，支持 FTP 代理及 Socks 3&4；有避免闲置断线功能，防止被 FTP 平台踢出；可显示或隐藏具有"隐藏"属性的文档和目录；支持每个平台使用被动模式等。

FlashFXP 提供了最简便和快速的途径来通过 FTP 传输任何文件，提供了一个格外稳定和强大的程序，确保用户的工作能够快速和高效地完成。FlashFXP 的主要功能有：

(1) 本地和站点对站点的传输。FlashFXP 允许用户从任何FTP 服务器直接传输文件到本地硬盘，或者在两个 FTP 站点之间传输文件(站点到站点传输)。

(2) FlashFXP 能处理成千上万的连接类型。

(3) 全功能的用户界面，支持鼠标拖动。FlashFXP 拥有直观和全功能的用户界面，允许用户通过简单的点击完成所有指令任务。它支持鼠标拖动，因此可以通过简单的点击和拖动完成文件传输、文件夹同步、查找文件和预约任务。

(四) Internet 中的文件格式

因特网为我们提供了非常丰富的信息资源，我们经常要做的事情是从因特网上下载文件。因此，我们将不可避免地遇到许许多多不同的文件格式类型。通过文件的扩展名可以知道该文件的类型。大多数文件属于文本、图形、音频和视频类型。有些可能是压缩文件，有些则不是。用得比较多的压缩文件的扩展名一般是.zip、.sit 和.tar，这些格式是目前 PC、Macintosh 和 UNIX 上最流行的压缩文件格式。它们可以是单一的文件，也可以是包含了许多文件的单一的文件夹。也可能会有类似.tar.gz 的复杂的扩展名，它表示有不止一种类型的软件被用来对该文件进行了编译和压缩。

因特网上最流行的图形文件格式的扩展名是.jpg 和.gif。.jpg 表示 JPEG 格式，是一种流行的图形压缩标准。.gif 表示交互式图形格式，也是一种流行的图形标准。这两种图形格式都是独立于平台的，就是说，只要有一个图形显示程序，就可以在 PC、Mac 或 UNIX 机器上使用它们。

对于视频，最流行的文件格式则是用于 PC 的.avi、.ram、.mpg 是平台独立的，但是要有自己的播放器；.mov 和.qt 是 QuickTime 电影格式，起初只用于 Macintosh，但是现在也能用于 Windows 和 UNIX。

最流行的声音文件格式当数.mp3，当然，最近又出现了 MP4，它们都可同时运用于 Mac 和 PC。另外的声音文件格式有.aiff(用于 Mac)，.au 使用于 Mac 和 UNIX，.wav 用于 PC，.ra 则是 Real Audio 格式，一种因特网上的流媒体格式。

因特网上所有能找到的文件的格式又可以被划分为两类：ASCII 格式和二进制格式。ASCII 文件是文本文件，可以使用一个 DOS 编辑器或任何文字处理器把它打开。二进制文件包含的是非 ASCII 字符。

在因特网上经常还有一些文件格式：纯文本(ASCII)文件格式.html/.htm，这是用于创建网页的一种语言。观看这种类型的文件，需要一个 Web 浏览器。.txt 是一种纯文本格式文件，要观看这种文件，可以通过一个字处理器。.pdf 是便携式文档格式，是由 Adobe 系统公司开发的一种专有的格式。这种格式化的文档能够在因特网上传输。要阅读这种类型的文件，必须要使用 Adobe Acrobat Reader。.exe 是一种 DOS 或 Windows 程序，或自解压文件。可以用鼠标双击该文件图标，运行该文件。

(五) 即时通信的使用方法

1. 基本简介

Skype(Logo 见图 13-12)是一家全球性互联网电话公司，它通过在全世界范围内向客户提供免费的高质量通话服务，正在逐渐改变电信业。Skype 是网络即时语音沟通工具。具备 IM 所需的其他功能，比如视频聊天、多人语音会议、多人聊天、传送文件、文字聊天等功能。它可以免费高清晰地与其他用户语音对话，也可以拨打国内国际电话，无论固定电话、手机、小灵通均可直接拨打，并且可以实现呼叫转移、短信发送等功能。2011 年 5 月 11 日，微软宣布以 85 亿美元收购 Skype。

图 13-12　Skype

Skype 的中文名字：讯佳普。"讯佳普"这个中文名字来源于 skype 的中文音译，有"普及又好用的通信软件"之寓意。

2. 功能简介

(1) 即时通信

"当我下载完 Skype，我意识到传统通信时代结束了，"美国联邦通信委员会主席 Michael Powell 解释道。"当 KaZaA 的发明者免费散发一个小程序，而您可以使用它与任何一个人免费通话，并且其通话质量又非常出色，传统通信时代即告结束。世界将不可避免地发生改变。"

《财富杂志》，2004 年 2 月 16 日刊文说："为打电话付费的概念已属于上个世纪。Skype 软件为人们提供了一种全新的功能，使人们可以利用它的技术和网络投资来与朋友和家人保持联系。"

国内移动拨打费率为 0.25 元人民币/分钟，中国到美国加拨 17951 是 0.6 元人民币/分钟，到其他主要发达国家费率也比较便宜，基本在 0.1 元至 0.2 元人民币左右，但是到一些不发达国家费率较高，多在 1 元/分钟以上，最高可达 10 元/分钟。

(2) 全球电话

Skype 力图让用户畅所欲言——通过提供免费全球性电话，使用户利用下一代同等网络软件进行无限制的高质量语音通话。Skype 的使命是提供简易、可靠且便利的有效通信工具。使广大用户与朋友、家人和同事之间的交流变得更灵活、更节约成本，且享受比想象中更为出色的通话质量。宽带的迅速普及和卓越的 Skype 软件为世人提供了通信领域内的绝佳选择。不必再局限于一家公司，前卫用户们可以选用互联网连接来进行免费的无限制通话。如果利用互联网进行免费通话的 Skype 用户数量增加，Skype 网络的威力也随之增强。Skype 鼓励进一步采用高质量的连接，并且与共享该软件的世界级电信公司合作来为人们提供更好的交流方法。Skype 正在努力工作，向新的平台拓展，包括移动设备和手机，不久，或可以在家中、办公室里和路上使用 Skype。Skype 通话需要一个 PC 麦克风和扬声器，或者是一副价格适中的 PC 耳麦，这些都可以从世界各地的电子零售商处购买。Skype 安装简便，无须考虑 PC 环境，并且在设置时无服务器或工作站配置。Skype 在大多数防火墙和网关后面运行，因此不会产生新的安全风险。

为了安全起见，Skype 通话进行了加密，并且支持严格的隐私权政策。Skype 具有优质的语音。Skype 与最优秀的声学科学家联手创造的独家拥有版权的软件，可以传递甚至高于固定电话质量的语音。用专业术语来说，传统的电话只能听到介于 300Hz 到 3000Hz 频率的语音，Skype 可以听到所有频率的语音，从最低沉的到最尖锐的，使用简单。

VoIP 应用程序配置很困难，不熟悉网络和计算技术的用户几乎无法使用。Skype 无论在软件还是硬件方面，用户都无须做任何手工的设置，通常只要注册一个账户就可以立即登录，开始语音通话了。如上所述，所有的通信都是以端对端的模式进行加密的，所以是完全安全的。多方语音通话。Skype 在同类软件中首先提供了免费的多方语音通话，采用混音的方式，操作简便、音质良好，且尽可能地节省网络和机器资源。网络电话正处于其发展初期，Skype 将领导改革创新继续向前发展——远远超出我们今天的想象。

新世纪高职高专规划教材

Skype 由世界上最流行的互联网软件 KaZaA 的创始人 Niklas Zennström 和 Janus Friis 合力打造，并且获得了 Draper Fisher Jurvetsone、Index Ventures、Bessemer Venture Partners 和 Mangrove Capital Partners 的投资。Skype 集团总部位于卢森堡，同时在伦敦和塔林均设有办事处。

3. 使用介绍

Skype 是最受欢迎的网络电话，全球拥有 6.63 亿用户。拨打国际长途(手机、座机)最低 1 分钱/分钟起，可在计算机、手机、电视、PSP 等多种终端上使用。Skype 之间的语音视频通话免费，支持 25 方语音通话和 10 方多人视频通话。Skype for Android 版本支持视频通话，允许用户进行跨平台的视频呼叫，可与使用 iPhone、iPad、Mac、Windows PCs 甚至电视的 Skype 用户进行视频通话。新版本支持 3G 和 Wi-Fi 网络，无论在何处，都可以与朋友轻松分享精彩瞬间。

除了可以以实惠的价格拨打固话和手机，使用 Skype for Android 的用户还可以以低廉的价格给朋友发送短信。全新的用户界面设计给 Android 版 Skype 用户带来了更轻松、更良好的体验。

发起/应答 Skype 视频来电：用户在 Android 手机上可以轻松使用 Skype 发起或应答视频电话。想要发起视频通话，首先找到想要呼叫的联系人然后点击该联系人的联系人详情标签中的"Skype 视频通话"按钮发起视频通话。当用户在进行 Skype 语音通话时，通过点击屏幕右下角的"切换到视频"按钮，用户可轻松发起语音通话。

在进行视频通话时用户可选择：麦克风静音/非静音，结束通话，进入视频菜单，通过轻击手机菜单按钮选项可以暂停或恢复当前的视频通话。如果在 Skype 通话中接到一个普通 (GSM)来电，则会听到一个语音提示，手机会弹出一个窗口，用户可以选择接听电话或者拒绝电话。同时会显示一条信息提示"接听新电话会使当前电话处于等待中"。

结束新电话时，可以手动重启之前的 Skype 通话。在通话进行几秒钟后，按钮会消失，轻击屏幕，按钮会再次出现。在 Android 上进行视频通话的视频输出标准为 QVGA，但实际视频质量由网络状况决定。

4. 系统要求

使用视频通话功能，设备需要运行 Android2.3 或以上系统并且满足 Android 的视频需求。用户可以通过 3G 或 Wi-Fi 连接进行 Skype 视频通话，为了确保高质量的视频通话效果，推荐使用信号较强的 Wi-Fi 连接。Android 版的 Skype 支持以下语言：巴西语、葡萄牙语、丹麦语、英语、爱沙尼亚语、芬兰语、德语、意大利语、日语、韩语、瑞典语、波兰语、俄语、简体中文、繁体中文。

任务五　使用 FlashGet 下载文件

文件下载的最大问题是速度，文件下载后的最大问题是文件管理。网际快车 FlashGet 就是为解决这两个问题所编制的软件。下面以 Flash Get 3 为例进行介绍。

(一) FlashGet 简介

1. FlashGet 的特点

FlashGet 通过把一个文件分成几个部分同时下载可以成倍地提高速度，下载速度可以提高 100%～500%。新版本中添加了镜像和自动镜像查找功能，使得下载速度得到进一步提高。

FlashGet 智能分类功能可以创建不限数目的类别，每个类别指定单独的文件目录，不同的类别保存到不同的目录中去，强大的管理功能包括支持拖动、更名、添加描述、查找、文件名重复时可自动重命名等。

FlashGet 任务分组功能是按下载时间、保存目录将任务列表分组管理；任务列表备份，将下载数据备份到网络，随时恢复、快捷发布资源。

2. FlashGet 界面

FlashGet 能够显示比较丰富的信息以便用户了解下载的具体情况，包括"状态""名称""文件大小""完成数""已完成百分比""已用时间""估计剩余时间""速度""创建时间""完成时间"等。打开 FlashGet 可看到其窗口主要由菜单栏、工具栏、任务分类及任务列表显示区构成，如图 13-13 所示。

图 13-13　FlashGet 主窗口

> ➢ "菜单栏"：位于窗口右上方，由"文件""编辑""查看""工具"和"帮助"
> 组成，其使用方法是直接单击，选择其中命令，在菜单栏下方显示一些广告/信息的
> 链接。
> ➢ "工具栏"：以图标的形式显示一些常用命令，位于信息链接下方。
> ➢ "任务分类"：位于窗口左边，包括全部任务、正在下载、完成下载等任务类别名
> 称，当选择某任务类别时，在右边任务列表显示区将显示该任务的所有信息，如选
> 择"完成下载"时，显示区将显示所有已经完成的下载任务名称、类型、下载时间等。

(二) FlashGet 下载文件方法

1. 新建普通任务

打开网页，找到要下载文件的链接，在网页中单击下载链接，或者右击链接，在弹出的快捷菜单中选择"使用快车 3 下载"，弹出"新建任务"对话框，如图 13-14 所示。

图 13-14　新建任务

单击"立即下载"按钮，将任务添加到下载列表中。下载完成后，单击查看任务定位到下载完成的任务，此时该任务被转移到"完成下载"类别中。

2. 新建批量任务

新建批量任务有两种方式，如图 13-15 所示。

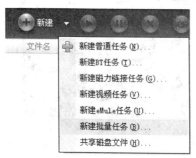
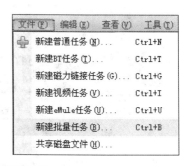

图 13-15　新建批量任务

(1) 使用工具栏上的"新建"按钮。

(2) 使用"文件"菜单中的"新建批量任务"命令。

打开"添加批量任务"对话框后，输入需要批量下载的地址，有规则的部分使用通配符"*"代替，如图 13-16 所示。

单击"确定"按钮后打开"新建任务"对话框，单击"立即下载"按钮即可下载任务，如图 13-17 所示。

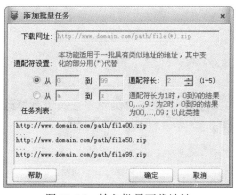

图 13-16　输入批量下载地址

图 13-17　新建任务-批量下载

3．下载全部链接

网页中右击下载链接，在弹出的快捷菜单中选择"使用快车 3 下载全部链接"，如图 13-18 所示，弹出"下载全部链接"对话框。

在"下载全部链接"的复选框中按照需要进行下载文件的筛选，如图 13-19 所示。

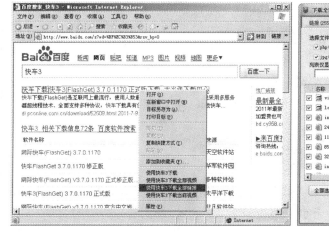

图 13-18　下载全部链接

图 13-19　文件筛选

选择完毕后，单击"下载"按钮弹出"新建任务"窗口。如果选择有多个任务，会有重复任务提示，如果所有任务都希望使用相同设置，可以选择"下次不再提醒"复选框，如图 13-20 所示。如果一次添加任务过多，会有进度提示，如图 13-21 所示。

图 13-20　多个任务提示

图 13-21　添加任务进度

新世纪高职高专规划教材

(三) FlashGet 的管理和使用技巧

1．修改默认下载目录

开启 FlashGet，将弹出"快车默认下载目录"对话框，单击"浏览"按钮进行修改或单击"确定"按钮不修改下载目录，如图 13-22 所示。

图 13-22　默认下载目录

以后若想修改默认下载目录，也可以在 FlashGet 主窗口中进行修改，操作方法是：右击"完成下载"选项，在弹出的快捷菜单中选择"设置默认下载目录"命令，打开"快车默认下载目录"对话框进行修改。

2．进行类别管理

在"任务分类"区中，除"其他"以外，在"完成下载"和其任意子分类里均可通过右键菜单新建分类、删除分类。 新建分类向导如图 13-23 所示。执行删除分类操作，将把其中所含的任务删除，此操作不可逆。

3．进行分组管理

FlashGet 提供了简单的任务列表管理方式，即分组。用户可以在工具栏找到它，共有 3 项：时间分组、目录分组和不分组，如图 13-24 所示。

图 13-23　新建分类向导

图 13-24　分组管理

时间分组是按文件下载时间顺序快速查找任务，如图 13-25 所示。目录分组是按文件存放目录快速查找任务，如图 13-26 所示。

图 13-25　时间分组

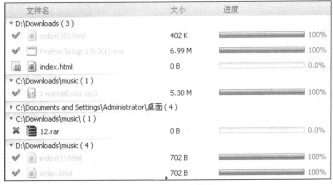

图 13-26　目录分组

4．使用"XP 连接数修改工具"

由于 Windows XP 系统设计时限制了连接数，常导致用户下载时速度低下。使用带宽的极限速度下载，用户需要自行更改 Windows 限制的连接数，考虑到多数用户并不具备自行修改能力，快车特别集成了 XP 连接数修改工具。选择"工具"|"XP 连接数修改工具"命令(如图 13-27 所示)，在打开的"系统优化工具"对话框中设置当前连接数，如图 13-28 所示。

图 13-27　"工具"菜单

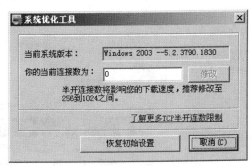

图 13-28　XP 连接数修改

新世纪高职高专规划教材

连接管理的最大连接数是指 FlashGet 可以使用的最多连接数，此连接数为全开连接数，且必须小于半开连接数，否则为无效设置。

当前连接数是指系统半开连接数，这是对 Windows XP 的 TCPIP.sys 系统文件进行修改，适当地将这个半开连接数调高，有助于加快网络连接和下载的速度，不过这个值并不是越高越好，一般比较稳定的数值是调在 256～384 之间。

任务六　使用 BT 下载文件

在下载资源时，由于大多是从 HTTP 或 FTP 站点下载的，这就导致了如果同时下载人数过多，基于该服务器频宽的因素，下载速度会慢很多，而采用 P2P 传输协议的 BT 下载软件可以有效改善下载速度。

(一) BT 软件介绍

BT 是一种下载工具，不像 FTP 那样只有一个发送源，而是所有正在下载某个文件或者已经下载好了某个文件但还没有关闭下载窗口的都是发送源。下载的人越多，下载的速度也越快。这种工作方式使得 BT 比 FTP 和传统 P2P 具有不可比拟的速度优势，但同样也需要下载的人能自觉地继续提供文件给别人下载。根据 BitTorrent 协议，文件发布者会根据要发布的文件生成提供一个.torrent 文件，即种子文件，简称"种子"。某一个文件现在有多少种子、多少客户是可以看到的，只要有一个种子，就可以放心地下载，一定能下载完。当然，种子越多、客户越多的文件下载起来的速度会越快。使用了 BT 后，网友就相当于共享了所有人的硬盘，别人有什么好东西，只要做了种子，大家都可以下载，人越多，速度越快。

常用的 BT 软件有 BitTorrent Plus、BitTorrent Deadman Walking、比特精灵 Bit Spirit、BitComet 等。本节以 BitComet 为例进行介绍。

1. 窗口组成

BitComet 的窗口主要由菜单栏、工具栏、任务分类栏、任务列表区、任务栏等部分组成，如图 13-29 所示。

图 13-29　BitComet 主窗口

> ➤ "菜单栏":位于窗口左上方,由"文件""查看""彗星通行证""工具""软件"和"帮助"组成,BitComet 的大多数功能都能在此完成。

> ➤ "工具栏":以图标的形式显示常用命令,位于菜单栏下方,包括"新建""打开""收藏夹"等。

> ➤ "任务分类栏":位于窗口左边,由"频道""书签"和 IE 图标 3 个选项卡组成,单击工具栏"收藏夹"按钮可打开任务分类栏。在"频道"选项卡中包括"全部任务""正在下载""已完成"等任务类别名称,当选择某任务类别时,在右边任务列表显示区将显示该任务的所有信息,如选择"正在下载"时,显示区将显示正在下载的任务名称、类型、进度、需要时间、种子等信息。

> ➤ "任务栏":位于窗口最下方,显示当前工作状态。

2.初始设置

运行 BitComet 后,单击"选项"按钮,打开"选项"对话框,选择"下载目录"选项,默认下载目录中是 C:\ Downloads,如图 13-30 所示,用户可将默认的下载目录改为其他目录,如 E:\BT 下载。

在"选项"对话框中选择"任务设置"选项,如图 13-31 所示,可进行如下设置。

图 13-30 下载目录选项

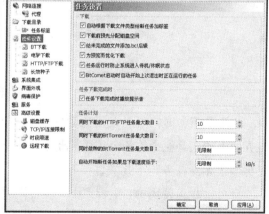

图 13-31 任务设置选项

(1) 选中"下载前预先分配磁盘空间"复选框,可避免出现 BT 文件未完全下载但磁盘空间已满的情况。

(2) 选中"自动根据下载文件类型给新任务加标签"复选框,可完成下载文件的自动分类。

(3) 选中"BitComet 启动时自动开始上次退出时正在运行的任务"复选框,可提高 BT 下载效率。

(4) 若要避免中断下载就需启用"任务运行时防止系统进入待机/休眠状态"功能。反之,就不要因激活它而影响到正常的计算机待机/休眠。

(二) 使用 BT 下载任务

1. 下载单个 HTTP/FTP 任务

在 BT 主界面中，单击工具栏中的"影视""音乐"或"软件"等下载对象分类按钮，即可打开相应的页面，在该页面中单击要下载的链接名称，即可打开该软件的页面，单击"下载"按钮，便可打开新建 HTTP/FTP 下载任务对话框，然后单击"立即下载"按钮；或者在打开的页面的"搜索"文本框中输入要下载的资源名称，并单击"搜索"按钮，在得到的搜索结果页面中，单击要下载的软件的链接，然后进行下载。

例如，使用 BT 下载腾讯 QQ 2010。

单击工具栏中的"软件"按钮，即可打开"精品软件"页面。然后在该页面单击腾讯 QQ 2010 正式版，打开该软件下载页面，单击"马上下载"按钮，即可打开"新建 HTTP/FTP 下载任务"对话框，如图 13-32 所示，单击"立即下载"按钮。此时，在 BT 主界面的任务列表中显示该下载任务的名称、大小、下载速度和进度等信息。

图 13-32　新建下载任务

在下载资源时，可以在正在运行或正在下载页面下，单击选中下载文件，然后通过 BT 主界面上的工具栏中的各个按钮控制任务的下载状态，如"开始""停止""预览""删除任务""删除任务和下载文件"等。

此外，也可使用 BT 主窗口中"文件"菜单中的"新建 HTTP/FTP 任务"或直接将浏览器中选中的网址拖到 BT 悬浮窗口进行 HTTP/FTP 任务的下载。

2. 批量下载 HTTP/FTP 任务

批量下载 HTTP/FTP 任务主要是为了方便下载动画片、连续剧等，可以一次性添加许多任务，方法有多种。

(1) 手动选中文件进行批量下载

在有下载链接的 Web 页面上，右击选择"使用 BitComet 下载全部链接"命令，如图 13-33 所示。

图 13-33 使用 BitComet 下载全部链接

弹出批量下载 HTTP/FTP 任务对话框，如图 13-34 所示。选择要下载的文件类型和保存路径，单击"立即下载"按钮或"稍后下载"按钮。

图 13-34 选择下载文件类型

(2) 手动输入 URL 进行批量下载

下面以批量下载 BT 的几个版本为例说明。查看 BitComet_0.92_setup.exe 的下载链接属性，其下载地址是 http://cn.bitcomet.com/achive/ BitComet_0.92_setup.exe。

打开 BT 主窗口中的文件菜单，选择"批量添加下载 HTTP/FTP 任务"命令，打开"批量下载"对话框。输入第一个 URL: http://cn.bitcomet.com/achive/BitComet_0.85_setup.exe，最后一个 URL: http://cn.bitcomet.com/achive/BitComet_0.92_setup.exe。自动生成一个下载列

新世纪高职高专规划教材

表，包含了 0.85～0.92 之间所有版本的下载链接，如图 13-35 所示。单击"添加"按钮，弹出批量下载 HTTP/FTP 任务对话框。选择保存路径，单击"立即下载"按钮或"稍后下载"按钮。

(3) 从文本文件导入网址进行下载

在文本文件内写入多个下载链接地址，并保存，如图 13-36 所示。

图 13-35　批量添加 URL　　　　　　　图 13-36　链接地址文件

选择"文件"|"批量添加下载 HTTP/FTP 任务"命令，打开"批量下载"对话框。单击"从文件加载 URL"选项卡，参照图 13-35 所示，从"我的电脑"中找到文件并导入。导入结果在显示框内显示出来，如图 13-37 所示。单击"添加"按钮，弹出批量下载 HTTP/FTP 任务对话框。选择保存路径，单击"立即下载"按钮或"稍后下载"按钮。此外，也可使用拖放网页段落到 BitComet 悬浮窗进行批量下载。

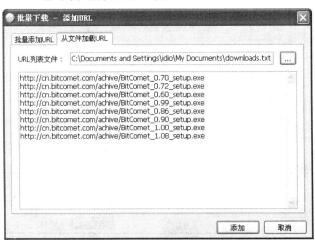

图 13-37　导入结果显示

3. 使用本地 Torrent 文件下载 BT 任务

在 BitComet 主窗口中，选择"文件"|"打开 Torrent 文件"命令，弹出"打开"对话框，如图 13-38 所示，选择一个 Torrent 文件打开，弹出 BT 任务下载对话框，如图 13-39 所示。

图 13-38　"打开"对话框

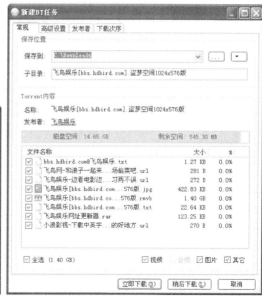

图 13-39　BT 任务下载

选择保存路径，选择下载文件，单击"立即下载"按钮，在 BitComet 任务列表中可以看到 BT 任务正在下载中(绿色向下箭头表示 BT 任务正在下载)，如图 13-40 所示。BT 任务下载完成后，会自动转为上传状态(红色向上箭头表示 BT 任务正在上传)。

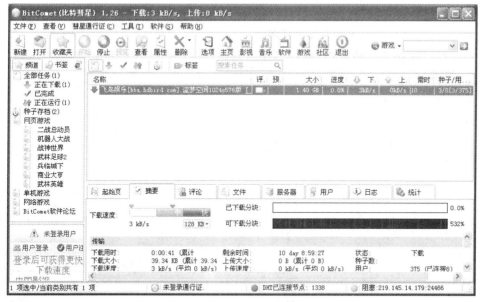

图 13-40　BT 任务下载

4．从 URL 打开 Torrent 文件下载 BT 任务

在 BitComet 主窗口中，选择"文件"|"从 URL 打开 Torrent 文件"命令，弹出"从 URL 打开 Torrent"对话框，如图 13-41 所示。

图 13-41　"从 URL 打开 Torrent"对话框

　　在对话框中输入一个 Torrent 文件地址链接，单击"确定"按钮。在 BitComet 任务列表中，可以看到通过 URL 正在下载 Torrent 文件(黄色向下箭头表示正在下载 Torrent 文件)。Torrent 文件下载完成后，弹出 BT 任务下载对话框，开始 BT 下载。也可以把 Torrent 文件拖放到 BitComet 悬浮窗上，此时，弹出 BT 任务下载对话框，开始 BT 任务下载。

【思考练习】

　　(1) 什么是搜索引擎？

　　(2) 如何使用百度搜索网页、图片或 MP3 音乐？

　　(3) 搜索引擎的工作过程是什么？

　　(4) 搜索引擎可分为哪几类？各有什么特点？

　　(5) 简述使用搜索引擎的注意事项和技巧。

　　(6) 简述 FlashGet 的特点。

　　(7) 如何使用 FlashGet 新建批量任务？

　　(8) 使用 BT 批量下载 HTTP/FTP 任务有哪些方法？

模块十四

电子邮件的收发与管理

【学习任务分析】

电子邮件(E-mail)是 Internet 上使用最频繁、应用范围最广的一种通信服务，它是指用电子手段传送信件、单据、资料等信息的通信方法。电子邮件综合了电话通信和邮政信件的特点，它传送信息的速度和电话一样快，又能像信件一样使收信者在接收端。它依靠网络的通信手段实现普通邮件的传输，取代了传统的邮寄方式。电子邮件也是一种软件，它允许用户在 Internet 上的各主机间发送消息，这些消息可多可少，也允许用户接收 Internet 上其他用户发来的邮件(或称消息)，即利用 E-mail 可以实现邮件的接收和发送。

电子邮件系统是任何传统方式也无法相比的。由于电子邮件使用简易、投递迅速、收费低廉、易于保存、全球畅通无阻，使得电子邮件被广泛地应用，它使人们的交流方式得到了极大地改变。另外，电子邮件还可以进行一对多的邮件传递，同一邮件可以一次发送给许多人。电子邮件极大地满足了人与人通信的需求，已成为人们在网络上最重要的交流方式。所以，学习电子邮件工作原理、电子邮件收发和使用客户端软件管理电子邮件等知识，有助于掌握现代通信工具，提高通信效率。

【学习任务分解】

本模块中，学习任务有以下几个方面：
➢ 电子邮箱的申请与使用。
➢ 电子邮件相关协议及其工作原理。
➢ 使用 Outlook Express 收发电子邮件。

任务一　电子邮箱申请与使用

使用电子邮件系统发送的邮件类似于通过邮局发送信件，要发送电子邮件，需要双方都有自己的电子邮箱地址。当登录自己的电子邮箱写好给朋友的信后，单击"发送"按钮，电子邮件就通过互联网传到电子邮件服务器上，电子邮件服务器根据发信人发往的邮箱地址，自动将电子邮件传到对方的电子邮件服务器上，当收件人上网登录电子邮箱，就可以看到发信人发给他的邮件了。因此，在使用电子邮件系统进行收发邮件之前，用户必须首先申请电子邮箱，然后才可以使用该邮箱进行邮件的收发与管理。

(一) 电子邮箱的申请

作为收发电子邮件的载体，电子邮箱为用户提供了很多帮助。一方面用户可以根据电子邮箱中存储的邮件地址发送电子邮件，另一方面用户可使用电子邮箱来管理自己接收到的电子邮件。

1．电子邮件地址的构成

如同生活中人们使用的信件一样，信封上的地址类似于电子邮件的信息头，电子邮件的信息头是指发送者和接收者的地址。当发送信件时，用户不需要了解传送信件具体经过的邮局信息，同样，在使用电子邮件发送邮件时，用户也不需要清楚邮件如何到达接收者，只需指定接收者的地址，Internet 上的计算机自动完成邮件的传输。

电子邮件地址的结构是 USERNAME@SERVER，由 3 部分组成：第一部分 USERNAME 代表用户名(邮箱账户名)，对于同一个邮件接收服务器来说，这个账户名必须是唯一的；第二部分 "@" 是分隔符；第三部分 SERVER 是用户邮箱的邮件接收服务器域名，用以标志其所在的位置。如 zhangsan@163.com 即为一个电子邮件地址，如果其他用户给 zhangsan@163.com 邮件地址发送信件，那么网易的 zhangsan 用户就可以收到这封信。

2．电子邮箱的申请

许多网站都提供电子邮箱服务，其中有用户众多的免费邮箱，有服务更完善的收费邮箱，也有与整个网站浑然一体的社区邮箱。下面以申请 163 的免费邮箱为例来学习如何在 Internet 上申请电子邮箱。

(1) 打开一个 IE 窗口，在地址栏中输入 http://mail.163.com，这是 163 免费电子邮箱的首页，如图 14-1 所示。

图 14-1　网易邮箱首页

(2) 单击页面上的"立即注册"按钮，进入网易邮箱新用户注册页面，如图 14-2 所示。

图 14-2 注册页面

(3) 在"用户名"文本框中填入希望使用的用户名。要注意用户名的选择不要违反网站上关于用户名的规定。然后依次填写其他相关信息，并记住所填写的内容，特别是有关密码的部分。

(4) 填写完成后，单击"创建账户"按钮，进入下一个注册确认页面，输入确认字符后单击"确定"按钮，系统显示用户注册的邮箱信息，并表示注册成功。

(5) 如果选择的用户名别人已经用过了，就会出现失败的提示画面，可重新设置或选择系统提供的可选用户名，或者在刚开始申请用户名时单击用户名后的检测，查看是否有人已经用过该名。

以上是 163 邮箱的申请过程，其他邮箱的申请过程基本相同，这里不再举例。

(二) 电子邮箱的使用

在 Windows 环境下，对电子邮箱的使用可以分为两种方式：Web 浏览方式和客户端软件方式。所谓 Web 浏览方式是指在 Windows 环境中使用 Web 浏览器软件访问电子邮件服务商的电子邮件系统网址，在该电子邮件系统上，输入用户的用户名和密码，进入电子邮箱并处理电子邮件。这样，用户只要有机会浏览互联网，即可享受到免费电子邮件服务商提供的较多先进电子邮件功能。客户端软件方式是指用户使用 Outlook Express、Foxmail 或者其他各种专用邮件收发工具来收发邮件。这里先介绍 Web 浏览方式。

1. 电子邮箱窗口组成

这里以 163 的免费邮箱为例来进行邮件的收发。

新世纪高职高专规划教材

(1) 打开一个 IE 浏览器，在地址栏中输入 http://mail.163.com，打开 163 免费邮箱的登录页。

(2) 正确输入用户名和密码，登录进入邮箱，如图 14-3 所示。

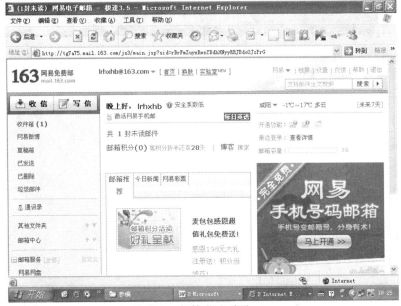

图 14-3　邮箱登录页面

(3) 登录邮箱后可以看到，页面被分为了 3 部分：

① 页面的上部为标题部分，主要是关于 163 邮箱的一些标志、链接、设置及网站广告等。例如：

➢ "设置"。用户在其中可以修改自己的个人资料，更改登录密码，设置拒收的邮件地址，设计信末签名，设置 pop 地址，设计自动回复内容等。

➢ "帮助"。对于本邮箱使用过程中的一些说明。

➢ "退出"。退出当前邮箱。

② 页面的左侧部分为功能区。在这里列出了这个电子邮箱的功能和所提供的服务。例如：

➢ "收信"。接收邮件。一般在用户登录服务器后就会自动列出当前邮箱内的邮件。

➢ "写信"。写新邮件。用户可在打开写新邮件页面编写新邮件相关信息及内容。

➢ "收件箱"。在收件箱中列出了所有收到的邮件。

➢ "草稿箱"。草稿箱中是用户在写邮件的中途保存以备以后发送修改的邮件。

➢ "已发送"。发件箱中是用户在发送一封信给朋友后顺便保存在服务器上的邮件。

➢ "垃圾邮件"。垃圾邮件中是未经用户许可强行发送给用户的邮件。

➢ "通讯录"。在通讯录中可以分类记录朋友的邮箱地址和一些简要信息。以后想给这些朋友写信的话，直接在地址本中查找就可以了。

页面的右下部分是正文部分，左侧部分所链接的功能都在此部分实现。

2．收邮件

登录邮箱后，单击"收件箱"标签，打开收件箱，如图 14-4 所示，就可以看到当前邮箱的使用情况。现在收件箱里有两封新邮件，邮件主题粗体显示表示这是一封没有读过的信，要阅读它，就单击邮件主题，即可阅读新邮件。

图 14-4　收件箱

3. 发邮件

收到信件后，一般都要给对方回信的。在阅读完一封信后，要给对方回信，直接单击页面上"回复"按钮就可以。在新出现的写信页面中，如图 14-5 所示，可以看到以下几个栏目。

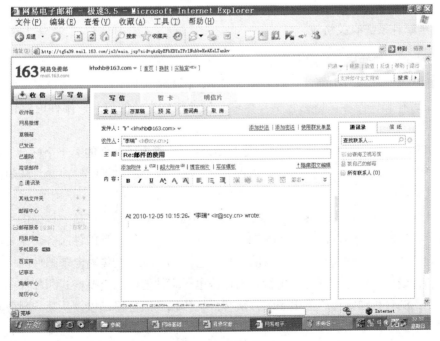

图 14-5　写信件

> ➤ "收件人"：这里填写的是对方完整的邮箱地址。
> ➤ "主题"：关于本信内容的简短描述，使收信者不需要打开信件就知道信件的主题意思。
> ➤ "添加附件"：通过电子邮件可以把一些小文件、程序、图片等以附件的形式发给对方。
> ➤ "同时保存发件箱"：选中此项后用户写的信件发送后同时送到用户自己的发件箱里，以备以后查看。
> ➤ "正文区"：屏幕上最大的那个文本框，在这里输入信件的正文。
> ➤ "发送"：信件写好后单击此按钮发送给对方。
> ➤ "存草稿"：把正在编辑的信件保存在草稿箱中，而且存到草稿中的信是可以重新编辑发送的。

根据以上了解的这些基本知识，在正文区书写信的内容，需要发送照片或其他文件可单击"附件"添加，最后单击"发送"按钮，如果地址无误，系统提示发送成功。但是如果要给别人发一封新信，可以直接单击左侧的"写信"链接，就会出现写新信件的界面了。和回复邮件界面上唯一不同的就是，发送新邮件的时候收信人地址需要用户自己填写，而回复邮件时收信人地址系统自动填写好了。

任务二　电子邮件相关知识

(一) 电子邮件系统概述

1. 电子邮件系统有关协议

(1) RFC 822 邮件格式。RFC 822 定义了用于电子邮件报文的格式，即定义了 SMTP、POP3、IMAP 以及其他电子邮件传输协议所提交、传输的内容。RFC 822 定义的邮件由两部分组成：信封和邮件内容。信封包括与传输、投递邮件有关的信息。邮件内容包括标题和正文。

(2) POP3，即邮局协议第 3 版本。它是 Internet 上传输电子邮件的第一个标准协议，也是一个离线协议。它提供信息存储功能，负责为用户保存收到的电子邮件，并且从邮件服务器下载取回这些邮件。

(3) SMTP(Simple Mail Transfer Protocol，简单邮件传输协议)。它是一种提供可靠且有效电子邮件传输的协议。SMTP 是建立在 FTP 文件传输服务上的一种邮件服务，主要用于传输系统之间的邮件信息并提供与来信有关的通知。它是 Internet 上传输电子邮件的标准协议，用于提交和传送电子邮件，规定了主机之间传输电子邮件的标准交换格式和邮件在链路层上的传输机制。SMTP 通常用于把电子邮件从客户机传输到服务器，以及从某一服务器传输到另一个服务器。

(4) IMAP4(Internet Message Access Protocol，网际消息访问协议)，目前是第 4 版。当电

新世纪高职高专规划教材

子邮件客户机软件在笔记本计算机上运行时(通过慢速的电话线访问互联网和电子邮件)，IMAP4 比 POP3 更为适用。使用 IMAP 时，用户可以有选择地下载电子邮件，甚至只是下载部分邮件。因此，IMAP 比 POP 更加复杂。

(5) MIME，多用途的网际邮件扩展。MIME 增强了在 RFC 822 中定义电子邮件报文的能力，允许传输二进制数据。MIME 编码技术用于将使用 8 位二进制编码格式的数据转换成使用以 7 位二进制编码格式为基础的 ASCII 码格式的数据。

2. 电子邮件工作原理

为了有效地使用 Internet 的电子邮件，下面了解一下有关电子邮件的工作原理。电子邮件系统是一种新型的信息系统，是通信技术和计算机技术结合的产物。电子邮件工作的基本原理是在通信网上设立"电子邮箱系统"，系统的硬件是一个高性能、大容量的计算机。硬盘作为邮箱的存储介质，在硬盘上为用户分一定的存储空间作为用户的"邮箱"，每位用户都有属于自己的一个电子邮箱，并确定一个用户名和用户可以自己随意修改的口令。存储空间包含存放所收信件、编辑信件以及信件存档 3 部分空间，用户使用口令开启自己的邮箱，并进行发信、读信、编辑、转发、存档等各种操作。系统功能主要由软件实现。

电子邮件的工作过程遵循客户机/服务器模式。每份电子邮件的发送都要涉及发送方与接收方，发送方构成客户端，而接收方构成服务器，服务器含有众多用户的电子邮箱。发送方通过邮件客户程序，将编辑好的电子邮件向邮局服务器(SMTP服务器)发送。邮局服务器识别接收者的地址，并向管理该地址的邮件服务器(POP3 服务器)发送消息。邮件服务器将消息存放在接收者的电子邮箱内，并告知接收者有新邮件到来。接收者通过邮件客户程序连接到服务器后，就会看到服务器的通知，进而打开自己的电子邮箱来查收邮件。

通常 Internet 上的个人用户不能直接接收电子邮件，而是通过申请 ISP 主机的一个电子邮箱，由 ISP 主机负责电子邮件的接收。一旦有用户的电子邮件到来，ISP 主机就将邮件移到用户的电子邮箱内，并通知用户有新邮件。因此，当发送一条电子邮件给另一个客户时，电子邮件首先从用户计算机发送到 ISP 主机，再到 Internet，再到收件人的 ISP 主机，最后到收件人的个人计算机。

(二) 电子邮件的收发

收发电子邮件对于绝大多数用户来说，是最基本的操作，下面介绍电子邮件比较常见的几种收发方法。

1. 在客户端软件上收发

所谓客户端软件方式是指用户使用一些安装在个人计算机上的支持电子邮件基本协议的软件产品，进行电子邮件功能使用。这些软件产品往往融合了最先进、全面的电子邮件功能，现在绝大多数用户都会使用 Outlook Express、Foxmail 或者其他的各种专用邮件收发工具来收发邮件，因为使用这些客户端软件，不仅操作直观、简便，而且使用也比较稳定。不同的邮件客户端软件收发邮件的具体过程是不完全一样的，但是收发邮件的基本过程大致相同。

2. 在 BBS 上收发

BBS 除了通过张贴"帖子"达到通信交流的目的之外，还可以利用它来收发电子邮件。但是在 BBS 上收发邮件与我们通常使用的 Internet 邮件收发是不一样的，这种邮件收发工作只限于 BBS 之间的相互通信，也就是说当用户首次登录进某个 BBS 服务器上时，BBS 服务器分配给用户的电子邮件账户只能用于本 BBS 系统之间的内部交流，而不能用于与 Internet 上的邮件账户相交流。但是如果用户所登录的 BBS 系统是直接与因特网相连接的，那么这种 BBS 所提供的邮件账户就和我们平时所见到的 Internet 邮件账户一样，利用这样的账户就可以在 Internet 上与别人通信，这样的 BBS 服务器称为 WWW BBS/ Internet BBS 服务器。

3. 在手机上收发

随着电子信息技术的飞速发展，用手机收发电子邮件也已经成为常态，用手机收发邮件其实也是手机短信息的一种应用，而且用手机收发电子邮件由于使用频率较高，具有更及时、更方便、更实用的特点。因此，目前许多用户都是通过手机来随时收发电子邮件。

(三) 电子邮件管理

在使用电子邮件的过程中，还应注意合理管理电子邮件。一般情况下，登录邮箱后，主题是粗体字时表示文件未阅读，单击它窗口就会显示邮件的内容。对来件进行"回复"是给发信人回信，"转发"是将当前邮件转发其他人，"删除"是将当前邮件删除。如果邮件中带有附件，则其出现的窗口中有"附件列表"字样，在其上单击，会显示"文件下载"对话框。单击"打开"按钮就可看到附件的内容，单击"保存"按钮，出现"另存为"对话框，指定存放的位置后，附件就会存放到计算机指定的文件夹中。常见的邮件管理内容有以下方面：

(1) 发送带附件的邮件。为节省时间附件可以不在上网时现写，可先选择某一保存位置将附件内容准备好，然后发送邮件时，在新邮件窗口中单击"添加附件"按钮后，会显示粘贴附件对话框，按提示要求逐步进行。

(2) 一信多发。同一内容的信要发给多个不同的人。如果一个一个地发送太麻烦，可以采用以下方法进行一信多发：一是将几个收件人的地址依次输入到"收件人"栏中；二是将收件人的地址分别输入"收件人"栏和"抄送"栏中；还可以将某些"收件人"地址输入"暗抄"栏，"暗抄"栏中的人不会知道同时发送给哪些人。

(3) 管理常用的邮件地址。对于经常来往的邮件地址，可以建立地址簿(或通讯簿)，使用它可减少错误、节省时间。在阅读邮件时，在发件人的栏目内单击"添加到地址簿"按钮就可以了。以后要发信，就从地址簿中查找收件人并选择。这样当窗口切换到发信的窗口时，系统会自动填写收件人地址。

(4) 使用电子邮件管理软件。常用的电子邮件管理软件如 Outlook Express、Foxmail 等。其主要功能是自动下载和保存邮件，可以下载后断开网络链接再阅读，还可先撰写邮件后，再上网发送，可以大大节约连接网络的时间。

(5) 垃圾邮件与安全。虽然电子邮件有不少优点，但是有了电子邮箱的同时便有了垃圾邮件。对付垃圾邮件，可以设置"黑"名单，向黑名单中添加垃圾邮箱地址，这样就可以自动限制来自此邮箱的邮件。

任务三　使用 Outlook Express

Outlook Express 是 Microsoft 自带的一种电子邮件，简称 OE，是微软公司出品的一款电子邮件客户端。Outlook Express 建立在开发的 Internet 标准基础之上，适用于任何 Internet 标准。它不仅具有易于操作的工作界面，还具有可以管理多个邮件和新闻账户、脱机撰写邮件、在邮件中添加个人签名和信纸，以及预定和阅读新闻组等多种功能。下面以 Outlook Express 6 为例来学习有关知识。

(一) Outlook Express 简介

1. Outlook Express 的特点

Outlook Express 在桌面上实现了全球范围的联机通信，它不仅提供了方便的信函编辑功能及多种发信方式，还具有以下特点：

(1) 管理多个电子邮件和新闻组账户。如果用户有多个邮件或新闻组账户，可以使用 Outlook Express 管理。用户还可以为同一个计算机创建多个用户或身份。每个身份有唯一的电子邮件文件夹和单独的"通讯簿"。多个身份使用用户轻松地将工作邮件和个人邮件分开，也能保持单个用户的电子邮件是独立的。

(2) 轻松快捷地浏览邮件。邮件列表和预览窗格允许在查看邮件列表的同时阅读单个邮件。文件夹列表包括电子邮件文件夹、新闻服务器和新闻组，而且可以很方便地相互切换；还可以创建新文件夹以组织和排序邮件，然后可以设置邮件规则，这样接收到的邮件中符合规则要求的邮件会自动放在指定的文件夹里。

(3) 在服务器上保存邮件以便从多台计算机上查看。如果 Internet 服务提供商(ISP)提供的邮件服务器使用 Internet 邮件访问协议(IMAP)来接收邮件，就不必把邮件下载到计算机中，在服务器的文件夹中就可以阅读、存储和组织邮件。这样，就可以从任何一台能连接邮件服务器的计算机上查看邮件。

(4) 使用通讯簿存储和检索电子邮件地址。通过简单地回复邮件就可以自动地将姓名和地址保存到"通讯簿"，也可以从其他程序导入"通讯簿"，或是在"通讯簿"中输入姓名和地址、从接收的电子邮件将姓名和地址添加到"通讯簿"，或是从流行的 Internet 目录服务(白页)搜索中添加姓名和地址。

(5) 在邮件中添加个人签名或信纸。可以将重要的信息作为个人签名的一部分插入到发送的邮件中，而且可以创建多个签名以用于不同的目的；也可以包括有更多详细信息的名片。为了使邮件更加精美，可以添加信纸图案和背景，还可以更改文字的颜色和样式。

(6) 发送和接收安全邮件。可使用数字标识对邮件进行数字签名和加密。数字签名邮件可以保证收件人收到的邮件确实是该用户发出的。加密能保证只有预期的收件人才能阅读该邮件。

新世纪高职高专规划教材

2. 认识 Outlook Express 窗口

打开 Outlook Express 之后，会出现一个主窗口，如图 14-6 所示。Outlook Express 的界面主要由菜单栏、工具栏、视图栏、文件夹列表区、联系人列表区、Outlook Express 起始页和状态栏组成。

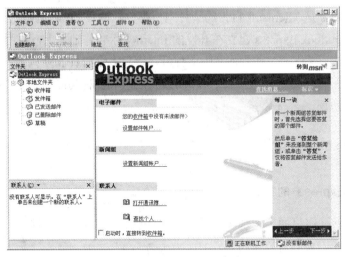

图 14-6　Outlook Express 主窗口

> "菜单栏"：由"文件""编辑""查看""工具""邮件"和"帮助"组成，Outlook Express 的绝大部分功能都可以在这里实现。

> "工具栏"：由一些功能按钮组成，用以快速启动 Outlook Express 的常用功能。工具栏中的数量会随着文件夹的不同而变化，主要有"创建邮件"按钮、"发送/接收"按钮、"地址"按钮和"查找"按钮等。用户可根据需要来自定义工具栏。单击"创建邮件"按钮，可以弹出新邮件编辑窗口，在这个窗口中，输入邮件地址、主题和内容，就可以发送了。"发送/接收"按钮主要用来发送和接收邮件。要查看有无新邮件，或者写好的信要发出，都可以单击此按钮。"地址"按钮用于打开通讯簿，它用来存放通讯地址。"查找"按钮用于查找邮件和通讯簿中的信息。

> "视图栏"：给出邮件列表中邮件的类型，通过下拉菜单可以控制主窗体列表中邮件的类型，默认情况下为"显示所有邮件"。

> "文件夹列表区"：显示所有文件夹，包括用户自己创建的文件夹，用来分类保存信息，主要有"收件箱""发件箱""已发送邮件""已删除邮件"和"草稿"。

> "联系人列表区"：列出了用户通讯簿中的所有联系人名单，用户可通过它管理自己的联系人。

> "状态栏"：位于 Outlook Express 窗口最下方，用于显示用户的当前工作状态。

3. 定制 Outlook Express 窗口

为了满足不同用户的习惯和需要，Outlook Express 窗口的布局可以改变或自定义，方法如下：

(1) 选择"查看"|"布局"命令，打开如图 14-7 所示的"窗口布局 属性"对话框。

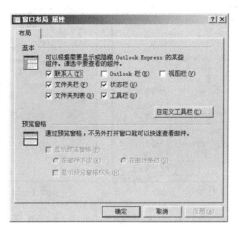

图 14-7 "窗口布局 属性"对话框

(2) 设置 Outlook Express 的布局,其中选中的复选框是在 Outlook Express 窗口中要显示的内容。根据需要进行调整,做出最适合自己工作风格的界面。

(二) 创建电子邮件账户

1. 设置邮件账户

如果 Outlook Express 中没有自己的邮件账户,就无法使用 Outlook Express 发送和接收邮件,在使用邮箱前就需要配置邮箱账户。配置邮箱账户之前,必须要知道一些必要的信息,包括用户名、密码、电子邮件地址、POP3 邮件服务器(邮件接收服务器)地址、SMTP 服务器(邮件发送服务器)地址。下面以邮件账户为例说明账户的设置步骤:

(1) 选择"工具"菜单中的"账户"命令,如图 14-8 所示。

(2) 在弹出的"Internet 账户"对话框中,单击"添加"按钮,在弹出的下拉菜单中选择"邮件"选项, 如图 14-9 所示,进入 Internet 连接向导。

图 14-8 账户选项

图 14-9 账户添加

(3) 输入"显示名",如图 14-10 所示,单击"下一步"按钮。

(4) 输入电子邮件地址,如图 14-11 所示,单击"下一步"按钮。

图 14-10　输入用户名

图 14-11　输入电子邮件地址

(5) 输入邮箱的 POP3 和 SMTP 服务器地址,如图 14-12 所示,单击"下一步"按钮。

图 14-12　输入邮件服务器

(6) 输入账户名及密码,如图 14-13 所示,单击"下一步"按钮。

图 14-13　输入用户名和密码

(7) 单击"完成"按钮,保存设置,完成邮件账户添加。

2. 修改邮件账户

打开"Internet 账户"对话框,选择"邮件"选项卡,如图 14-14 所示。选中需要修改的

账户,单击"属性"按钮,进入更改账户属性对话框,如图 14-15 所示。

图 14-14 更改账户属性

图 14-15 修改用户信息

在更改账户属性对话框中,可以更改邮件的所有信息。在"常规"选项卡中可修改用户信息。在"服务器"选项卡中,选中"我的服务器要求身份验证"复选框,此选项必须选择,否则将无法正常发送邮件,如图 14-16 所示。

一般情况下,Outlook Express 默认的操作流程是从服务器上下载邮件后立即删除。若用户想在服务器上保留邮件备份,在属性设置窗口中选择"高级"选项卡,选中"传送"区域中的"在服务器上保留邮件副本"复选框, 就可以不从服务器上删除邮件,此外,还可进一步按照需要设置更具体的保留方法,如图 14-17 所示。

图 14-16 服务器设置

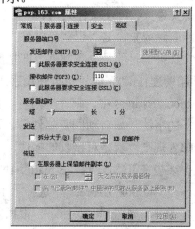

图 14-17 高级设置

(三) Outlook Express 的邮件管理与使用技巧

1. 建立和管理多个邮件文件夹

Outlook Express 中的文件夹可以将邮件分类存放。建立适当的邮件文件夹,可以轻松定位所需的邮件。一般文件夹显示在 Outlook Express 左下方的窗口,如同 Windows 操作系统中的"资源管理器"显示文件夹的结构一样。

(1) 添加文件夹

选中要添加文件夹的位置，选择"文件"|"文件夹"|"新建"命令，出现"创建文件夹"对话框，如图 14-18 所示。在"文件名称"文本框中输入名称，单击"确定"按钮，即可添加一个新的文件夹，如图 14-19 所示。

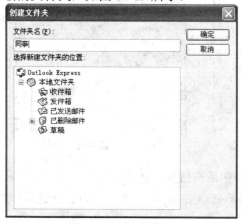

图 14-18 创建文件夹

图 14-19 文件夹创建完成

邮件文件夹和硬盘中的文件夹一样，可以是多级的，例如，可以在"已发送邮件"文件夹下建立多个子文件夹，分别存放发送给不同的人的邮件，以便查找。

(2) 删除文件夹

要删除文件夹，可在文件夹列表中右击该文件夹，在弹出快捷菜单中选择"删除"命令。注意，不能删除或重命名"已删除邮件""收件箱""发件箱"或"已发送邮件"文件夹。

创建文件夹的目的是分拣邮件，即把所收到的邮件进行分类存放，这项工作可以用邮件规则(收件箱助理)自动完成，也可使用手工移动邮件的方法完成。

在 Outlook Express 中，邮件规则可以自动完成邮件的分拣，除此之外，邮件规则还能自动完成更多的事情，如自动回复邮件等。

所谓邮件规则，就是对接收的邮件，根据信件的"接收人""发送人""标题"等信息中是否包含某些字符(如人名、E-mail 地址等)，自动完成诸如移动到指定的文件夹，自动回复等动作。在 Outlook Express 中选择"工具"|"邮件规则"|"邮件"命令，弹出"新建邮件规则"对话框，如图 14-20 所示。根据需要选择规则条件，选择规则操作，并在规则描述中进行具体值的设置。

例如，在"选择规则条件"中选中"若'发件人'行中包含用户"复选框，此时，规则描述中显示"若'发件人'行中包含用户"，然后单击带有蓝色下画线的"包含用户"字样，可打开"选择用户"对话框，如图 14-21 所示，在其中输入具体要添加的用户名，或单击"通讯簿"按钮并从其中添加用户名，单击"确定"按钮即可添加该用户。在"选择规则操作"中选择"移动到指定的文件夹"复选框，此时，规则描述中显示"移动到指定的文件夹"，单击带有蓝色下画线"指定的"字样，打开"移动"对话框，选择将邮件移动至的目标文件夹，单击"确定"按钮完成设置。这样，以后指定的发件人发送的邮件将自动移动到指定的目标文件夹。其余规则条件和规则操作设置与其类似。

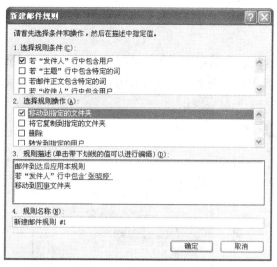

图 14-20　新建邮件规则

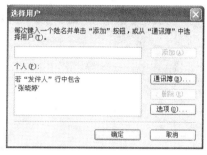

图 14-21　选择用户

在文件夹列表中单击要选择的邮件所在的文件夹，在右侧的邮件窗口中会显示出邮件信息，在邮件清单中右击要移动的邮件，在弹出的快捷菜单中选择"移动到文件夹"命令，如图 14-22 所示，会打开一个文件夹列表，如图 14-23 所示，选择目标文件夹，最后单击"确定"按钮完成邮件移动。

图 14-22　移动到文件夹

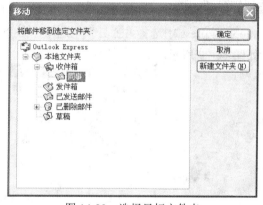

图 14-23　选择目标文件夹

2. 通讯簿管理

在发送邮件时，如果每次都输入邮件地址非常不方便，而且容易因输入错误使邮件不能正确发送。目前的电子邮件程序都提供了通讯簿，用户可以将经常联系的电子邮件地址存放在通讯簿中，发送邮件时可以直接取出并使用。

单击工具栏中的"地址"按钮，打开"通讯簿"对话框，如图 14-24 所示。

单击"新建"按钮，在弹出的属性对话框中新建

图 14-24　通讯簿

新世纪高职高专规划教材

联系人，并依次输入姓名、电子邮件地址等信息，如图 14-25 所示，单击"添加"按钮，完成后单击"确定"按钮。

当阅读邮件时，可以直接将发件人的地址加入通讯簿。在阅读邮件窗口，右击"发件人"姓名，在弹出的快捷菜单中选择"添加到通讯簿"命令，如图 14-26 所示。操作完成后，新添加的发件人显示在主窗口左下角的"联系人"显示区中。

图 14-25　属性设置

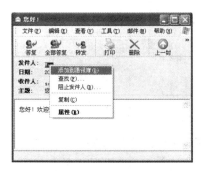

图 14-26　添加到通讯簿

3. 定时检查新邮件

在 Outlook Express 中选择"工具"|"选项"命令，打开"选项"对话框，并选择"常规"选项卡，如图 14-27 所示。

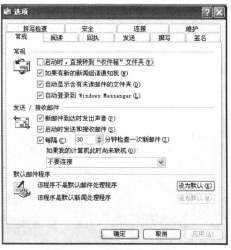

图 14-27　"常规"选项卡

"每隔 分钟检查一次新邮件"复选框用于设置检查新邮件的时间间隔。默认设置是每隔 30 分钟检查一次。这是因为很多用户是通过费用包月制的形式连接 Internet 网络的。如果用户感觉时间长短不很合适，可在此对话框中进行设置。也可通过单击工具栏上的"发送和接收"按钮，实时检查新邮件。

4. 使用标识，防止偷看

Outlook Express 允许管理多个账户，如果这些账户并不都属于某用户自己，那么该用户的邮件有可能被别人看到，如果不想让自己的邮件被别人看，可以使用标识进行保密设置，方法如下：

(1) 选择"文件"|"标识"|"添加新标识"命令，这时将弹出"新标识"对话框，如图 14-28 所示。

图 14-28　添加新标识

(2) 输入姓名，如 hxhb，选中"需要密码"复选框并设置密码，单击"确定"按钮返回后，列表中将显示一个标识名为 hxhb 的标识，并询问是否切换到新标识，单击"是"按钮切换到 hxhb 标识，然后设置标识所对应邮箱的信息，完成后就会进入 Outlook Express 的主界面。选择"文件"|"切换标识"命令，打开"切换标识"对话框，单击"注销标识"按钮退出 Outlook Express。

当下次启动 Outlook Express 时，就会要求选择登录标识和密码。如果没有正确的口令，Outlook Express 将拒绝执行，这样就很好地保护了用户的个人信件。退出的正确方法是"注销标识"，退出标识不能关闭窗口，否则下次打开 Outlook Express 就会直接进入标识而不需要密码。

5. 备份邮件

Outlook Express 还可以一次导出多封邮件进行备份，具体操作步骤如下：

(1) 打开 Outlook Express，进入要备份的邮箱，如收件箱。

(2) 选择要备份的邮件。按住【Shift】键，单击第一封和最后一封邮件可全选；也可按住【Ctrl】键，单击所需邮件。

(3) 单击工具栏上的"转发"按钮，此时，所选的邮件被作为附件，夹在新邮件中。

(4) 在"新邮件"对话框中选择"文件"菜单中的"另存为"命令，打开"邮件另存为"对话框，然后为此邮件指定保存位置并输入文件名，单击"确定"按钮。

6. 自动添加邮件签名

在 Outlook Express 中用以下方法可实现自动签名功能：

(1) 启动 Outlook Express 后，选择"工具"菜单中的"选项"命令。

(2) 在"选项"对话框中，选择"签名"标签。

(3) 在"签名"文本框中，新建一个签名名称，在下面的文本框中输入要添加的所有个人信息，如姓名、联系地址、电话等。

(4) 在"签名"选项卡中，选中"在所有待发邮件中添加该签名"复选框，使之处于选中状态，以便自动签名功能生效，如图 14-29 所示。

新世纪高职高专规划教材

图 14-29　签名

(5) 若希望在回复和转发邮件时同样自动添加签名，则取消选中"不在回复和转发的邮件中添加签名"复选框。

(6) 设置完成后，单击"确定"按钮，下次建立新邮件时就会在邮件中自动添加上签名了。也可以单击"高级"按钮，为每个账户设置一个漂亮的签名。

（四）书写与发送邮件

1. 接收、查看邮件

启动 Outlook Express 后，选择"工具"|"发送和接收"|"接收全部邮件"命令，如图 14-30 所示。这时弹出"传输提示"对话框，如图 14-31 所示。

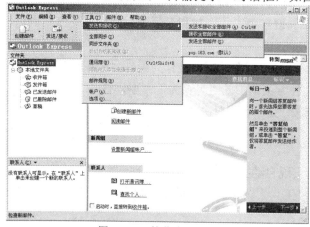

图 14-30　接收全部邮件

图 14-31　传输提示

当邮件接收完毕后，单击"收件箱"查看所有邮件列表，包括所有邮件的发件人、主题、收件时间等。如果邮件中带有附件，在邮件列表最前一列将显示一个回形针的符号。单击邮件正文的附件文件，如果附件是 Windows 可以识别的文件，可以打开相应软件进行显示、播放或执行。如果系统不能识别附件的文件类型，将要求用户将此文件与相关程序建立关联。双击"收件箱"列表中的邮件，就可以查看邮件详细内容。

2. 发送邮件

启动 Outlook Express 后，单击"创建邮件"按钮，进入写邮件窗口，如图 14-32 所示。

在写邮件窗口中，分别输入收件人的电子邮件地址、主题、正文，如需发送附件，单击"附件"按钮，然后在弹出的文件选择对话框中选择文件作为附件。新邮件创建后，可以单击"发送"按钮，将邮件立即发送出去。如果正在脱机撰写邮件，也可以选择"文件"菜单中的"以后发送"命令，将邮件保存在"发件箱"中。

如果想让邮件更加美观，可以使用 Outlook Express 信纸。信纸包括背景图像、特有的文本字体、想要作为签名添加的各种文本或文件以及名片。创建信纸时，字体设置或信纸图片将被自动添加到所有待发的邮件中。要使用信纸，可选择"邮件"|"新邮件使用"|"选择信纸"命令，如图 14-33 所示。然后在"选择信纸"对话框中选择希望使用的信纸，单击"确定"按钮，将弹出使用此信纸的新邮件创建窗口。

图 14-32　写邮件

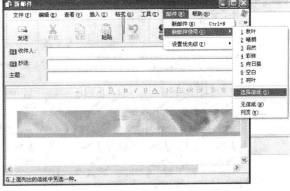

图 14-33　选择信纸

【思考练习】

(1) 简述电子邮件的概念。

(2) 电子邮件系统的相关协议有哪些？POP3 的含义是什么？

(3) 电子邮件工作原理是什么？

(4) 常见的电子邮件收发方法有哪些？

(5) Outlook Express 的特点有哪些？

(6) 简单描述如何使用 Outlook Express 收发电子邮件？

(7) 什么是邮件规则？

(8) 在 Outlook Express 中如何实现邮件备份？

新世纪高职高专规划教材

模块十五

计算机网络实训

实训 1　局域网的组建

【实训目的】

(1) 掌握局域网的规划、组成。
(2) 掌握局域网集线器、交换机连接方法。
(3) 理解子网划分的过程。
(4) 掌握子网划分的方法及主机 TCP/IP 配置过程。

【实训环境】

(1) 6 台安装 Windows XP 操作系统的 PC 机。
(2) 网线若干。
(3) 集线器 4 个。

【实训任务】

(1) 实现两台计算机直连。
(2) 实现单一集线器结构的组网。
(3) 实现多集线器级联结构的组网。

【实训思考题】

(1) 某单位分到一个 B 类 IP 地址，其网络 ID 为 156.12.0.0。该单位有 4000 多台计算机，分布在 16 个不同的地点。试为每一个地点分配一个子网号码，并计算每个地址主机号码的最小值和最大值。

(2) 一个主机的 IP 地址是 202.112.14.137，掩码为 255.255.255.224，要求计算这个主机所在网络的网络地址和广播地址。

实训 2　以太网交换机的配置

【实训目的】

(1) 掌握交换机的工作原理。

(2) 了解交换机的启动过程。

(3) 学会使用 Windows 操作系统上的超级终端程序，通过交换机的控制台端口配置交换机。

(4) 熟悉和掌握交换机的基本配置，如 IP 地址、主机名、口令等。

(5) 掌握静态 MAC 地址的配置方法和查看方法。

(6) 熟悉和掌握对交换机的端口配置和查看端口信息。

【实训环境】

(1) 以太网交换机 Cisco 3550 一台。

(2) Windows 操作系统 PC 机一台。

(3) Console(RJ-45)电缆一条。

(4) 通过 Console 电缆把 PC 的 COM 端口和交换机的 Console 端口连接起来。

【实训任务】

(1) 配置以太网交换机的主机名、Console 口令、远程登录口令、超级密码。

(2) 配置以太网交换机接口的 IP 地址、速率等。

【实训思考题】

(1) 组建一个简单的交换式以太网。

(2) 对交换机的端口进行配置，如配置 IP 地址、关闭、启用、设置速率、全双工等。

实训 3　路由器的简单配置

【实训目的】

(1) 理解路由器的启动过程。

(2) 掌握路由器的基本配置方法。

(3) 学会路由器中的静态路由、默认路由和动态路由协议的基本配置方法。

【实训环境】

(1) 路由器 Cisco 2620 一台。

(2) Windows 操作系统 PC 机一台。

(3) Console 电缆一条。

(4) 通过 Console 电缆把 PC 机的 COM 端口和路由器的 Console 端口连接起来。

【实训任务】

(1) 配置路由器的主机名、Console 口令、远程登录口令、超级密码。

(2) 配置路由器接口的 IP 地址、速率等。

【实训思考题】

(1) 登录到路由器的 3 种方法是什么？

(2) 哪条配置命令用来告诉路由器要求的控制台口令？如何设置？

(3) 哪条命令设置输入 enable 命令后将需要口令？默认口令被加密了吗？

实训 4　TCP/IP 实用程序的应用

【实训目的】

(1) 掌握如何使用 ping 实用程序来检测网络的连通性、可到达性和处理名称解析问题。

(2) 掌握使用 tracert 命令测量路由情况的技能。

(3) 学会使用 config 实用程序，以了解本地 PC 当前的网络配置状态。

(4) 学会使用 netstat 命令，以了解网络当前的状态。

(5) 学会使用 nbtstat 命令，以了解 NetBIOS 名称。

【实训环境】

(1) 上网计算机若干台，运行 Windows XP 操作系统。

(2) 每台计算机都和校园网相连。

【实训任务】

(1) 使用 ping 命令。

(2) 使用 tracert 命令。

(3) 使用 ipconfig 命令。

(4) 使用 netstat 命令。

(5) 学会使用 nbtstat 命令。

实训 5　DHCP 服务器配置

【实训目的】

(1) 了解 DHCP 的概念。

(2) 理解 DHCP 服务的工作原理。

(3) 掌握在 Windows 2003 Server 服务器上配置 DHCP 服务器的方法。

【实训环境】

(1) DHCP 服务器为运行 Windows Server 2003 操作系统的 PC 机。

(2) 上网计算机若干台，运行 Windows XP 操作系统。

(3) 每台计算机都和校园网相连。

【实训任务】

1. 配置 DHCP 服务器

配置要求如下：在一个网络中，安装一台运行 Windows Server 2003 的计算机，IP 地址为 192.168.11.200，将它配置为 DHCP 服务器，创建一个作用域，名称为子网 1，开始地址为 192.168.11.2，结束地址为 192.168.11.90，默认租约期限。

2. 在一台 DHCP 服务器上建立多个作用域

在 DHCP 服务器上建立 5 个 IP 作用域并进行配置 DHCP 服务器。DHCP 服务器有 5 个作用域：分别是子网 1、子网 2、子网 3、子网 4 和子网 5，通过 DHCP 服务器为这 5 个子网的 DHCP 客户端分配 IP 地址，如下图所示。

DHCP 服务器作用域

作用域名称	开始地址	结束地址	网关	DHCP 中继代理
子网 1	192.168.11.2	192.168.11.90	192.168.11.1	
子网 2	192.168.12.2	192.168.12.80	192.168.12.1	192.168.12.200
子网 3	192.168.13.2	192.168.13.110	192.168.13.1	192.168.13.200
子网 4	192.168.14.2	192.168.14.90	192.168.14.1	192.168.14.200
子网 5	192.168.15.2	192.168.15.100	192.168.15.1	192.168.15.200
服务器选项	DNS：192.168.11.244			
DHCP 服务器	192.168.11.200			

【实训小结】

通过本次对校园网家属区 DHCP 服务器的配置，掌握 DHCP 的工作过程以及在 Windows Server 2003 中配置 DHCP 服务器的方法。

【实训思考题】

(1) 在一个子网内如何配置两台 DHCP 服务器？

(2) DHCP 服务器是否可以选择自动获得 IP 地址？

(3) DHCP 服务器为何要实现保留 IP 地址功能，其在网络地址管理中有什么好处？在做保留 IP 地址时，为什么要先记录需保留 IP 地址的客户机的网卡物理地址？

(4) 当指定了动态 IP 地址分配的客户机由于某种原因无法与 DHCP 服务器连接时，此时用 winipconfig 或 ipconfig 命令显示其 IP 配置时，会出现一个特定的 IP 地址值，你知道该值是什么吗？

实训 6　DNS 服务器的配置和使用

【实训目的】

(1) 了解域名的概念。

(2) 理解因特网域名的结构。

(3) 了解不同类型域名服务器的作用。

(4) 掌握域名解析的过程。

(5) 掌握如何在 Windows Server 2003 服务器上配置 DNS 服务。

【实训环境】

(1) DNS 服务器为运行 Windows Server 2003 操作系统的 PC 机。

(2) 上网计算机若干台，运行 Windows XP 操作系统。

(3) 每台计算机都和校园网相连。

【实训任务】

1. DNS 服务器端

在一台计算机上安装 Windows Server 2003，设置 IP 地址为 10.8.10.200，子网掩码为 255.255.255.0，设置主机域名与 IP 地址的对应关系，host.xpc.edu.cn 对应 10.8.10.250/24，邮件服务器 mail.xpc.edu.cn 对应 10.8.10.250，文件传输服务器 ftp.xpc.edu.cn 对应 10.8.10.250，host.dzx.xpc.edu.cn 对应 10.8.10.251，设置 host.xpc.edu.cn 别名为 www.xpc.edu.cn 和 ftp.xpc.edu.cn，设置 host.dzx.xpc.edu.cn 别名为 www.dzx.xpc.edu.cn。设置转发器为 202.99.160.68。

2. 客户端

设置上网计算机的 DNS 服务器为 10.8.10.200，启用客户端计算机的 IE，访问校园网主页服务器 www.xpc.edu.cn、www.dzx.xpc.edu.cn，并访问 Internet。在 DOS 环境下，通过"ping 域名"命令可将域名解析为 IP 地址。试用 ping 命令解析 www.sina.com.cn、www.263.net、www.yahoo.com.cn、www.xpc.edu.cn、mail.xpc.edu.cn、www.dzx.xpc.edu.cn、www.Sohu.com 等主机对应的 IP 地址。通过 nslookup 命令来验证配置的正确性。

【实训小结】

通过本次对校园网 DNS 服务器的配置，掌握因特网域名系统的结构和 DNS 域名解析的过程以及在 Windows Server 2003 中配置 DNS 服务器。

【实训思考题】

(1) 简述 DNS 域名解析的过程。

(2) 如果用户的 IP 地址进行了子网的划分，如 IP 地址为 211.81.192.250，子网掩码为 255.255.255.0，则在配置反向命令区域时，区域名中应输入什么？

新世纪高职高专规划教材

实训 7　Web 服务器的配置

【实训目的】

(1) 理解 WWW 服务原理。

(2) 掌握统一资源定位符 URL 的格式和使用。

(3) 理解超文本传送协议 HTTP 和超文本标记语言。

(4) 掌握 Web 站点的创建和配置。

【实训环境】

(1) WWW 服务器为运行 Windows Server 2003 操作系统的 PC 机。

(2) 上网计算机若干台，运行 Windows XP 操作系统。

(3) 每台计算机都和校园网相连。

【实训任务】

(1) WWW 服务器的配置。

➢ 服务器端：在安装 Windows Server 2003 的计算机(IP 地址为 192.168.11.250，子网掩码为 255.255.255.0，网关为 192.168.11.1)上设置 1 个 Web 站点，要求端口为 80，Web 站点标识为"默认网站"；连接限制到 200 个，连接超时 600s；日志采用 W3C 扩展日志文件格式，新日志时间间隔为每天；启用带宽限制，最大网络使用 1024 KB/s；主目录为 D:\xpcWeb，允许用户读取和下载文件访问，默认文档为 default.asp。

➢ 客户端：在 IE 浏览器的地址栏中输入 http://192.168.11.250 来访问创建的 Web 站点。配合实训 7 中 DNS 服务器的配置，将 IP 地址 192.168.11.250 与域名 www.xpc.edu.cn 对应起来，在 IE 浏览器的地址栏中输入 http://www. xpc.edu.cn 来访问刚才创建的 Web 站点。

(2) 创建虚拟目录。

(3) 利用主机头名称分别架设 3 个网站：www.xpc.cn、www.xpc.net 和 www.xpc.com。

(4) 利用 IP 地址分别架设 3 个网站：www.xpc.cn、www.xpc.net 和 www.xpc.com。

(5) 利用 TCP 端口号分别架设 3 个网站：www.xpc.cn、www.xpc.net 和 www.xpc.com。

【实训小结】

通过实训任务的实施，掌握 Web 站点的创建和配置，利用主机头名称、IP 地址和 TCP 端口号分别架设 3 个网站：www.xpc.cn、www.xpc.net 和 www.xpc.com。

【实训思考题】

(1) 在同一 WWW 服务器上能否建立多个 Web 网站？若能建立，在配置时有哪些注意事项？

(2) WWW 虚拟目录的执行和脚本权限的含义各是什么？其使用有何区别？

实训 8　FTP 服务器的配置

【实训目的】

(1) 理解文件传输协议的工作原理。

(2) 掌握在 Windows Server 2003 系统中利用 IIS 和 Serv-U 架设 FTP 站点的方法。

(3) 掌握如何在 FTP 站点中实现上传和下载。

【实训环境】

(1) FTP 服务器为运行 Windows Server 2003 操作系统的 PC 机。

(2) 上网计算机若干台，运行 Windows XP 操作系统。

(3) 每台计算机都和校园网相连。

【实训任务】

(1) 利用 IIS 6 组建 FTP 站点。

➢　服务器端：在一台安装 Windows Server 2003 的计算机(IP 地址为 192.168.11.250，子网掩码为 255.255.255.0，网关为 211.81.192.1；)上设置 1 个 FTP 站点，端口为 21，FTP 站点标识为"FTP 站点训练"；连接限制为 100 000 个，连接超时 120s；日志采用 W3C 扩展日志文件格式，新日志时间间隔为每天；启用带宽限制，最大网络使用 1024 KB/s；主目录为 D:/ftpserver，允许用户读取和下载文件访问。允许匿名访问(Anonymous)，匿名用户登录后进入的将是 D:\ftpserver 目录；虚拟目录为 D:\ftpxuni，允许用户浏览和下载。

➢　客户端：在 IE 浏览器的地址栏中输入 ftp://192.168.11.250 来访问创建的 FTP 站点。配合实训 DNS 服务器的配置，将 IP 地址 192.168.11.250 与域名 ftp://ftp.xpc.ed.cn 对应起来，在 IE 浏览器的地址栏中输入 ftp://ftp.xpc.ed.cn 来访问刚才创建的 FTP 站点。

(2) 创建用户 user1 和 user2，在 IIS 6 中创建基于 FTP 用户隔离的 FTP 站点。

(3) 利用 Serv-U 组建 FTP 站点。FTP 地址是 192.168.11.250，本机计算机名为 xxzx-chujl，在 D 盘建立 ftpserver 文件夹，并在此文件夹下创建 anon、Wlzx、Xxzx、pub 四个文件夹，在 ftpserver 文件夹下创建两个文本文件，名称分别为"登录消息.txt"和"用户注销.txt"。允许匿名访问(Anonymous)，匿名用户登录后进入的将是 D:/ftpserver/anon 目录；创建用户 chujl 和 liuyf，其中 chujl 的文件夹为 D:/ftpserver/wlzx，liuyf 的用户文件夹为 D:/ftpserver/xxzx。文件夹 pub 可以让所有的用户访问。

【实训小结】

通过对 3 种 FTP 站点的架设配置，掌握文件传输的过程以及在 Windows Server 2003 和 Serv-U 中配置 FTP 服务器的方法。

新世纪高职高专规划教材

【实训思考题】

FTP 服务的默认端口为 21,除此之外能否使用其他端口？在客户端需要做什么样的调整？

实训 9   电子信箱与使用

【实训目的】

(1) 理解电子邮件的格式。

(2) 掌握电子邮件系统的组成及电子邮件的传输过程。

(3) 学会申请电子信箱并使用。

【实训环境】

与因特网相连且运行 Windows 2000/2003 Server /XP 操作系统的 PC 机一台。

【实训任务】

到 Internet 上申请免费的电子信箱并熟练使用。

实训 10   Internet 网络服务

【实训目的】

(1) 掌握 Telnet 的概念、基本原理及使用 Telnet 登录远程主机。

(2) 理解 BBS 的功能,学会使用 Telnet 登录到 BBS 和使用浏览器登录到 WWW 版 BBS。

(3) 理解 P2P 的原理及使用 BT 下载。

(4) 掌握 MSN 实时交谈的配置及使用。

【实训环境】

与局域网相连且运行 Windows 2000/2003 Server /XP 操作系统的 PC 机一台。

【实训任务】

(1) 使用 Telnet 登录主机。

(2) 使用 Telnet 登录 BBS。

(3) 使用 BT 下载。

(4) 配置 MSN 实时交谈。